土木工程识图

(第2版)

主　编　居义杰

副主编　陈佳伟　高　静

参　编　未　巍　王　娟　宋晓薇　赵延初

林永民　王久军　孟祥臣　姚宝贵

主　审　郭宝元

北京理工大学出版社

BEIJING INSTITUTE OF TECHNOLOGY PRESS

内容简介

全书共分6个学习情境、27个学习任务、100个知识点。内容包括制图国家标准在建筑工程图样中的应用、基本绘图原理和作图方法、建筑工程图样的成图规律、建筑工程图样的基本识读方法、计算机绘图软件的初步应用等，力求由浅入深、循序渐进、贴近实际。除书中例图外，另附一套PDF施工图纸用于拓展提升。配备148个知识点教学视频，全书引导问题、识图实训、绘图实训答案及电子版参考教案。

本书可作为建筑工程施工专业的教材，也可作为建筑行业初级从业人员培训及自学教材。

图书在版编目(CIP)数据

土木工程识图 / 居义杰主编. -- 2版. -- 北京 :
北京理工大学出版社, 2023.9
ISBN 978-7-5763-2712-0

Ⅰ. ①土…　Ⅱ. ①居…　Ⅲ. ①土木工程-建筑制图-识图　Ⅳ. ①TU204

中国国家版本馆CIP数据核字(2023)第150362号

责任编辑：张荣君　　**文案编辑**：张荣君
责任校对：周瑞红　　**责任印制**：施胜娟

出版发行 / 北京理工大学出版社有限责任公司
社　　址 / 北京市丰台区四合庄路6号
邮　　编 / 100070
电　　话 / (010) 68914026 (教材售后服务热线)
(010) 68944437 (课件资源服务热线)
网　　址 / http://www.bitpress.com.cn

版 印 次 / 2023年9月第2版第1次印刷
印　　刷 / 定州市新华印刷有限公司
开　　本 / 889mm×1194mm　1/16
印　　张 / 15
字　　数 / 312千字
定　　价 / 87.00元

前言

PREFACE

在现代土木工程领域，识图能力被视为每位工程师和技术人员不可或缺的基本技能之一。随着科技的飞速发展，土木工程的设计与施工方法也在不断革新，工程图纸的复杂性和多样性更是日益增加。无论是建筑物的结构图、施工图，还是各类工程的平面图、剖面图，它们都是工程项目中不可或缺的信息载体，准确解读这些图纸对于确保项目的顺利进行具有至关重要的作用。图纸不仅是设计师理念的具体体现，更是施工团队之间沟通与协调的重要工具，它贯穿于整个工程项目的始终，从初期的规划、设计到后期的施工、验收，每一个环节都离不开图纸的支持。

鉴于识图能力的重要性，我们编写了《土木工程识图（第 2 版）》一书，旨在为读者提供全面、系统的识图知识，帮助读者在实际工作中更有效地理解和应用工程图纸。本书的编写基于以下几个核心原则：

1. 内容系统全面。

我们深知，在土木工程领域，图纸的种类繁多，符号复杂，因此，本书力求涵盖土木工程领域中常见的各种图纸类型和符号，从基本的线条、标注到复杂的结构图、施工图，确保读者能够全面掌握识图的基础知识。

2. 语言简明易懂。

识图知识虽然专业，但并不意味着它应该是晦涩难懂的。因此，本书在编写过程中，力求用简洁明了的语言来解释每一个概念、每一个符号，使得无论是初学者还是有一定经验的读者，都能够轻松理解并掌握。

3. 结合实际案例。

理论知识的学习固然重要，但如果没有实践的支撑，那么这些知识就很难转化为实际的能力。因此，本书在编写过程中，特别注重结合实际案例，通过丰富的图例和详细的解析，帮助读者在实践中提升识图能力，使得他们能够在遇到实际问题时，迅速找到解决的方法。

本书主要分为六个部分，内容全面覆盖了从建筑施工图的基础知识，到施工图绘制，再到常见的识图绘图方法，以及建筑工程施工图认知识读的各个方面。我们特别增加了许多新的图纸示例，这些示例都涵盖了最新的设计标准和规范，确保读者能够学到最前沿的知识。同时，我们还对部分内容进行了深入的分析与讲解，旨在使读者不仅掌握建筑专业必备的建筑工程图识读基础知识与基本技能，还能更好地掌握现代工程制图的工具和方法，从而更深入地认识建筑、了解建筑，为后续的深入学习打下坚实的基础。

为了进一步增强读者的学习体验，本书还精心设计了一些练习和思考题。这些练习和思考题既是对所学知识的巩固，也是对读者学习成果的一种检验。我们鼓励读者在学习过程中积极思考，通过完成这些练习和思考题，巩固所学知识，提升自己的识图能力。

同时，我们还提供了丰富的数字资源，以二维码呈现以供读者深入研究和扩展阅读。我们知道，识图能力的提升不是一蹴而就的，它需要不断的学习和实践。因此，我们希望通过这些参考文献和相关资料，为读者提供一个更广阔的学习平台，使读者能够在学习本书的基础上，进一步拓展自己的视野，提升自己的专业素养。

最后，我们希望《土木工程识图（第 2 版）》不仅能为刚入行的新人提供全面的识图知识和指导，也能为经验丰富的专业人士提供有益的参考和启示。我们相信，通过本书的学习，读者能够提升自己的专业素养，更好地应对工作中的各种挑战。

由于编者水平有限，本书难免存在疏漏与不足之处，敬请广大读者批评指正。

学习任务答案

引导问题答案

目录

CONTENTS

学习情境 1

扫码查看
教学视频

了解建筑施工图

我国工程图学的历史源远流长，经历了几千年的丰富演变，从手工绘图到计算机制图，从二维图纸到三维模型，工程图学的发展为人类社会的进步做出了具大贡献。直到今天，土木工程制图仍然是建筑专业一门非常重要的专业基础课程。

当你购买新房的时候，售楼人员递给你图 1.1 所示的两张户型图，你能看懂吗？这两套房子建筑面积分别是多少？几室几厅？你能指出卫生间、厨房、阳台的位置吗？你想购买哪一套？

通过学习情境 1，我们要了解本课程的主要学习任务、基本内容和学习要求，学会使用常用制图仪器与用品，掌握基本制图国家标准，了解建筑工程施工图的用途，初步认识 AutoCAD 绘图软件。

户型图 1

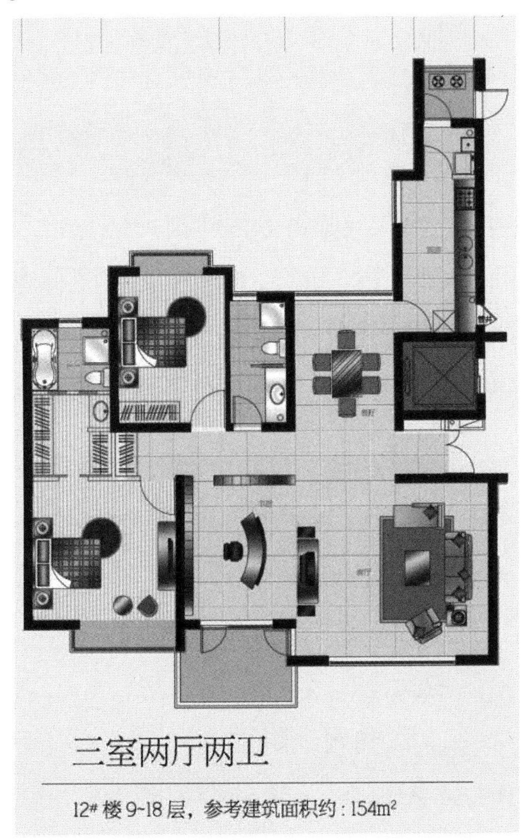

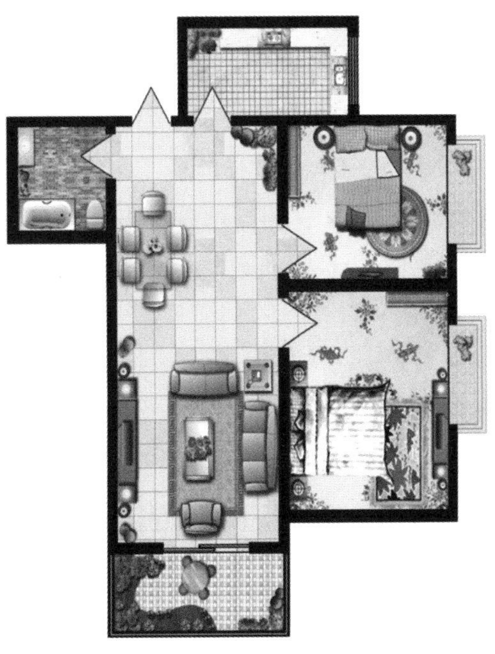

户型图 2

图 1.1　户型图

★学习任务 1-1　识图及绘图基础知识准备

知识点 1　手工制图工具与用品
知识点 2　初识建筑施工图
知识点 3　制图标准简介
知识点 4　图纸幅面规格与图纸编排顺序
知识点 5　标题栏、会签栏

学习目标 1-1：

（1）了解建筑工程施工图的用途。

（2）了解“1+X”职业技能等级考试相关内容，能说出什么是“1+X”证书制度。

（3）了解手工绘图常用制图仪器与用品的使用方法，学会使用常用制图仪器与用品。

（4）了解制图国家标准的种类及修订过程，能说出我国现行国家制图标准的名称。

（5）基本掌握制图国家标准中关于图幅的规定，能说出 A0～A4 图纸的基本幅面尺寸，能应用制图标准设置图幅尺寸。

（6）了解图框尺寸及标题栏内容，能按要求手工抄绘 A4 图纸图框线及标题栏。

任务书 1-1：

参照引导问题观看知识点教学视频，并通过小组合作、搜索互联网相关信息以及学习活页教材中相关知识点，解释学习情境 1 开头关于两张户型图的疑问，了解国家制图标准的基本内容，学习我国工程图学历史，并通过手工抄绘 A4 图纸图框线及标题栏，完成知识的迁移和提升。学习过程中，认真记录学习目标核验表，并通过自我评价、小组互评和教师评价进行总结反思。

引导问题 1-1：

（★基础理论任务　★★能力培养任务　★★★拓展提升任务）

（1）★根据铅芯的软硬程度将绘图铅笔分成________、________和________三类。________表示硬，________表示软硬适中，________表示软。

（2）★现行《房屋建筑制图统一标准》共有________章和两个附录。

（3）★A0～A4 图纸幅面尺寸分别是多少？A0～A4 图纸 a、c 值分别是多少？

（4）★当图纸采用横式幅面时，装订边在________侧；当图纸采用立式幅面时，装订边在

________侧。

(5)★图纸一般按________的倍数加长。

(6)★A4 图纸可以加长使用吗？加长图纸是长边加长还是短边加长？

(7)★★图纸的对中标志是图框线中心还是幅面中心？

(8)★★当标题栏与图框线等长，垂直放置时宽度是________，水平放置时高度是________。

(9)★★说出 6 个我国现行国家制图标准的名称。

(10)★★说出图纸的编排顺序。

(11)★★★《房屋建筑制图统一标准》(GB/T 50001—2017)是________年________月________日起开始实施的。

(12)★★★协同设计有两个技术分支：三维________协同和二维________协同。

(13)★★★国际标准纸有三大类：________号纸、________号纸和________号纸。

(14)★★★涉外工程的标题栏内，各项主要内容的中文下方应附有________，设计单位的上方或左方应加"________________"字样。

(15)★★★电子签名与手写签名或盖章是否具有同等法律效力？

(16)★★★通过互联网搜索我国工程图学历史，组内交流讨论，培养家国情怀。

学习资料 1-1：

知识点 1　手工制图工具与用品

在电脑制图技术普及之前，工程图是利用绘图工具手工绘制的。早在春秋时代，就有我国古代工匠常用的绘图工具"规、矩、绳、墨、悬、水"的记载。

手工制图一般会用到绘图板、纸(绘图纸或描图纸)、笔(铅笔、直线笔、绘图小钢笔、绘图墨水笔)、尺(丁字尺、三角板)、规(圆规、分规)等，有时也会用到曲线板、建筑模板、比例尺、擦图片等，以及胶带纸、橡皮、小刀、墨水、软毛刷、砂皮纸等辅助工具与用品。

知识点 2　初识建筑施工图

建筑施工图就是按照设计要求以及国家标准的规定，用正投影的方法，详细、准确地将一幢拟建房屋的造型和构造用图形表达出来的一套图纸。建筑施工图作为建筑工程的基础依据，在整个建设过程中起着非常重要的作用。在实际工程中，一套完整的建筑施工图包括各专业的施工图样，如建筑施工图、结构施工图、设备施工图等，少则十几张，多则百余张。

知识点 3　制图标准简介

1. 建筑制图国家标准简介

工程图样的绘制和识读必须有统一的标准。我国现行的建筑制图国家标准有 6 个，分别为

《房屋建筑制图统一标准》(GB/T 50001—2017)、《建筑制图标准》(GB/T 50104—2017)、《总图制图标准》(GB/T 50103—2010)、《建筑结构制图标准》(GB/T 50105—2010)、《给水排水制图标准》(GB/T 50106—2010)和《暖通空调制图标准》(GB/T 50114—2010)。

2.《房屋建筑制图统一标准》(GB/T 50001—2017)内容

《房屋建筑制图统一标准》(GB/T 50001—2017)分15章和两个附录。

主要技术内容包括：

总则、术语、图纸幅面规格与图纸编排顺序、图线、字体、比例、符号、定位轴线、常用建筑材料图例、图样画法、尺寸标注、计算机辅助制图文件、计算机辅助制图文件图层、计算机辅助制图规则、协同设计及附录A常用工程图纸编号与计算机辅助制图文件名称列表和附录B常用图层名称列表。

本项目只介绍《房屋建筑制图统一标准》(GB/T 50001—2017)中图幅、图线、字体、比例及尺寸标注等内容和规定。

知识点4　图纸幅面规格与图纸编排顺序

1. 图纸幅面及图框尺寸

(1)基本幅面。

图纸基本幅面及图框尺寸见表1.1。

表1.1　图纸基本幅面及图框尺寸　　单位：mm

尺寸代号	幅面代号				
	A0	A1	A2	A3	A4
$b\times l$	841×1 189	594×841	420×594	297×420	210×297
c	10			5	
a	25				

注：表中b为幅面短边尺寸，l为幅面长边尺寸，c为图框线与幅面线间宽度，a为图框线与装订边间宽度。

各号图纸基本幅面的尺寸关系是：沿上一号图纸的长边对裁，即为下一号图纸的幅面大小。

(2)加长幅面。

必要时可以加长图纸。但图纸的短边尺寸不应加长，A0～A3幅面长边尺寸一般可按$1/4l$的倍数加长，但应符合《房屋建筑制图统一标准》(GB/T 50001—2017)的规定。有特殊需要的图纸，可采用$b\times l$为841mm×891mm与1 189mm×1 261mm的幅面。

一个工程设计中，每个专业所使用的图纸不宜多于两种幅面，不含目录及表格所采用的

A4 幅面。

2. 图纸编排顺序

(1)工程图纸应按专业顺序编排。一般按图纸目录、设计说明、总图、建筑图、结构图、给水排水图、暖通空调图、电气图等顺序编排。

(2)各专业的图纸，应按图纸内容的主次关系、逻辑关系进行分类，做到有序排列。

知识点 5　标题栏、会签栏

图纸分横式和立式两种幅面。以短边作垂直边称为横式幅面，如图 1. 2 所示；以短边作水平边称为立式幅面，如图 1. 3 所示。一般 A0~A3 幅面的图纸宜采用横式幅面，必要时，也可采用立式幅面；A4 幅面的图纸宜采用立式幅面。

图纸中应有标题栏、图框线、幅面线、装订边和对中标志，画法如图 1. 2、图 1. 3 所示。

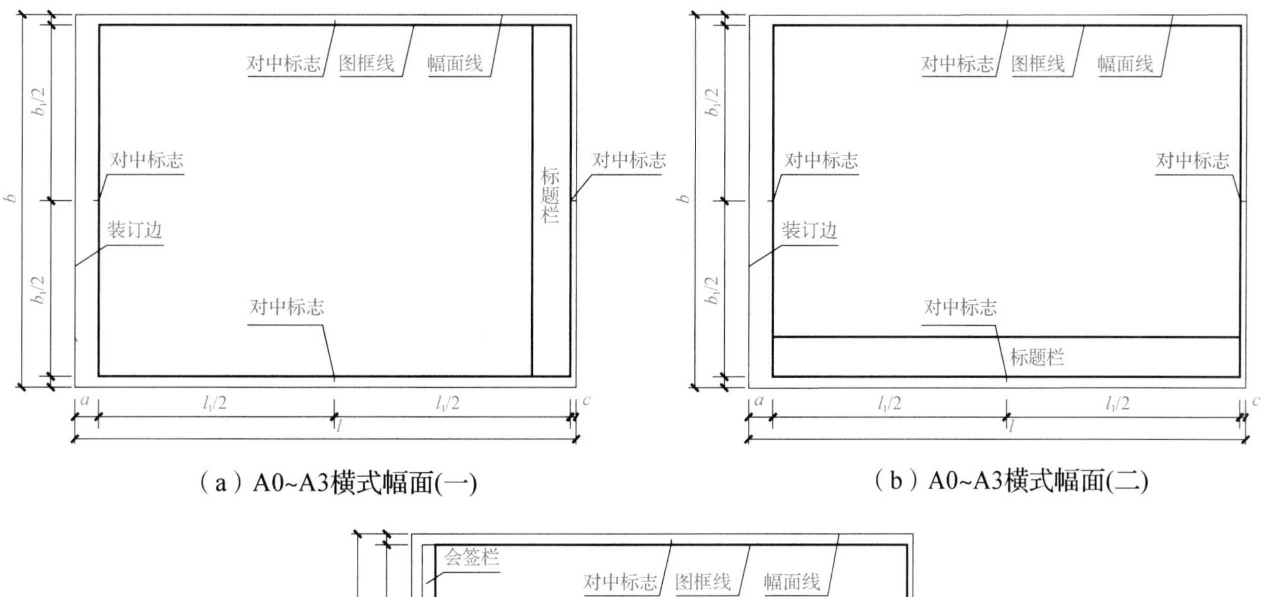

（a）A0~A3横式幅面(一)　　（b）A0~A3横式幅面(二)

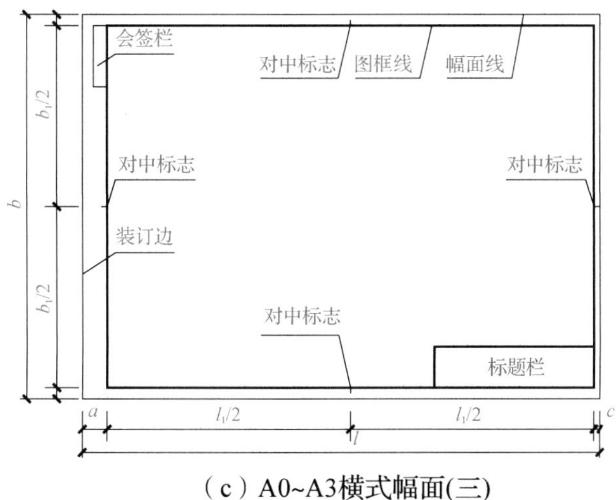

（c）A0~A3横式幅面(三)

图 1. 2　A0~A3 横式幅面

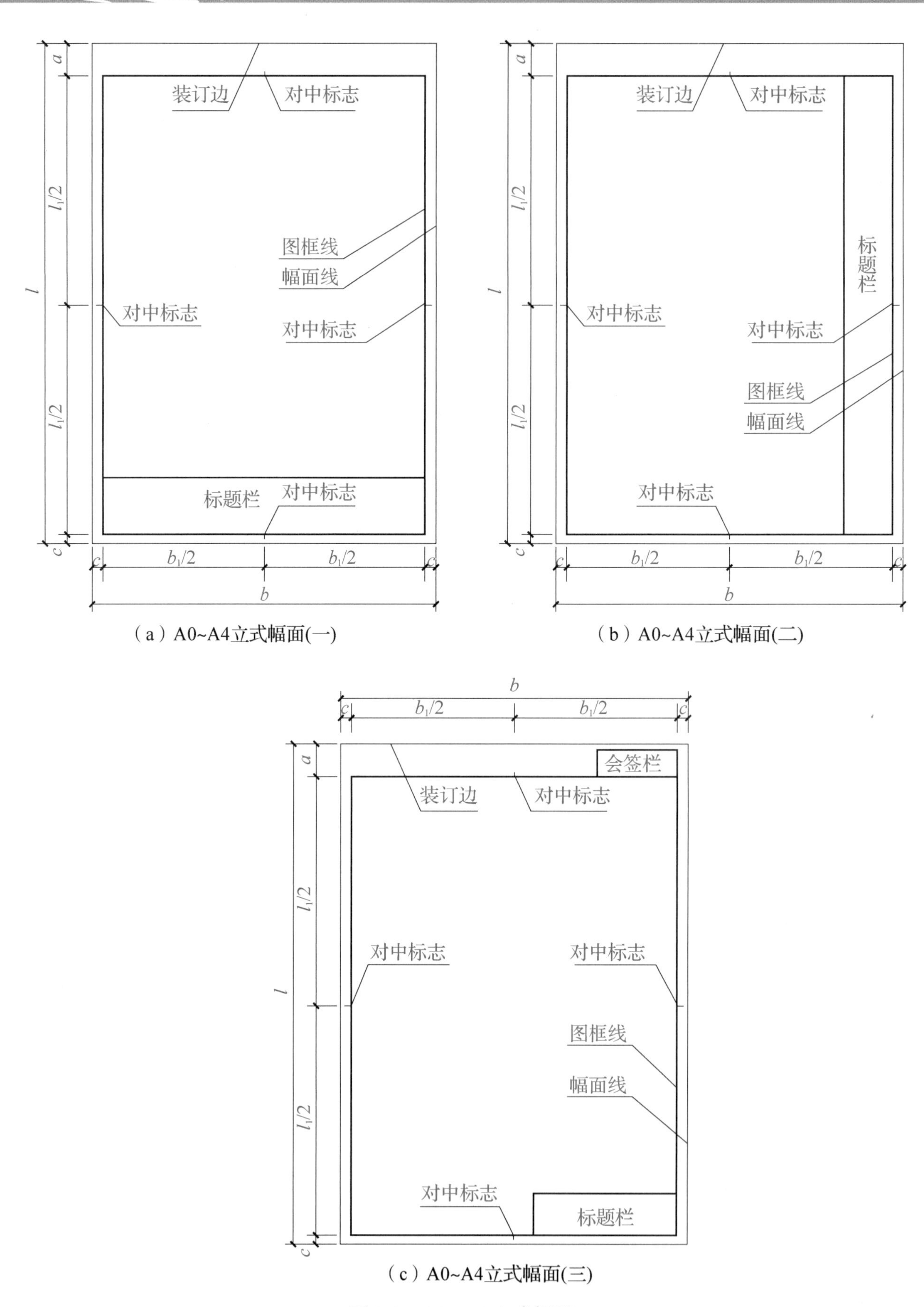

图 1.3　A0~A4 立式幅面

标题栏、会签栏的绘制应符合《房屋建筑制图统一标准》(GB/T 50001—2017)的规定。如图 1.4 所示，根据工程需要选择确定标题栏、会签栏的尺寸、格式及分区。

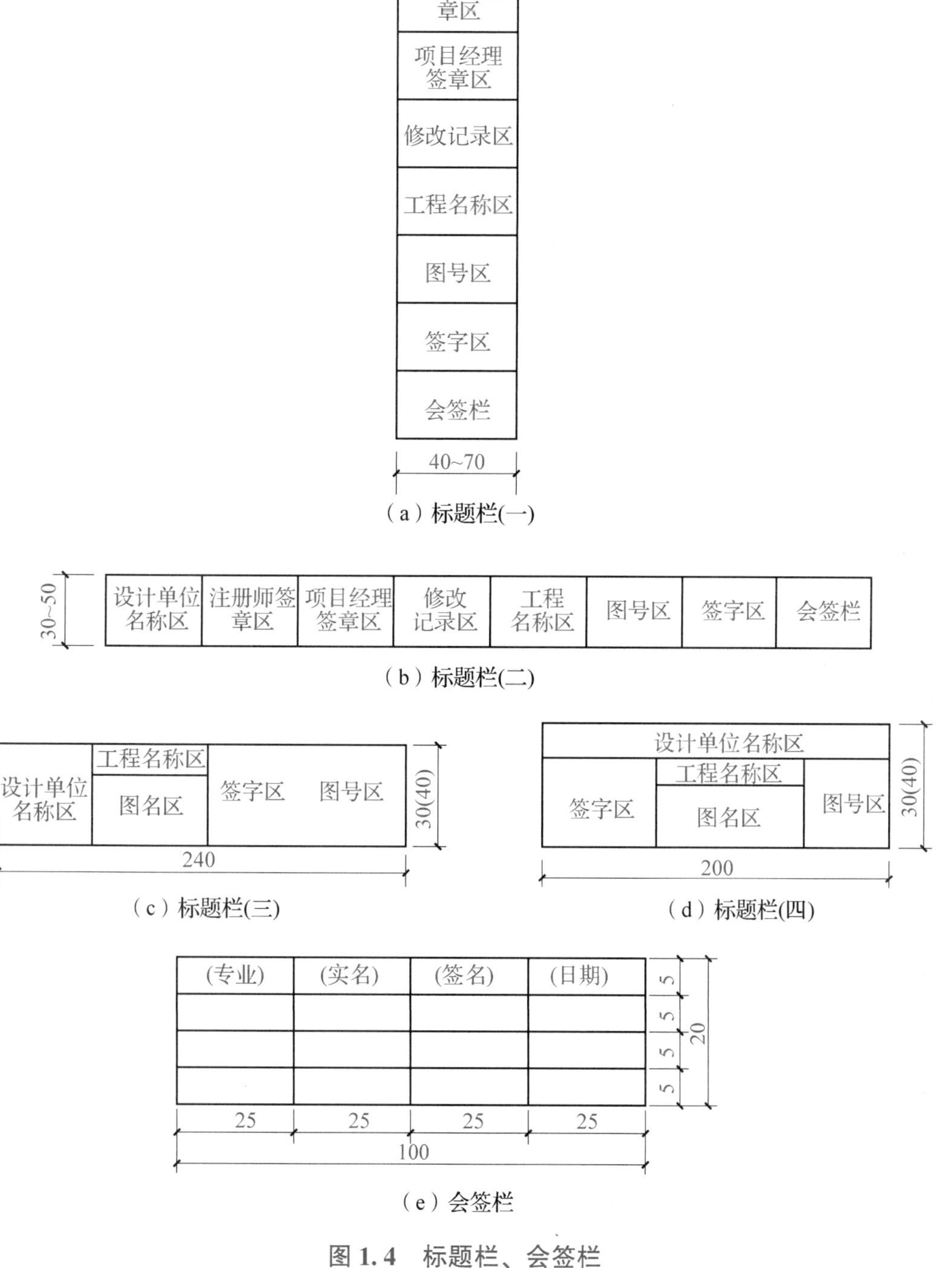

图 1.4　标题栏、会签栏

会签栏应包括实名列和签名列，并应符合《房屋建筑制图统一标准》(GB/T 50001—2017)的规定。

工程制图中的标题栏实例如图 1.5 所示。

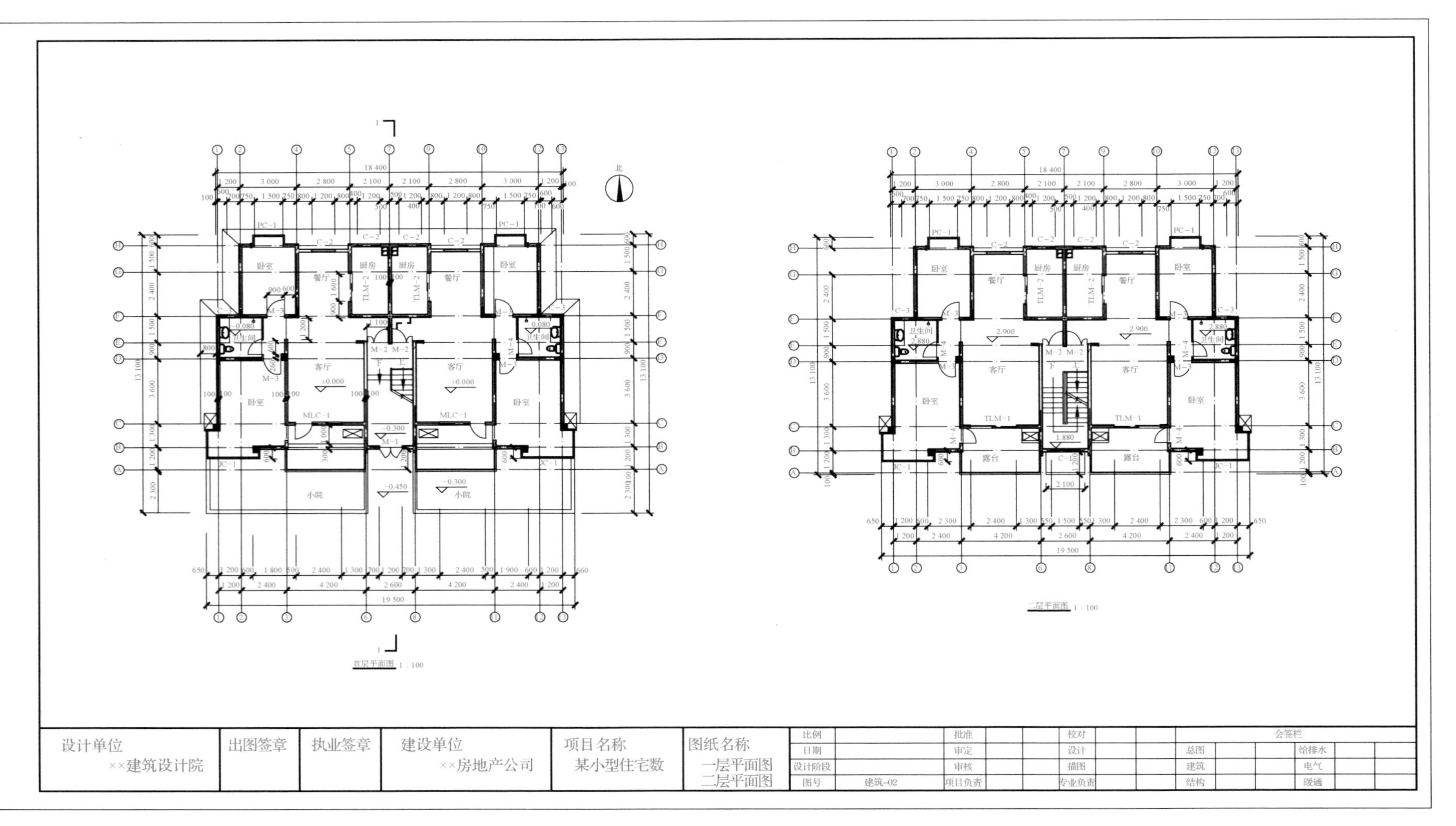

图1.5 标题栏实例

图1.5 标题栏实例

绘图实训(图框线及标题栏)

★★★按要求完成绘图练习。

目的:

(1)熟悉图幅尺寸、图框线、标题栏的有关规定。

(2)初步掌握手工绘图仪器及工具的正确使用。

要求:

(1)A4 立式幅面, 图框线 a、c 值符合国标有关规定。

(2)图线均打底稿不加深, 文字、数字暂不书写。

(3)作业用标题栏尺寸按图 1.6 中规定。

(4)要做到作图准确、尺寸正确、图面匀称整洁。

绘图实训(图框线及标题栏)参考效果如图 1.6 所示。

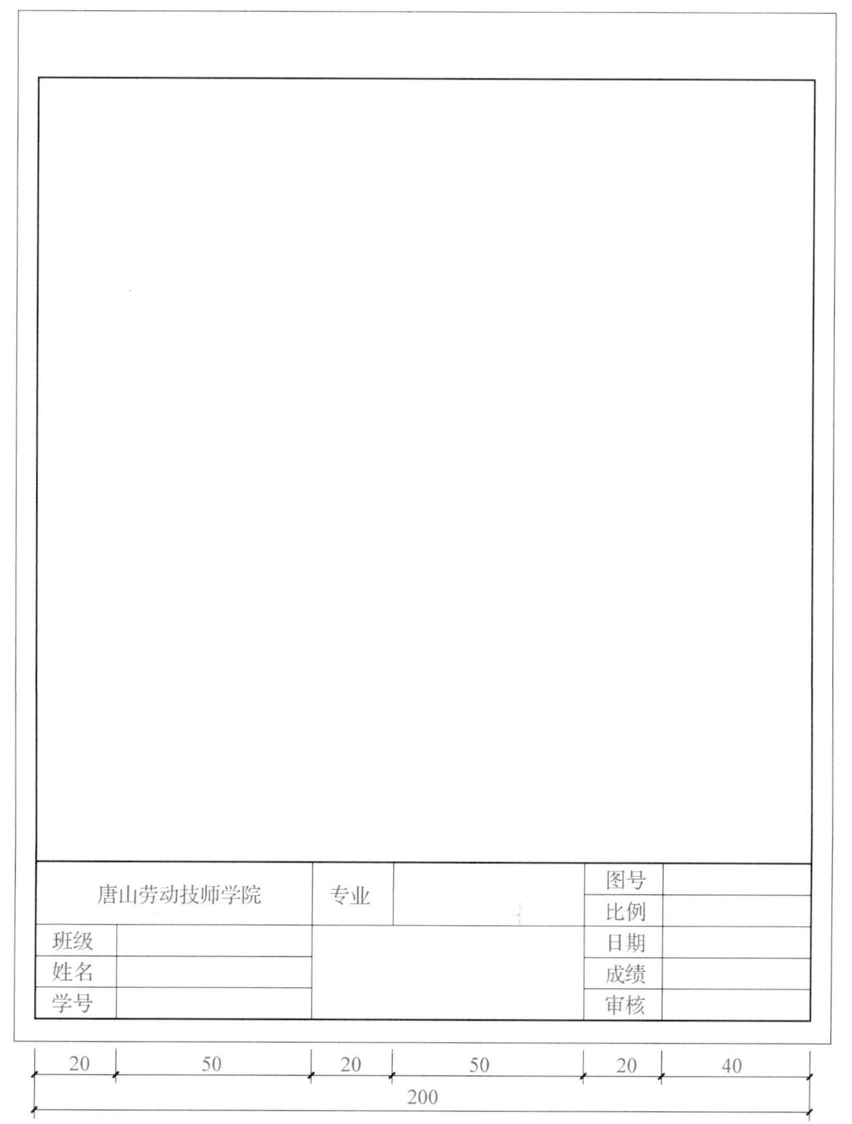

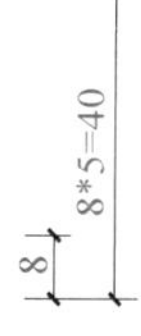

图 1.6　绘图实训(图框线及标题栏)参考效果

1-1 绘图实训(图框线及标题栏)

头脑风暴 1-1：

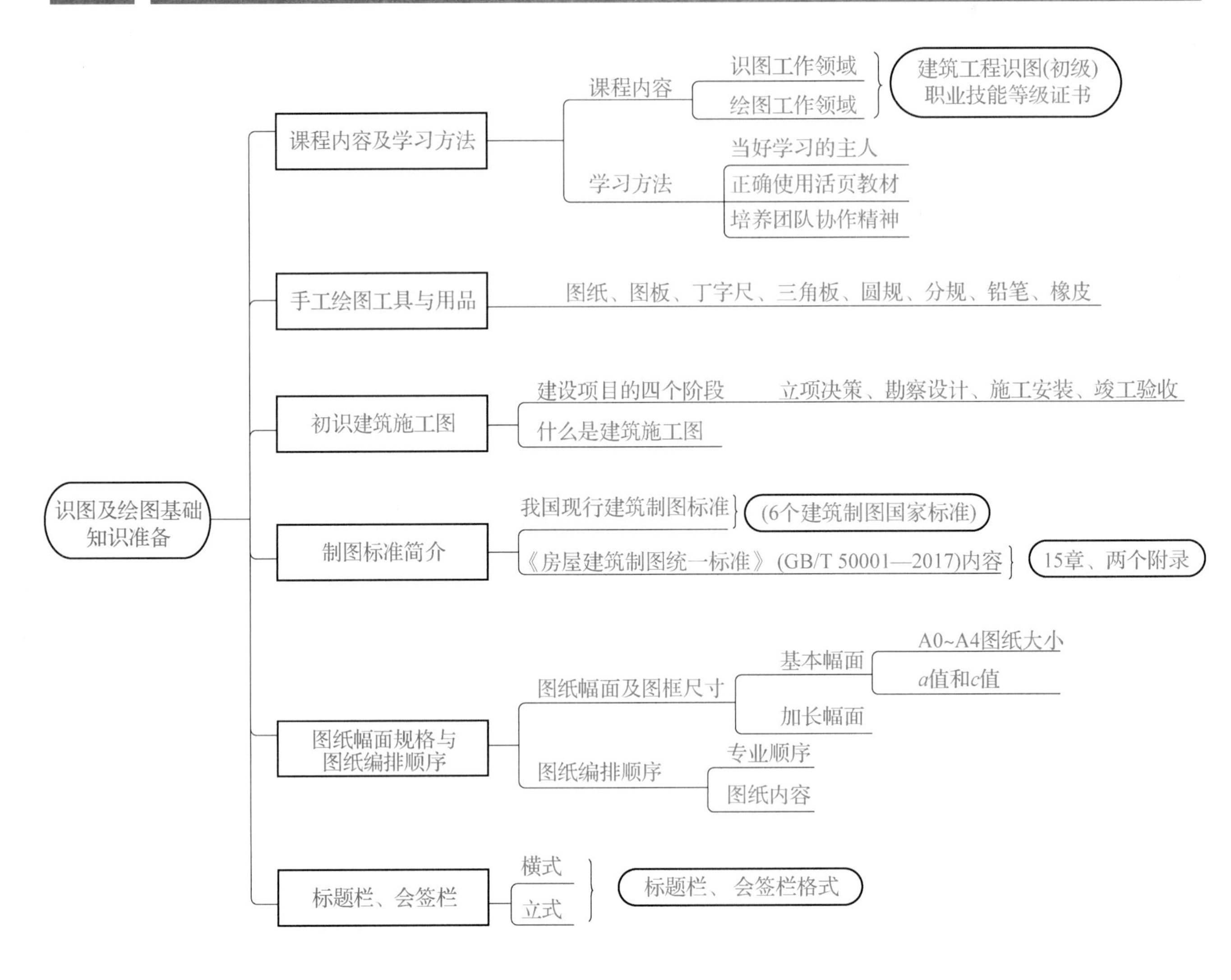

学习评价 1-1：

学习目标核验表（S 表示熟练掌握，J 表示基本掌握，X 表示需要帮助）

学习任务	学习内容	自我评价	学习反思
基础理论	知识点 1　手工制图工具与用品	S□　J□　X□	
	知识点 2　初识建筑施工图	S□　J□　X□	
	知识点 3　制图标准简介	S□　J□　X□	
	知识点 4　图纸幅面规格与图纸编排顺序	S□　J□　X□	
	知识点 5　标题栏、会签栏	S□　J□　X□	

续表

学习任务	学习内容	自我评价	学习反思
能力培养	1. 能说出什么是“1+X”证书制度	S□　J□　X□	
	2. 会使用常用制图仪器与用品	S□　J□　X□	
	3. 能说出我国现行国家制图标准的名称	S□　J□　X□	
	4. 能说出 A0～A4 号图纸的基本幅面尺寸，能根据制图标准设置图幅尺寸	S□　J□　X□	
	5. 能按要求手工抄绘 A4 图纸图框线及标题栏	S□　J□　X□	
拓展提升	能查阅国家标准或从互联网信息中查阅相关资料	S□　J□　X□	

★学习任务 1-2　绘制基本线型

知识点 1　图线

知识点 2　字体

知识点 3　比例

学习目标 1-2：

(1)掌握基本制图国家标准中关于图线的规定，能准确绘制图线，理解各种线型的用途和画法。

(2)掌握基本制图国家标准中关于字体的规定，能正确书写长仿宋字、数字和字母。

(3)掌握基本制图国家标准中关于比例的规定，能准确说出比例的含义，能正确标注图名和比例。

任务书 1-2：

参照引导问题观看知识点教学视频，通过小组合作、搜索互联网相关信息以及学习活页教材中相关知识点，完成三级引导问题。在掌握制图国家标准中关于图线、字体、比例相关知识的基础上，通过手工绘制 A4 图纸线型练习，理解线型的用途和画法，正确书写字体，理解比例的含义。通过反复字体练习，提高手工绘图能力，培养职业素养。通过互联网了解汉字历史，培养文化自信。学习过程中，认真记录学习目标核验表，并通过自我评价、小组互评和教师评价进行总结反思。

引导问题 1-2：

（★基础理论任务　★★能力培养任务　★★★拓展提升任务）

（1）★图线有________、________、________、________四种线宽。

（2）★粗线线宽选择 1.0mm 时，中粗线的线宽是________，中线的线宽是________，细线的线宽是________。

（3）★单点长画线和双点长画线只有________、________、________三种线宽。

（4）★粗实线一般用于________轮廓线，中粗虚线一般用于________轮廓线。

（5）★中心线、对称线、轴线一般用________线绘制。

（6）★单点长画线和双点长画线线段长度一般选择________ mm。

（7）★单点长画线间隔长度一般选择________ mm，双点长画线间隔长度一般选择________ mm。

（8）★虚线与虚线交接，应采用________交接，虚线为实线的延长线时，________与实线连接。

（9）★文字的字高应按________倍数递增，矢量字体的宽高比宜为________。

（10）★斜体字的斜度应从字的底线________时针向上倾斜________度。

（11）★数量的数值注写，应采用________数字，单位符号应采用________体字母。

（12）★什么是比例？

（13）★比例的字高应比图名的字高________一号或两号。

（14）★1∶100 是________比例，10∶1 是________比例。（放大还是缩小）

（15）★A4 图纸标题栏外框线线宽是________，标题栏分格线线宽是________。

（16）★★★用 HB 铅笔完成字体练习，如图 1.7 所示：

建	筑	制	图	民	用	房	屋	东	南	西	北	方	向	平	立	剖	面	设	计	说	明	基
基	墙	柱	梁	档	板	楼	梯	框	架	承	重	结	构	门	窗	阳	台	雨	篷	勒	脚	散

图 1.7　字体练习

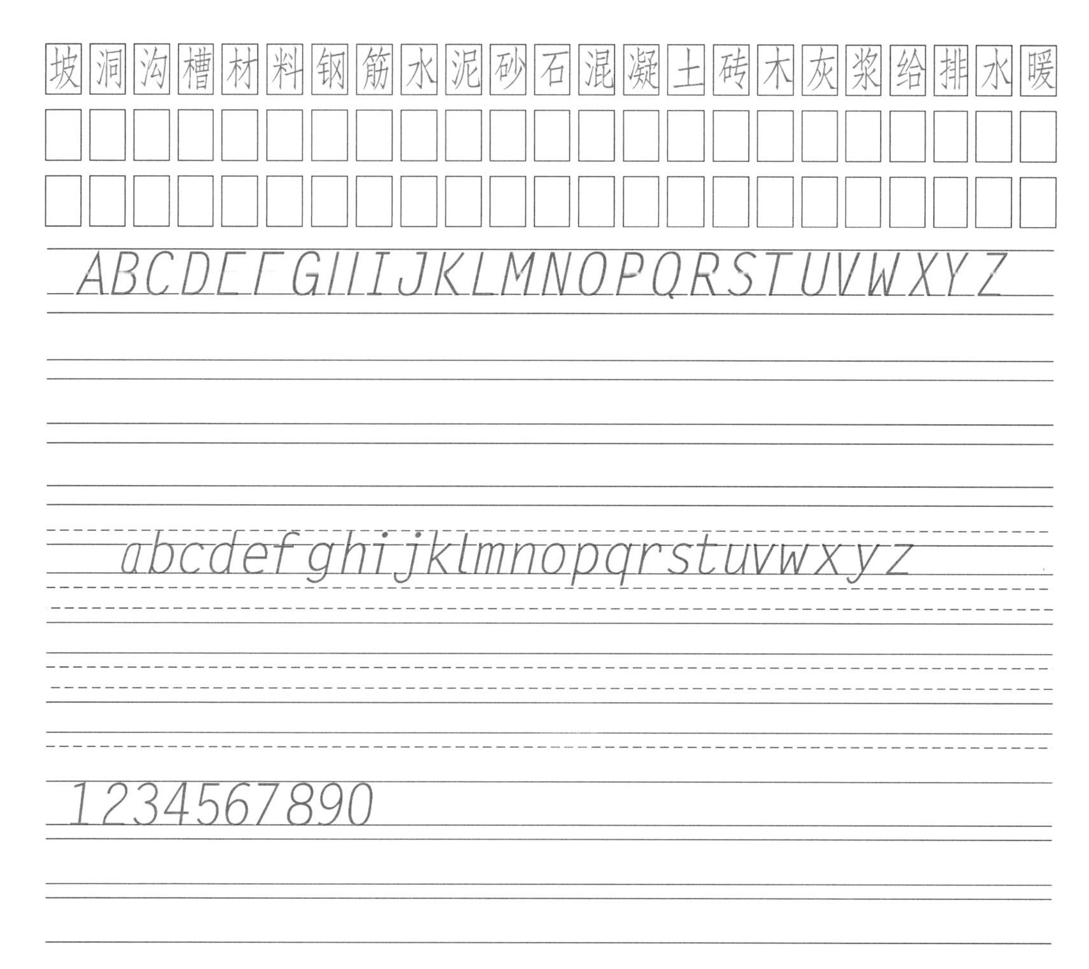

图1.7　字体练习(续)

(17)★★★通过互联网了解汉字演化历史，增强文化自信。

学习资料1-2：

知识点1　图线

1. 图线的宽度

图线有粗、中粗、中、细之分，线宽比应符合表1.2中的规定。每个图样应根据形体的复杂程度和比例大小，确定基本线宽b，再选用表1.2中的线宽组。

表1.2　线宽比与线宽组

线宽比	线宽组(mm)			
b	1.4	1.0	0.7	0.5
$0.7b$	1.0	0.7	0.5	0.35
$0.5b$	0.7	0.5	0.35	0.25
$0.25b$	0.35	0.25	0.18	0.13

注：1. 需要缩微的图纸，不宜采用0.18mm及更细的线宽。

2. 同一张图纸内，各不同线宽中的细线，可统一采用较细的线宽组的细线。

图纸的图框和标题栏线宽，可按表 1.3 的规定选用。

表 1.3　图框和标题栏线宽

幅面代号	图框线	标题栏外框线	标题栏分格线
A0、A1	b	0.5b	0.25b
A2、A3、A4	b	0.7b	0.35b

2. 图线的类型和用途

《房屋建筑制图统一标准》(GB/T 50001—2017)对图线的名称、线型、线宽、用途做了明确的规定，见表 1.4。

表 1.4　图线

名称		线型	线宽	一般用途
实线	粗		b	主要可见轮廓线
	中粗		0.7b	可见轮廓线、变更云线
	中		0.5b	可见轮廓线、尺寸线
	细		0.25b	图例填充线、家具线
虚线	粗		b	见各有关专业制图标准
	中粗		0.7b	不可见轮廓线
	中		0.5b	不可见轮廓线、图例线
	细		0.25b	图例填充线、家具线
单点长画线	粗		b	见各有关专业制图标准
	中		0.5b	见各有关专业制图标准
	细		0.25b	中心线、对称线、轴线等
双点长画线	粗		b	见各有关专业制图标准
	中		0.5b	见各有关专业制图标准
	细		0.25b	假想轮廓线、成型前原始轮廓线
折断线	细		0.25b	断开界线
波浪线	细		0.25b	断开界线

图 1.8 所示为一幅建筑平面图(局部)，从中可以看出各类线型及应用。

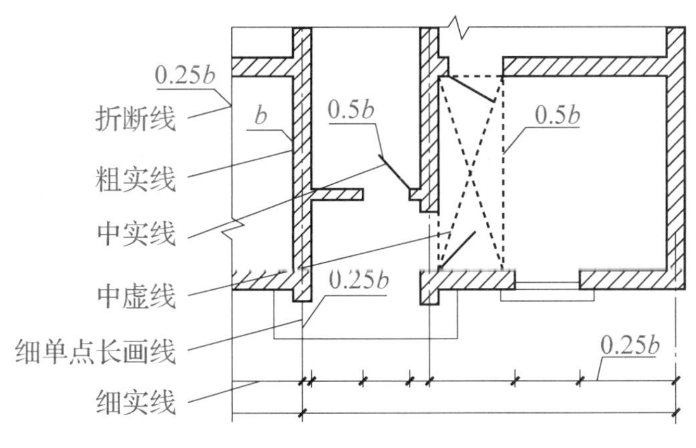

图 1.8　建筑平面图中的线型实例

3. 图线的画法

(1) 相互平行的图例线，其净间隙或线中间隙不宜小于 0. 2mm。

(2) 虚线、单点长画线或双点长画线的线段长度和间隔，宜各自相等。

(3) 单点长画线或双点长画线，当在较小图形中绘制有困难时，可用实线代替。

(4) 单点长画线或双点长画线的两端不应是点。点画线与点画线交接或点画线与其他图线交接时，应是线段交接。

(5) 虚线与虚线交接或虚线与其他图线交接时，应是线段交接。虚线为实线的延长线时，不得与实线连接。

(6) 图线不得与文字、数字或符号重叠、混淆，不可避免时，应首先保证文字的清晰。

图线的画法如图 1.9 所示。

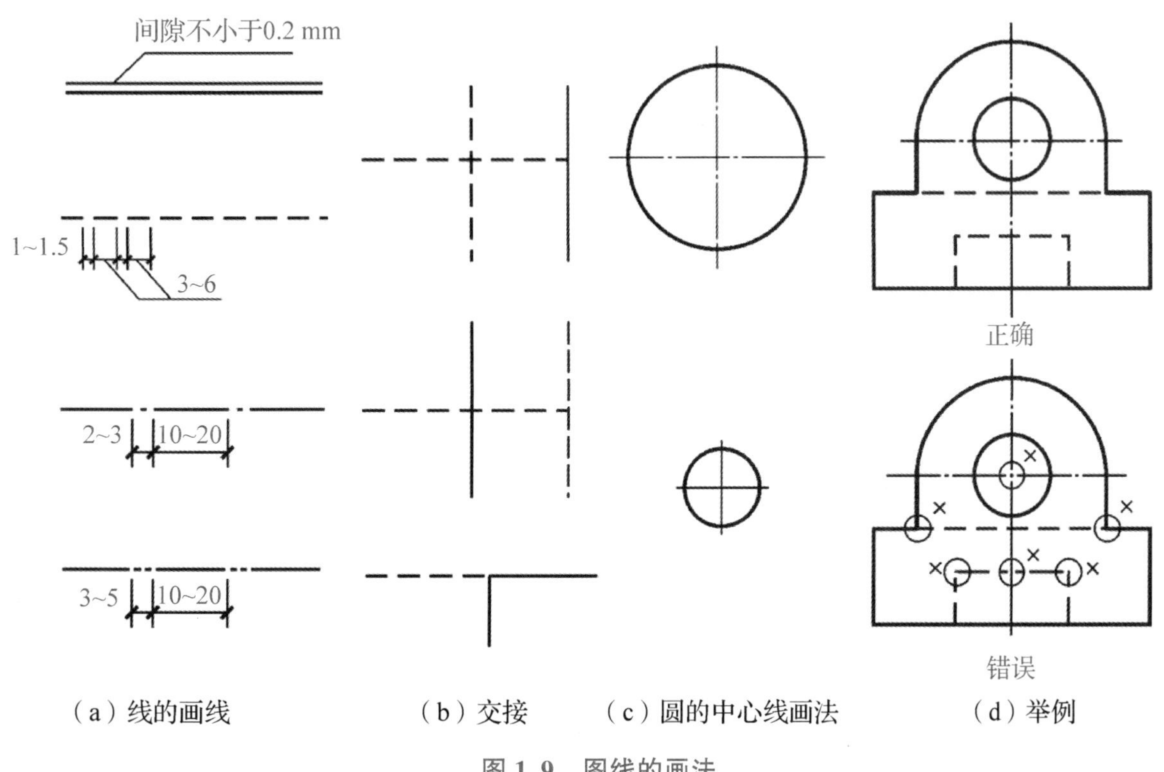

图 1.9　图线的画法

知识点2　字体

建筑工程图样中常用的字体有汉字、阿拉伯数字、拉丁字母，有时也会出现罗马数字、希腊字母等。字体应笔画清晰、字体端正、排列整齐、间隔均匀、标点符号清楚正确。常用汉字注写图名、建筑材料，用数字标注尺寸，用数字和字母表示轴线的编号等。

文字的字高应从表1.5中选用。字高大于10mm的文字宜采用True type字体，如需书写更大的字，其高度应该按$\sqrt{2}$的倍数递增。

表1.5　文字的字高　　单位：mm

字体种类	字高
中文矢量字体	3.5、5、7、10、14、20
True type字体及非中文矢量字体	3、4、6、8、10、14、20

1. 汉字

图样及说明中的汉字，宜优先采用True type字体中的宋体字型，采用矢量字体时应为长仿宋体字型。同一图纸字体种类不应超过两种。矢量字体的宽高比宜为0.7，且应符合表1.6的规定。打印线宽宜为0.25～0.35mm，True type字体宽高比宜为1。大标题、图册封面、地形图等的汉字，也可书写成其他字体，但应易于辨认，其宽高比宜为1。

表1.6　长仿宋字高宽关系　　单位：mm

字高	字宽	字高	字宽
20	14	7	5
14	10	5	3.5
10	7	3.5	2.5

在实际应用中，汉字的字高应不小于3.5mm。长仿宋体字的示例如图1.10所示。

图1.10　长仿宋体字的示例

长仿宋体字的书写要领是：横平竖直，注意起落，结构匀称，填满方格。

横平竖直，横笔基本要平，可顺运笔方向稍许向上倾斜2°～5°。

注意起落，横、竖的起笔和收笔，撇、钩的起笔，钩折的转角等，都要顿一下笔，形成小三角和出现字肩。

结构匀称，笔画布局要均匀，字体构架要中正疏朗、疏密有致。

几种基本笔画的写法见表 1.7。

表 1.7　几种基本笔画的写法

名称	形状	笔法	名称	形状	笔法
横			挑		
竖			点		
撇			钩	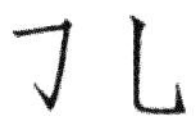	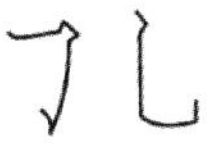
捺					

2. 数字和字母

图样及说明中的字母、数字宜优先采用 True type 字体中的 Roman 字型。

(1)字母及数字，当需写成斜体字时，其斜度应是从字的底线逆时针向上倾斜 75°。斜体字的高度和宽度应与相应的直体字相等。

(2)字母及数字的字高不应小于 2.5mm。

(3)数量的数值注写，应采用正体阿拉伯数字。各种计量单位凡前面有量值的，均应采用国家颁布的单位符号注写。单位符号应采用正体字母。

(4)分数、百分数和比例数的注写，应采用阿拉伯数字和数字符号。

(5)当注写的数字小于 1 时，应写出个位的“0”，小数点应采用圆点，齐基准线书写。

(6)长仿宋汉字、字母、数字应符合现行国家标准《技术制图字体》(GB/T 14691—1993)的有关规定。

知识点 3　比例

当工程形体与图幅尺寸相差太大时，需要按比例缩小或放大绘制在图纸上。图样的比例是图形与实物相对应的线性尺寸之比。

(1)比例应以阿拉伯数字表示，符号应为“：”，如 1：100、1：20 等。

(2)比例宜注写在图名的右侧，字的基准线应取平；比例的字高宜比图名的字高小一号或二号。如图 1.11 所示。

(3)绘图所用的比例应根据图样的用途与被绘对象的复杂程度，从表 1.8 中选用，并应优先采用表中常用比例。

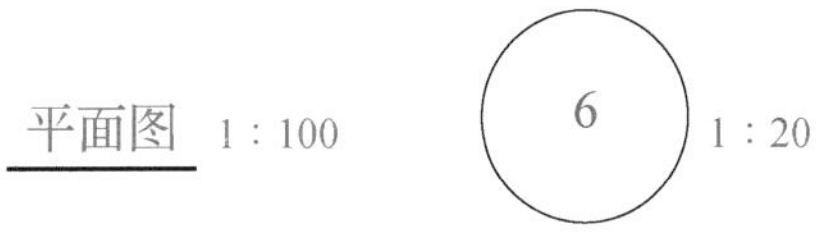

平面图 1：100　　6 1：20

图 1.11　比例的注写

表 1.8　绘图选用的比例

常用比例	可用比例
1∶1，1∶2，1∶5，1∶10，1∶20，1∶30，1∶50，1∶100，1∶150，1∶200，1∶500，1∶1 000，1∶2 000	1∶3，1∶4，1∶6，1∶15，1∶25，1∶40. 1∶60，1∶80，1∶250，1∶300，1∶400，1∶600，1∶5 000，1∶10 000，1∶20 000，1∶50 000，1∶100 000，1∶200 000

(4)一般情况下，一个图样应选用一种比例。根据专业制图的需要，同一图样可选用两种比例。

(5)特殊情况下也可自选比例，这时除应注出绘图比例外，还应在适当位置绘制出相应的比例尺。需要缩微的图纸应绘制比例尺。

(6)不论采用何种比例绘图，尺寸数值均按原值注写。

用不同比例绘制的门立面图如图 1.12 所示。

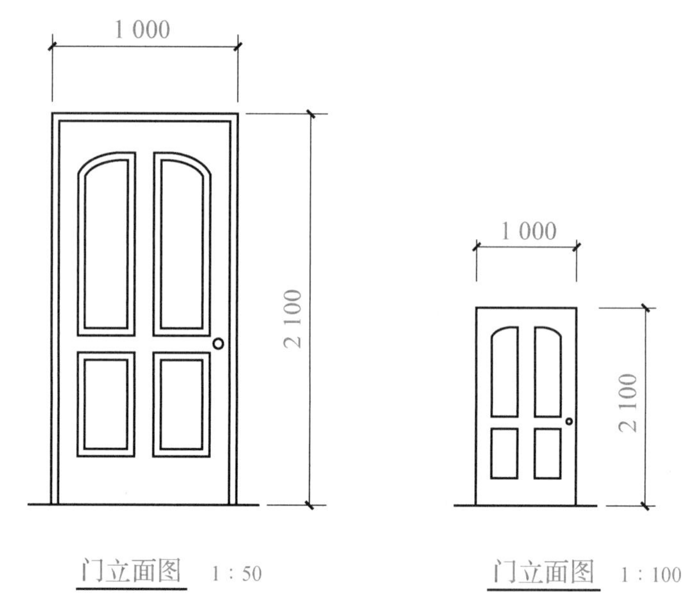

图 1.12　用不同比例绘制的门立面图

绘图实训(线型练习)

★★★使用学习任务 1-1 绘图实训的底图，按要求完成线型练习

目的：

(1)熟悉有关图幅、图线、字体的制图标准。

(2)初步掌握手工绘图仪器及工具的正确使用。

要求：

(1)A4 立式幅面，比例 1∶1，不抄注尺寸。

(2)遵守国标中图幅、比例、图线、字体、尺寸标注的有关规定。

(3)图线的基本线宽 b(粗实线宽度)选用0.7mm，其余各类线的线宽应符合线宽组的规定，同类图线全图粗细一致，线型要粗细分明。

(4)标题栏汉字选用5号长仿宋体字，字母、数字选用3.5号字。

(5)要做到作图准确、尺寸正确、字体端正整齐、图面匀称整洁。

提示：

(1)图框线线宽为粗实线 b，标题栏外框线线宽0.7b，标题栏分格线线宽0.35b。

(2)按题图所给尺寸画底图，然后按图线标准加深，不抄注尺寸，最后加深图框线和填写标题栏。

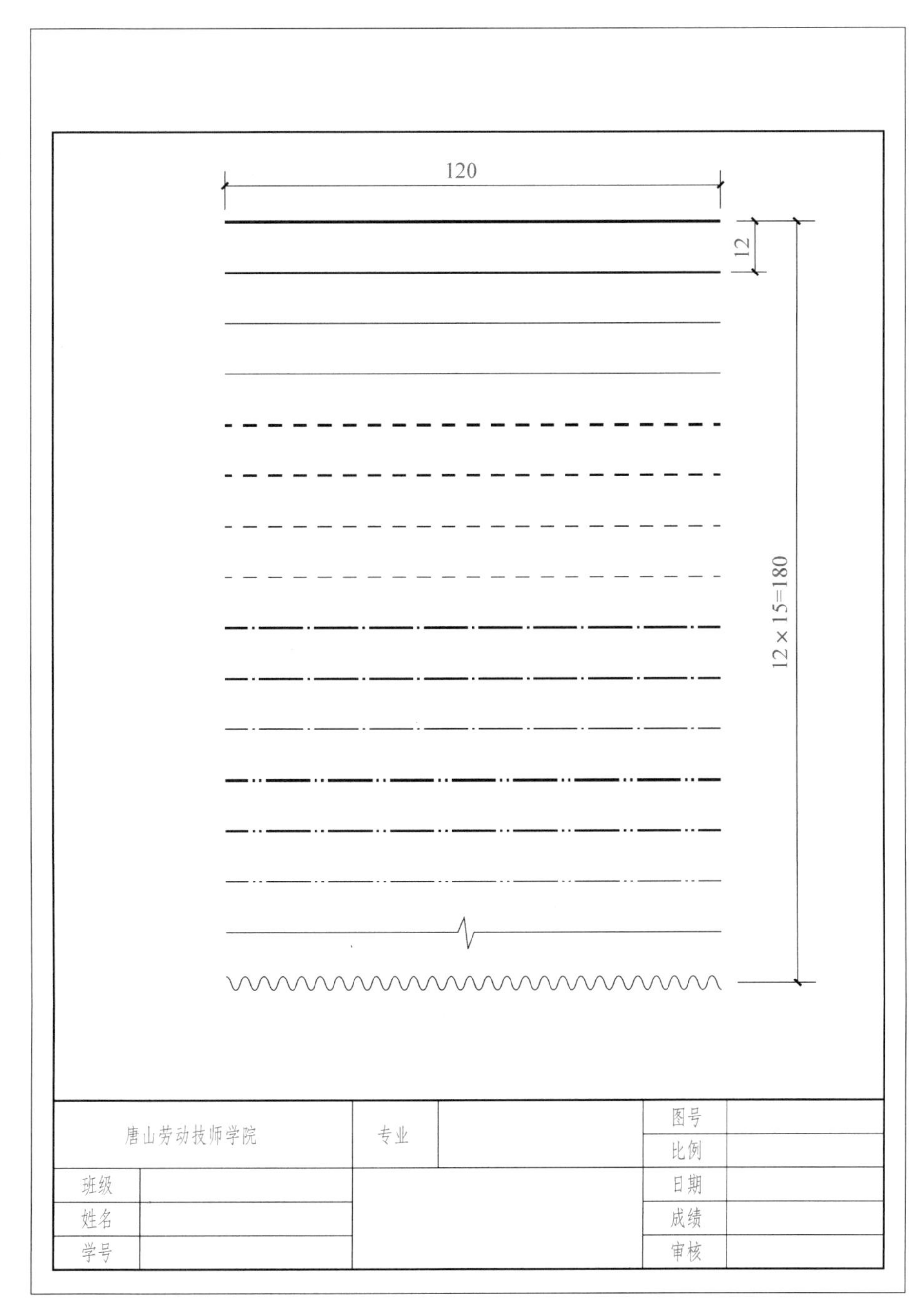

1-2 绘图实训(线型练习)

图1.13　绘图实训(线型练习)参考效果

头脑风暴 1-2：

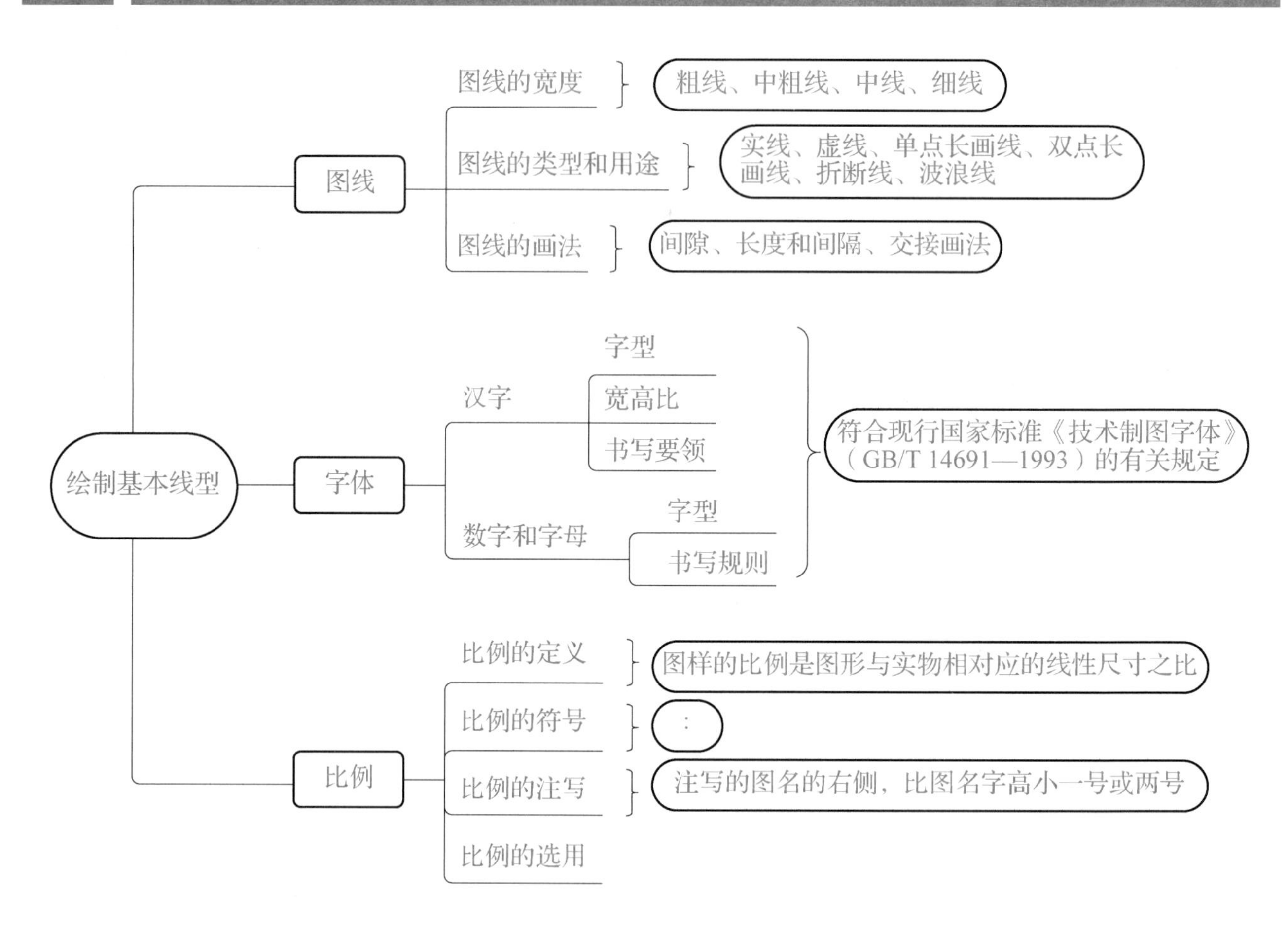

学习评价 1-2：

学习目标核验表（S 表示熟练掌握，J 表示基本掌握，X 表示需要帮助）

学习任务	学习内容	自我评价	学习反思
基础理论	知识点 1　图线	S□　J□　X□	
	知识点 2　字体	S□　J□　X□	
	知识点 3　比例	S□　J□　X□	
能力培养	1. 能准确绘制图线，理解各种线型的用途和画法	S□　J□　X□	
	2. 能正确书写长仿宋体字、数字和字母	S□　J□　X□	
	3. 能准确说出比例的含义，能正确标注图名和比例	S□　J□　X□	
拓展提升	通过反复练习，写出漂亮的长仿宋体字	S□　J□　X□	

★学习任务1-3　绘制含尺寸标注的简单图样

知识点1　尺寸标注的基本规定

知识点2　施工图中常见平面图形的尺寸标注

学习目标1-3:

(1)掌握基本制图国家标准中关于尺寸标注的规定，能准确说出尺寸标注的四个要素。

(2)能正确标注简单图形的尺寸。

(3)能根据尺寸的排列与布置方法标注简单建筑图形尺寸。

任务书1-3:

参照引导问题观看知识点教学视频，通过小组合作、搜索互联网相关信息以及学习活页教材中相关知识点，完成三级引导问题。在理解制图国家标准中尺寸标注相关知识的基础上，通过反复练习，掌握简单图形尺寸标注的方法。学习过程中，认真记录学习目标核验表，并通过自我评价、小组互评和教师评价进行总结反思。

引导问题1-3:

(★基础理论任务 ★★能力培养任务 ★★★拓展提升任务)

(1)★________、________、________和________称为尺寸标注的四要素。

(2)★尺寸界线用________线绘制，一般与被注对象________，一端离开图样轮廓线不小于________ mm，另一端宜超出尺寸线________ mm。

(3)★图样轮廓线可以用作尺寸界线吗？可以用作尺寸线吗？

(4)★尺寸线用________线绘制，应与被注对象________。

(5)★尺寸起止符号一般为________线绘制，其倾斜方向应与尺寸界线成________时针________度角，长度宜为________。

(6)★图样上的尺寸可以从图上直接量取吗？

(7)★尺寸的单位，除标高及总平面以________为单位外，其他必须以 ________为单位。

(8)★尺寸数字一般应依据其方向注写在靠近尺寸线的________方________部。

(9)★尺寸如果与图线、文字及符号等相交，应把________断开，保证________的清晰。

(10)★相互平行的尺寸线应________尺寸在内，________尺寸靠外整齐排列。

(11) ★尺寸线与图样最外轮廓线之间的距离不宜小于________ mm。

(12) ★平行排列的尺寸线的间距宜为________ mm。

(13) ★标注球的半径、直径时，应在尺寸数字前加注符号“________”。

(14) ★坡度的符号的箭头应指向________坡方向。

(15) ★★尺寸数字 $R40$、$\phi 900$、$SR200$ 分别指的是什么？

(16) ★★在图 1.14 中，正确标注尺寸(数值从图中量取)。

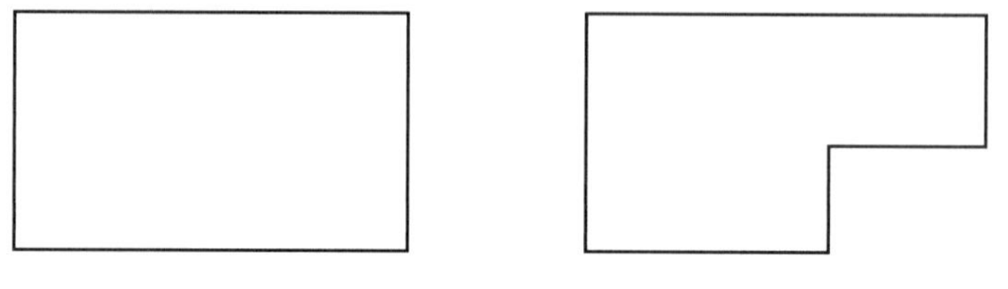

图 1.14　标注尺寸(一)

(17) ★★指出图 1.15(a)尺寸标注中的错误，并在图 1.15(b)中正确标注尺寸。

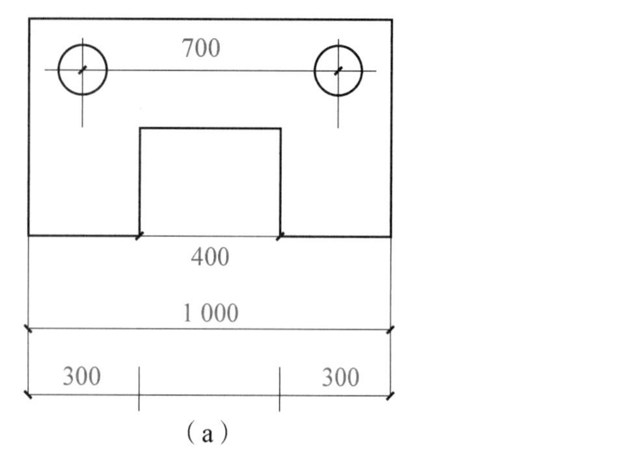

(a)

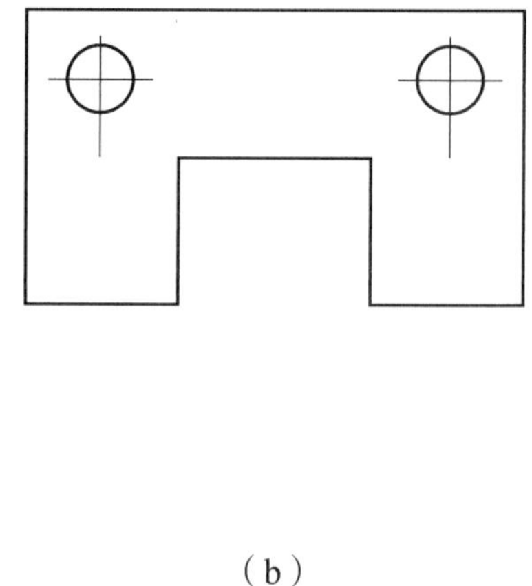

(b)

图 1.15　标注尺寸(二)

(18) ★★★在图 1.16 中正确标注尺寸(轴间距 3 500mm；墙厚 200mm；窗位于墙中，宽 1 500mm)。

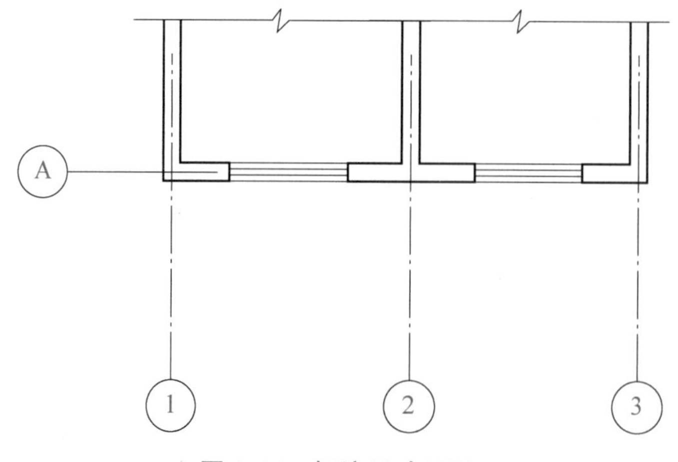

图 1.16　标注尺寸(三)

(19)★★★在图 1.17 中正确标注尺寸(轴间距 3 500mm；墙厚 200mm；飘窗位于墙中，凸出墙中轴线 600mm，宽 1 500mm；门宽 900mm，左侧距轴线 500mm)。

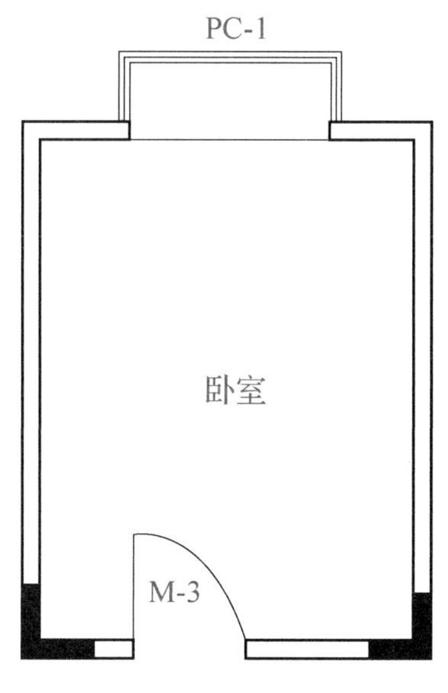

图 1.17　标注尺寸(四)

(20)★★★(自主查阅资料)连续排列的等长尺寸，可用“________×________=________”或“总长(等分个数)”的形式标注。

(21)★★★标注正方形的尺寸，可用“________×________”的形式，也可在边长数字前加正方形符号“□”。

学习资料 1-3:

知识点 1　尺寸标注的基本规定

尺寸是构成图样的重要组成部分，是建筑施工的重要依据。尺寸标注要准确、完整、清晰。图样上的尺寸由尺寸线、尺寸界线、尺寸起止符号和尺寸数字四部分组成。如图 1.18 所示。

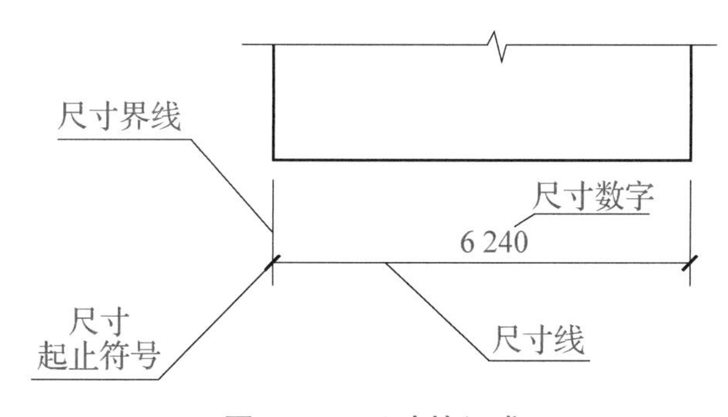

图 1.18　尺寸的组成

尺寸标注的注意事项：

(1)尺寸界线。

尺寸界线应用细实线绘制，应与被注对象垂直，其一端应离开图样轮廓线不小于2mm，另一端宜超出尺寸线2～3mm，如图1.19所示。图样轮廓线可用作尺寸界线。

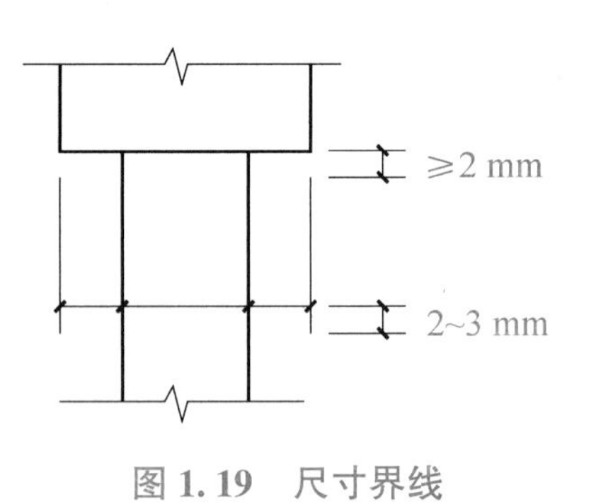

图1.19　尺寸界线

(2)尺寸线。

尺寸线应用细实线绘制，与被注对象平行，两端宜以尺寸界线为边界，也可超出尺寸界线2～3mm。图样本身的任何图线均不得用作尺寸线。尺寸线示例如图1.20所示。

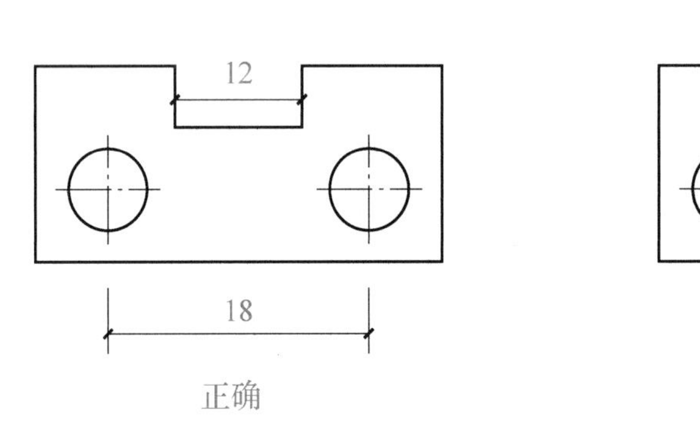

图1.20　尺寸标注示例

(3)尺寸起止符号。

尺寸起止符号用中粗斜短线绘制，倾斜方向应与尺寸界线成顺时针45°角，长度宜为2～3mm。轴测图中用小圆点表示尺寸起止符号，小圆点直径1mm。半径、直径、角度与弧长的尺寸起止符号，宜用箭头表示，箭头宽度b不宜小于1mm。如图1.21所示。

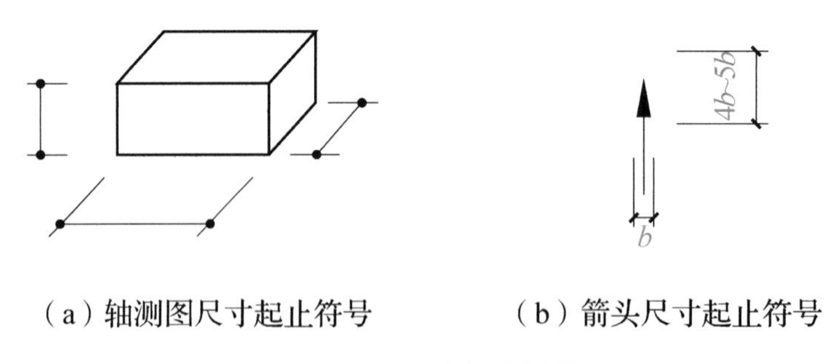

（a）轴测图尺寸起止符号　　（b）箭头尺寸起止符号

图1.21　尺寸起止符号

(4)尺寸数字。

图样上的尺寸，应以尺寸数字为准，不得从图上直接量取。尺寸数字的单位，除了标高及总平面以m(米)为单位外，其他必须以mm(毫米)为单位。

尺寸数字的方向，应按图1.22(a)的规定注写。若尺寸数字在30°斜线区内，也可按图1.22(b)的形式注写。

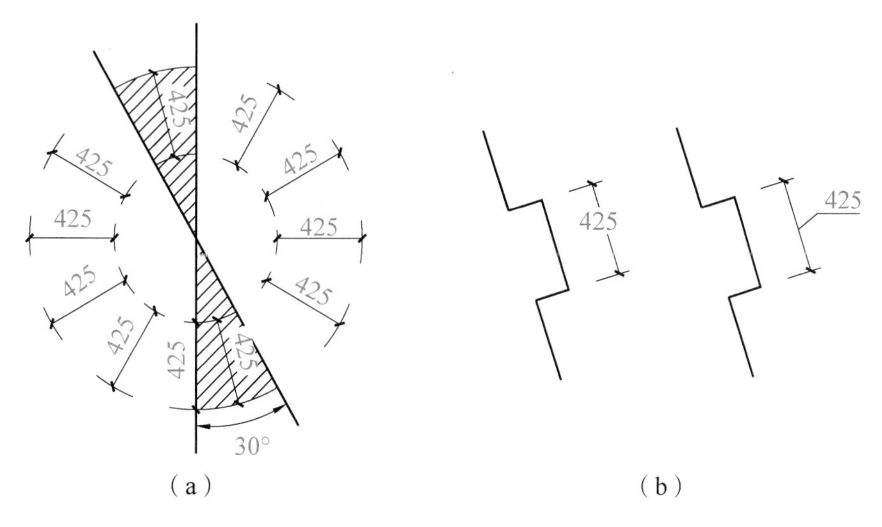

图 1.22　尺寸数字的注写方向

尺寸数字一般应依据其方向注写在靠近尺寸线的上方中部。如果没有足够的注写位置，最外边的尺寸数字可注写在尺寸界线的外侧，中间相邻的尺寸数字可上下错开注写，可用引出线表示标注尺寸的位置，如图 1.23 所示。

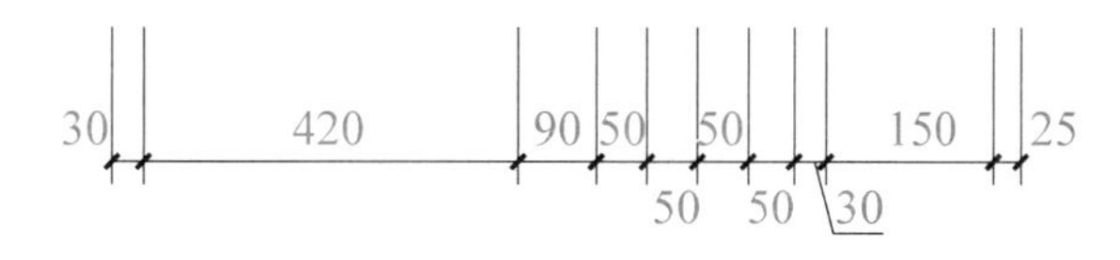

图 1.23　尺寸数字的注写位置

知识点 2　施工图中常见平面图形的尺寸标注

1. 尺寸的排列与布置

(1)尺寸宜标注在图样轮廓以外，不宜与图线、文字及符号等相交，如图 1.24 所示。

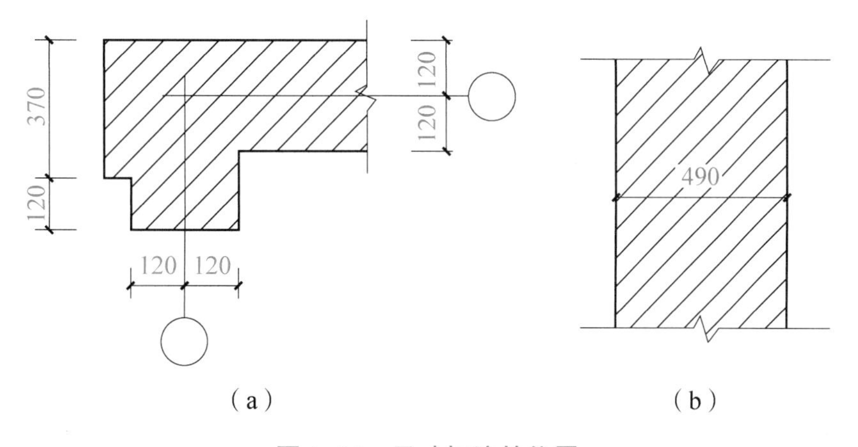

图 1.24　尺寸标注的位置

(2)互相平行的尺寸线，应从被注写的图样轮廓线由近向远整齐排列，较小尺寸应离轮廓线较近，较大尺寸应离轮廓线较远。

图样轮廓线以外的尺寸线与图样最外轮廓之间的距离不宜小 10mm。平行排列的尺寸线的间距宜为 7~10mm，并应保持一致。总尺寸的尺寸界线应靠近所指部位，中间的分尺寸的尺寸界线可稍短，但其长度应相等。

尺寸的排列如图 1. 25 所示。

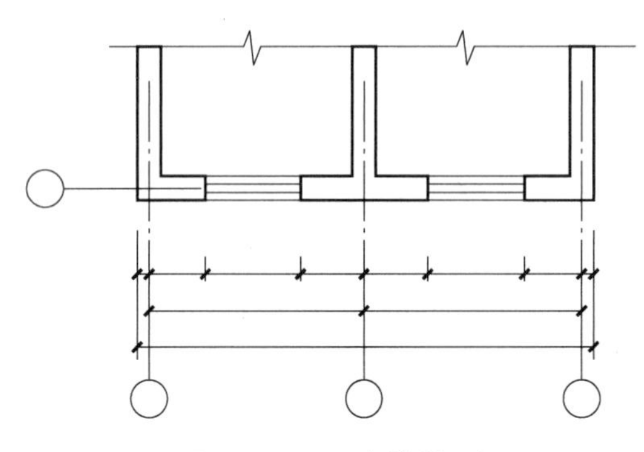

图 1. 25　尺寸的排列

2. 半径、直径和球的尺寸标注

半径的尺寸线应一端从圆心开始，另一端画箭头指向圆弧。半径数字前加注半径符号“*R*”，如图 1. 26 所示。较大圆弧的半径可按图 1. 27 的形式标注，较小圆弧的半径可按图 1. 28 的形式标注。

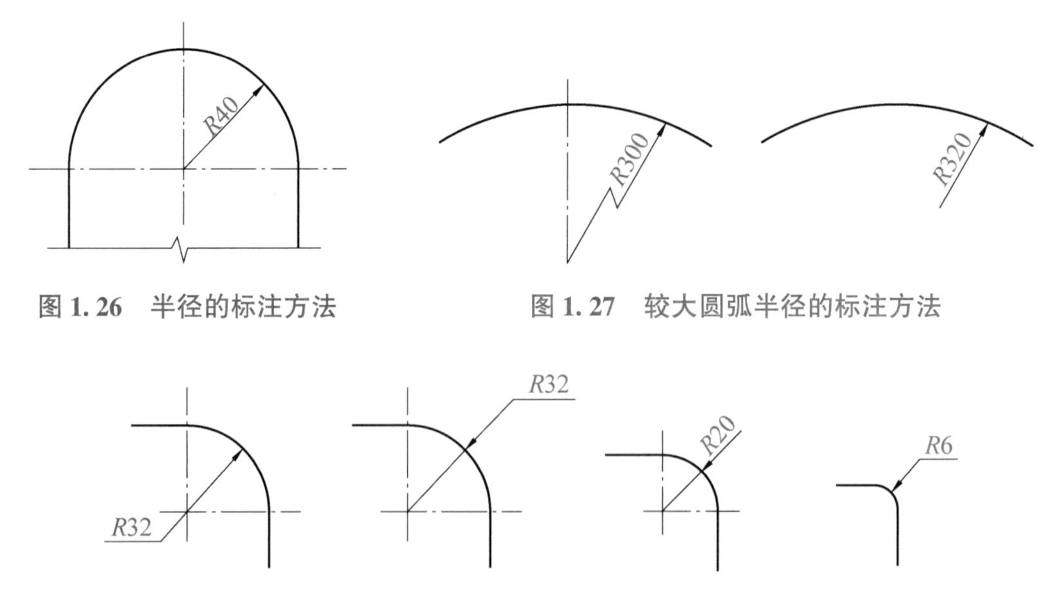

图 1. 26　半径的标注方法

图 1. 27　较大圆弧半径的标注方法

图 1. 28　较小圆弧半径的标注方法

圆的直径尺寸前标注直径符号“ϕ”。圆内标注的尺寸线应通过圆心，两端画箭头指至圆弧。圆的直径也可以标注在圆外。圆直径的标注方法如图 1. 29 所示。小圆直径的标注方法如图 1. 30 所示。

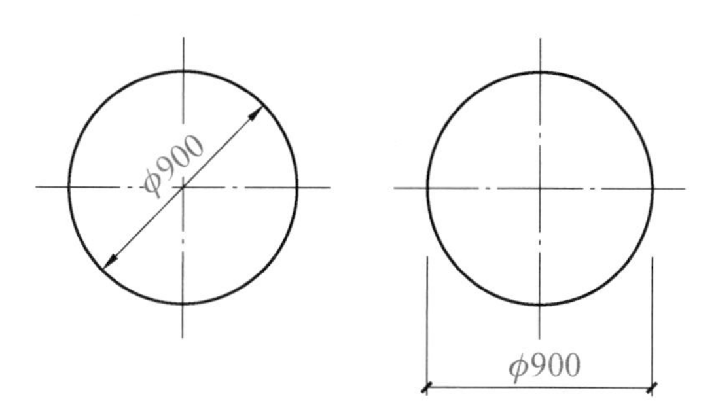

图 1.29　圆直径的标注方法

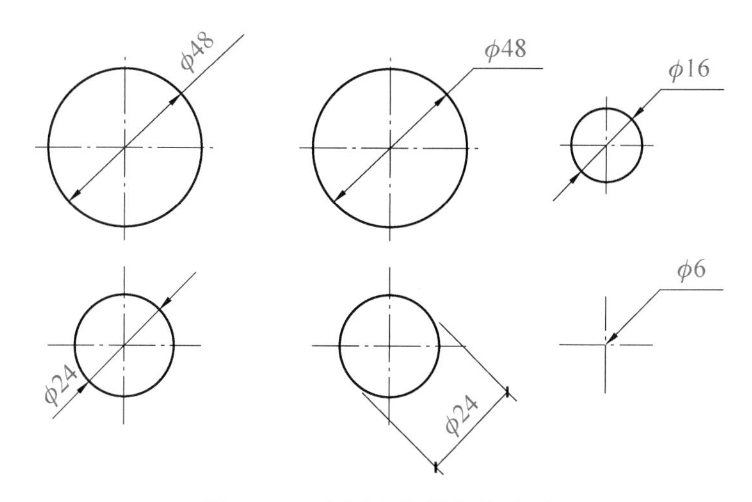

图 1.30　小圆直径的标注方法

标注球的半径尺寸时，应在尺寸数字前加注符号“*SR*”。标注球的直径尺寸时，应在尺寸数字前加注符号“*Sϕ*”。标注方法与圆弧半径和圆直径的尺寸标注方法相同。如图 1.31 所示。

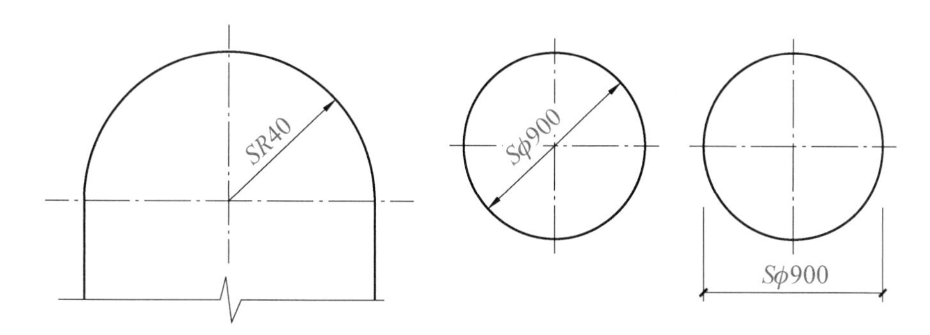

图 1.31　球的直径的标注方法

3. 角度、弧长、弦长的标注

角度的尺寸线应以圆弧表示。该圆弧的圆心应是该角的顶点，角的两条边为尺寸界线。起止符号应以箭头表示，如没有足够位置画箭头，可用圆点代替，角度数字应沿尺寸线方向注写。如图 1.32 所示。

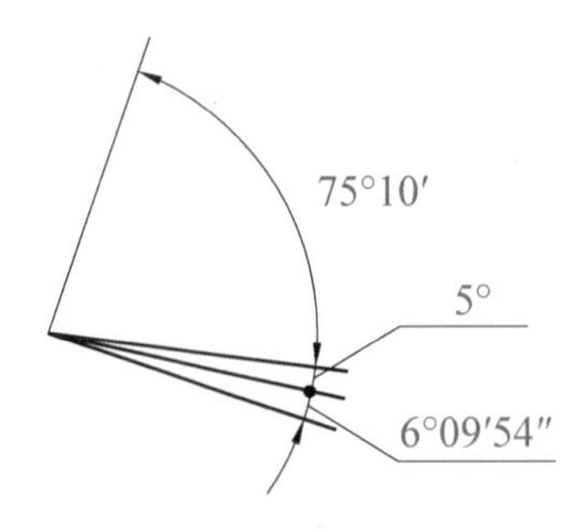

图 1.32　角度的标注

标注圆弧的弧长时，尺寸线应以与该圆弧同心的圆弧线表示，尺寸界线应指向圆心，起止符号用箭头表示，弧长数字上方或前方应加注圆弧符号“⌒”，如图 1.33 所示。

标注圆弧的弦长时，尺寸线应以平行于该弦的直线表示，尺寸界线应垂直于该弦，起止符号用中粗斜短线表示，如图 1.34 所示。

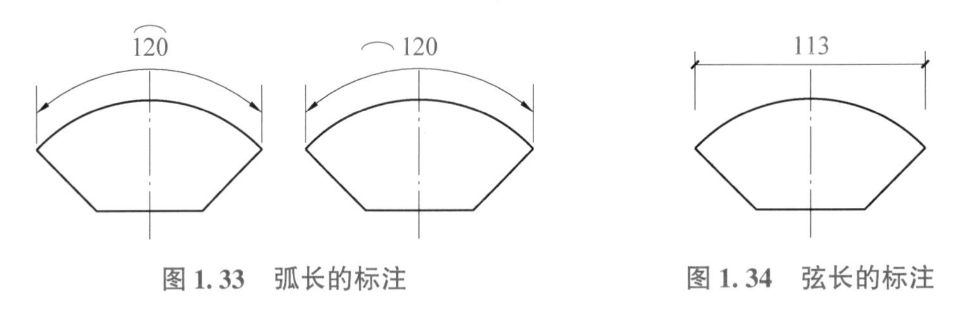

图 1.33　弧长的标注　　图 1.34　弦长的标注

4. 坡度的标注

标注坡度时，应加注坡度符号“←”“←”，箭头应指向下坡方向。坡度也可以用直角三角形形式标注。如图 1.35 所示。

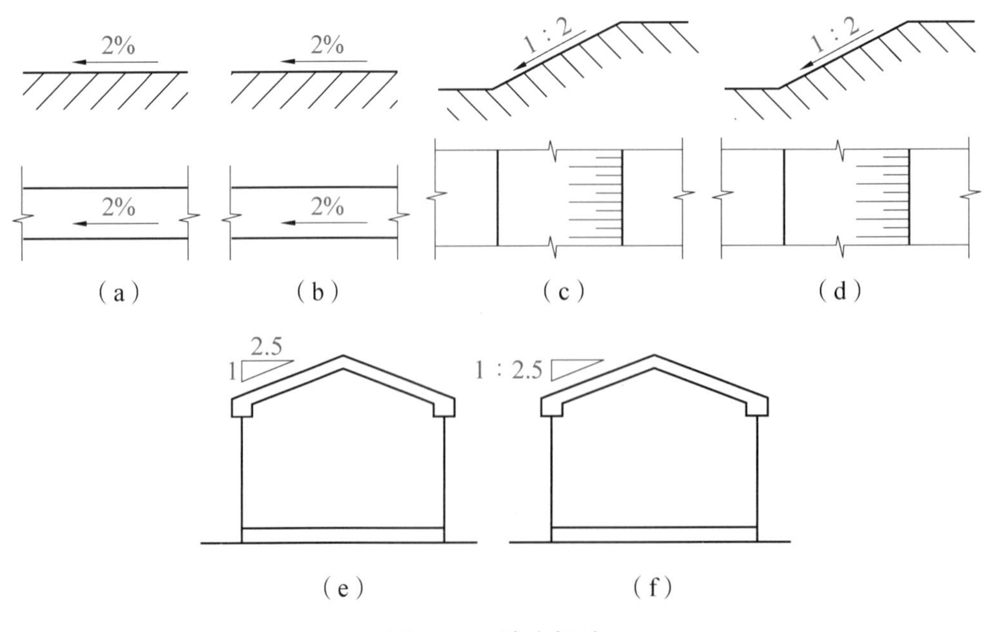

图 1.35　坡度标注

尺寸标注在施工图中的应用实例如图 1.36 所示。

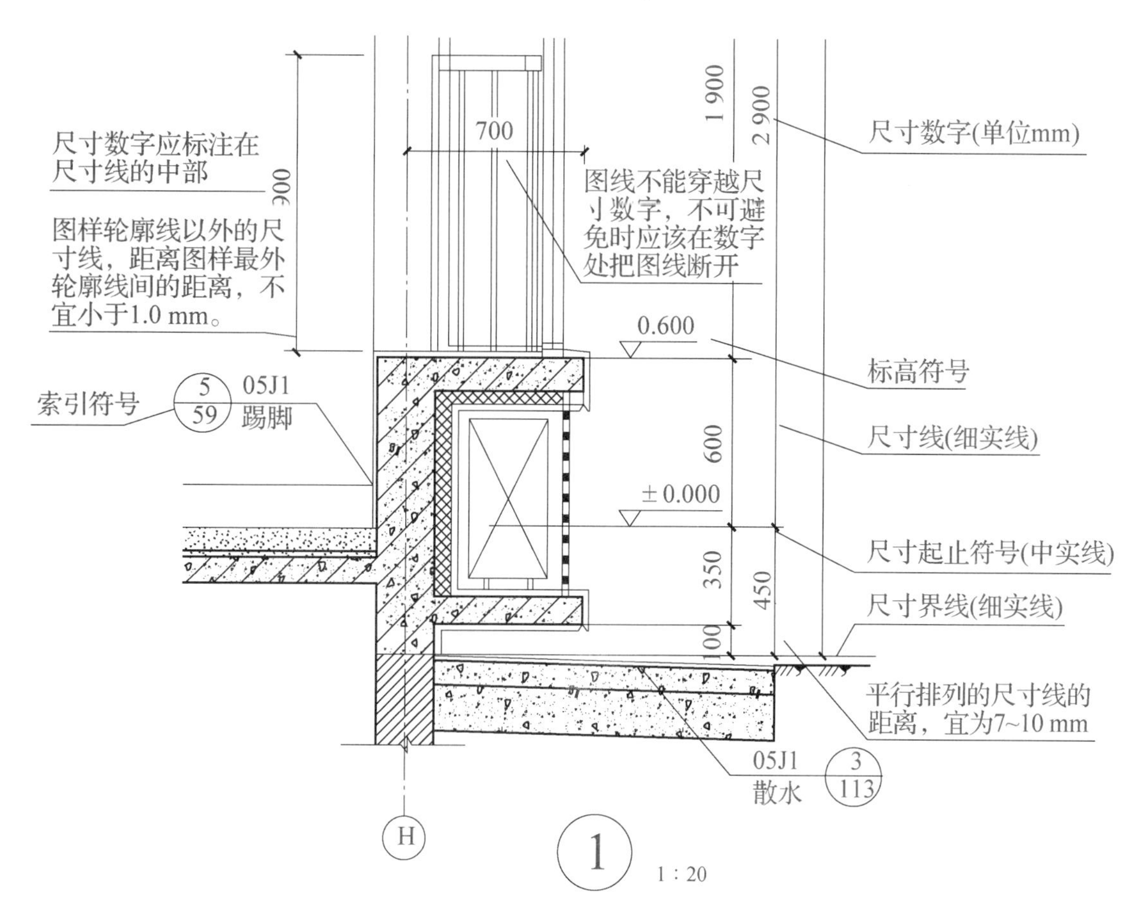

图 1.36　尺寸标注在施工图中的应用实例

绘图实训(门窗图例)

★★★按比例完成门窗图例绘图练习(含图框线及标题栏)。

目的：

(1)熟悉有关图幅、图线、字体、尺寸标注的制图标准。

(2)初步掌握手工绘图仪器及工具的正确使用。

要求：

(1)A4 立式幅面，按图中给定比例抄绘。

(2)遵守国标中图幅、比例、图线、字体、尺寸标注的有关规定。

(3)图线的基本线宽 b(粗实线宽度)选用 0.7mm，其余各类线的线宽应符合线宽组的规定，同类图线全图粗细一致，线型要粗细分明。

(4)标题栏汉字选用 5 号长仿宋体字，字母、数字选用 3.5 号字。

(5)要做到作图准确、尺寸正确、字体端正整齐、图面匀称整洁。

提示：

(1)图框线线宽为粗实线 b，标题栏外框线线宽 $0.7b$，标题栏分格线线宽 $0.35b$。

(2)按题图所给尺寸画底图，然后按图线标准加深，不抄注尺寸，最后加深图框线和填写标题栏。

绘图实训(门窗图例)参考效果如图 1.37 所示。

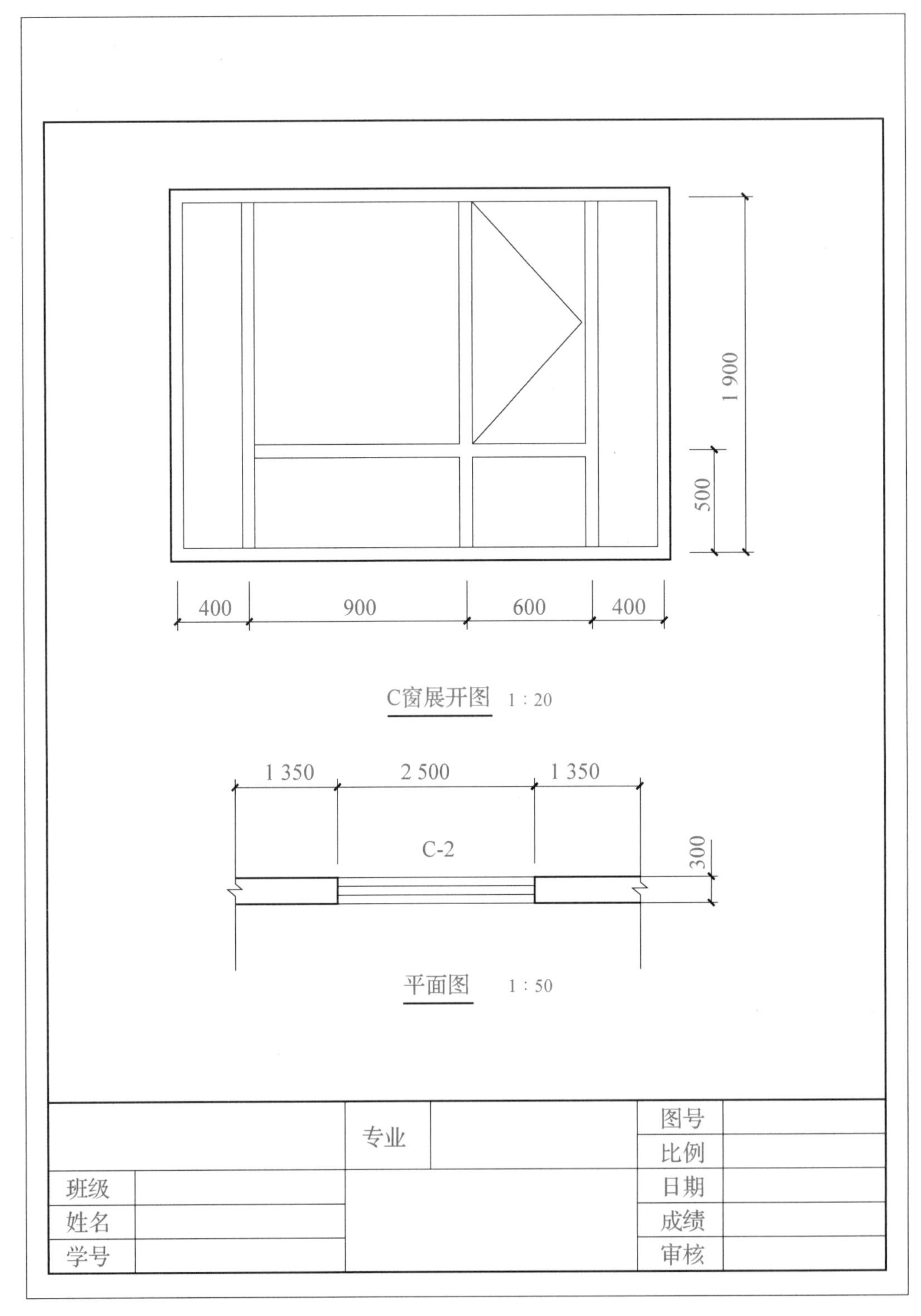

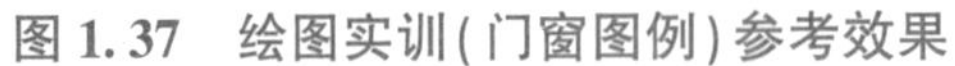
图 1.37　绘图实训(门窗图例)参考效果

1-3 绘图实训(门窗图例)

头脑风暴 1-3：

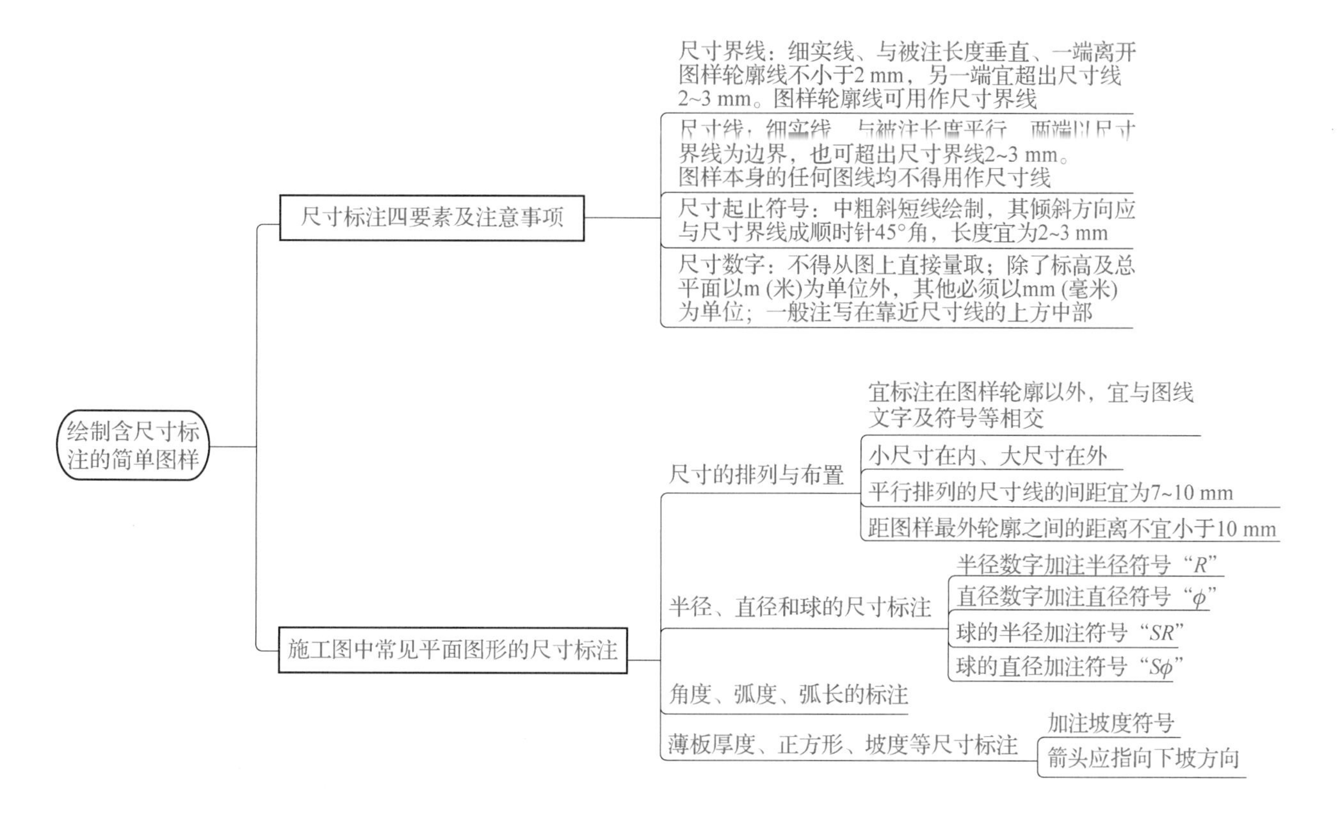

学习评价 1-3：

学习目标核验表（S 表示熟练掌握，J 表示基本掌握，X 表示需要帮助）

学习任务	学习内容	自我评价	学习反思
基础理论	知识点1　尺寸标注的基本规定	S□　J□　X□	
	知识点2　施工图中常见平面图形的尺寸标注	S□　J□　X□	
能力培养	1. 能准确说出尺寸标注的四个要素	S□　J□　X□	
	2. 能正确标注简单图形的尺寸	S□　J□　X□	
拓展提升	能根据尺寸的排列与布置方法标注简单建筑图形尺寸	S□　J□　X□	

★学习任务 1-4　计算机绘图环境设置

知识点 1　计算机制图基本知识

知识点 2　AutoCAD 软件简介

知识点 3　AutoCAD 绘制建筑工程图环境设置

学习目标 1-4:

(1)了解计算机制图的基本知识，能查阅相关标准。

(2)了解 AutoCAD 软件的基本功能，能够设置绘图比例及图形界限。

(3)了解 AutoCAD 软件中长度单位和精度，角度单位、方向和精度的含义；能够设置长度单位、角度单位和图形界线。

(4)理解图层管理器中各项的含义；了解图层设置和图层操作的方法；能够设置线宽和线型。

(5)理解单行文字与多行文字在使用过程中的区别与联系；能够编辑单行文字与多行文字。

(6)理解尺寸标注的构成和类型；掌握线性标注、角度标注、直径标注、半径标注等标注类型的特性设置、标注与编辑，能够正确设置标注样式。

任务书 1-4:

参照引导问题观看知识点教学视频，通过小组合作、搜索互联网相关信息以及学习活页教材中相关知识点，完成三级引导问题。通过查阅相关标准和资料，了解计算机制图基本知识；初步了解 AutoCAD 软件的基本功能，通过上机练习，正确完成给定图形的绘图环境设置任务。学习过程中，认真记录学习目标核验表，并通过自我评价、小组互评和教师评价进行总结反思。

引导问题 1-4:

(★基础理论任务 ★★能力培养任务 ★★★拓展提升任务)

(1)★★(自主查阅资料)计算机辅助制图文件分为________文件和________文件。

(2)★★(自主查阅资料)工程计算机辅助制图文件包括________文件、________文件以及________文件。

(3)★★(自主查阅资料)图库文件可以在两个工程中重复使用吗?

(4)★★(自主查阅资料)工程计算机辅助制图文件可以在两个工程中重复使用吗?

(5)★★(自主查阅资料)计算机辅助制图文件图层命名应采用________形式，每个图层名称宜由________个数据字段(代码)组成。

(6)★★(自主查阅资料)协同设计可分为________级协同、________级协同和________级协同。

(7)★AutoCAD 用户界面包括哪些内容？

(8)★★★搜索互联网信息，了解“智能建造”、“数字建筑“，组内交流，提升职业素养。

学习资料 1-4:

知识点1 计算机制图基本知识

20 世纪 70 年代以来，计算机图形学、计算机辅助设计(Computer Aided Design，CAD)、计算机绘图在我国得到迅猛发展，除了国外一批先进的图形、图像软件如 AutoCAD 等得到广泛应用外，我国自主开发的一批国产绘图软件如中望 CAD 也在设计、教学、科研、生产单位得到广泛应用，给建筑业带来了巨大的变革，改变了人们传统的设计思维和模式。为了适应新形势的需要，《房屋建筑制图统一标准》自 2010 年版起增加了计算机辅助制图文件、计算机辅助制图文件图层和计算机辅助制图规则的相关内容，2017 年版除对计算机辅助制图相关内容进行了修改补充，还增加了协同设计的内容。

知识点2 AutoCAD 软件简介

AutoCAD 是自动计算机辅助设计软件，其用户界面(以 AutoCAD 2021 为例)如图 1.38 所示。用户界面是交互式绘图软件与用户进行信息交流的中介，包括应用程序菜单、快速访问栏、菜单栏、功能区、绘图区、导航栏、布局选项卡、命令行、状态栏等。

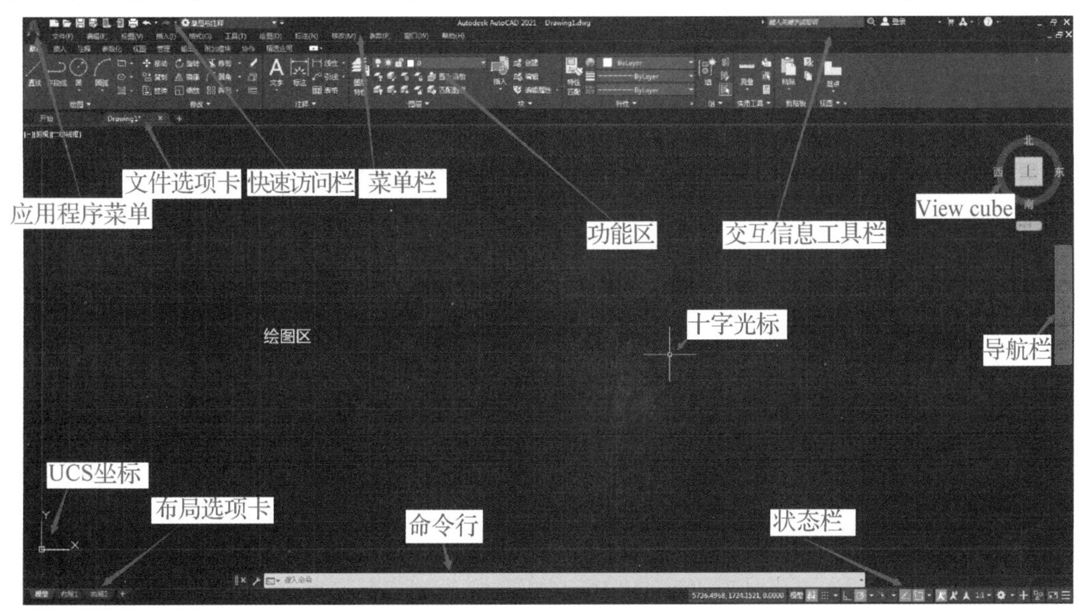

图 1.38 AutoCAD 2021 用户界面

知识点3　AutoCAD 绘制建筑工程图环境设置

AutoCAD 绘图的第一步就是建立适合自己的绘图环境，比如：工作空间，工具选项、图层、尺寸单位等。

1. 绘图单位设置

（1）在菜单栏中执行“格式”—“单位”命令。

（2）在“图形单位”对话框中，根据需要设置“长度”“角度”以及“插入时的缩放单位”参数。

2. 绘图比例设置

绘图比例设置与所绘制图形的精确度有很大关系。比例设置越大，绘图精度越精确。

（1）在菜单栏执行“格式”—“比例缩放列表”命令。

（2）在“编辑图形比例”对话框的“比例列表”中选择所需比例值，单击“确定”按钮。

3. 基本参数设置

执行“应用程序”—“选项”命令，在打开的“选项”对话框中，即可对所需参数进行设置。

4. 图层设置

AutoCAD 中的图层可以比作绘图区域中含有文字或图形等元素的一层透明薄片。一张图纸中可包含多个图层，各图层完全对齐，并且按顺序相互叠加，组合起来形成页面的最终效果。

如需要对图形的某一部分修改编辑，选择相应的图层即可。每个图层都有各自的特性，其通常是由当前图层的默认设置决定的。在操作时，可以对图层的特性进行单独设置，其中包括“名称”“打开/关闭”“锁定/解锁”“冻结/解冻”“删除/隔离”“颜色”“线型”“线宽”等。

5. 文字设置

AutoCAD 提供了许多文字输入与表格应用的功能，如单行文字、多行文字、文字编辑及表格插入标记等命令。图形中的文字都具有与之相关联的文字样式，系统默认使用的是“Standard”样式，用户可以根据图纸需要自定义文字样式，如文字高度、大小、颜色等。

执行“格式”—“文字样式”命令或输入 ST，按回车键，即可打开文字样式对话框。

6. 尺寸标注设置

尺寸标注要求完整、准确、清晰。通常在进行标注之前，应先设置好标注的样式，如标注文字大小、箭头大小以及尺寸线样式等。AutoCAD 系统默认尺寸样式为“STANDARD”。

（1）执行“格式”—“标注样式”命令，打开“标注样式管理器”对话框。

（2）打开“新建标注样式”对话框，可以编辑“标注线”“符号和箭头”“尺寸文字”“调整”“主单位”“换算单位”“公差”。将“符号和箭头”修改为“建筑标记”。

AutoCAD 提供了多种尺寸标注类型，如“线性标注”“对齐标注”“角度标注”“弧长标注”“半径/直径标注”“连续标注”“快速标注”“基线标注”“公差标注”等。尺寸样式设置好后，可以标注任意两点间的距离、圆或圆弧的半径和直径、圆心位置、圆弧或相交直线的角度等。

计算机绘图实训(线型练习)

(1)★★在 AutoCAD 中根据图 1.39 完成绘图环境设置任务。

1)设置绘图单位。

2)设置绘图比例。

3)设置基本参数。

4)设置图层。

5)设置文字样式。

6)设置标注样式。

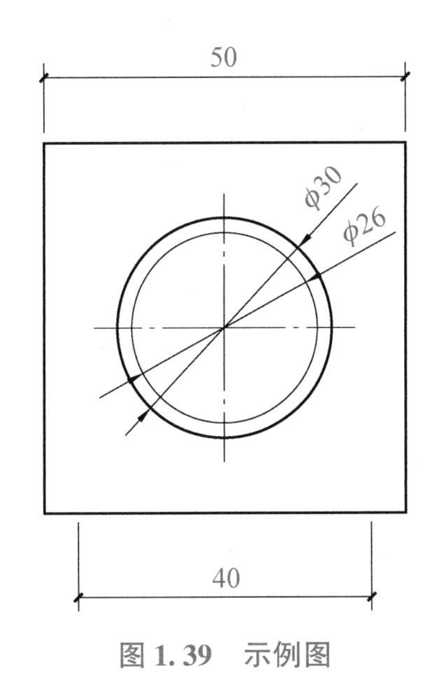

图 1.39　示例图

(2)★★在 AutoCAD 中绘制学习任务 1-2 绘图实训中的 A4 图纸线型练习(含图框线、标题栏)。

头脑风暴 1-4:

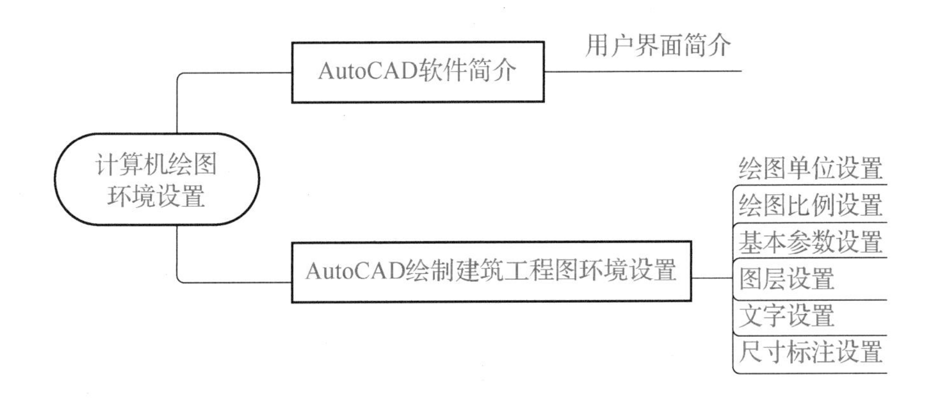

学习评价 1-4：

学习目标核验表(S 表示熟练掌握，J 表示基本掌握，X 表示需要帮助)

学习任务	学习内容	自我评价	学习反思
基础理论	知识点 1　计算机制图基本知识	S□　J□　X□	
	知识点 2　AutoCAD 软件简介	S□　J□　X□	
	知识点 3　AutoCAD 绘制建筑工程图环境设置	S□　J□　X□	
能力培养	1. 能够设置绘图比例及图形界限	S□　J□　X□	
	2. 能够设置长度单位、角度单位和图形界线	S□　J□　X□	
	3. 能够设置图层、线宽和线型	S□　J□　X□	
	4. 能够编辑单行文字与多行文字	S□　J□　X□	
	5. 能够正确设置标注样式	S□　J□　X□	
拓展提升	能够完成给定图形绘制，并正确设置相关参数	S□　J□　X□	

学习情境 2

绘制简单施工图

中国建筑独树一帜，它和欧洲建筑、伊斯兰建筑并称世界三大建筑体系。中国传统古建筑雕梁画栋，常常画满各种形状各种颜色的花纹。这些花纹不仅仅是装饰，它们有着自己不可或缺的作用。经过时间和风雨的洗礼，花纹往往需要重新补绘。这不仅需要丰富的理论知识，更需要精湛的技艺。

施工现场有一张图纸受损，需要马上补画。由于时间紧急，请先把纸质图纸补画完整，再抄绘成电子版图纸存档。请大家准备相应工具进行绘图。图 2. 1 所示为平面图、立面图、剖面图，图 2. 2 所示为透视图。

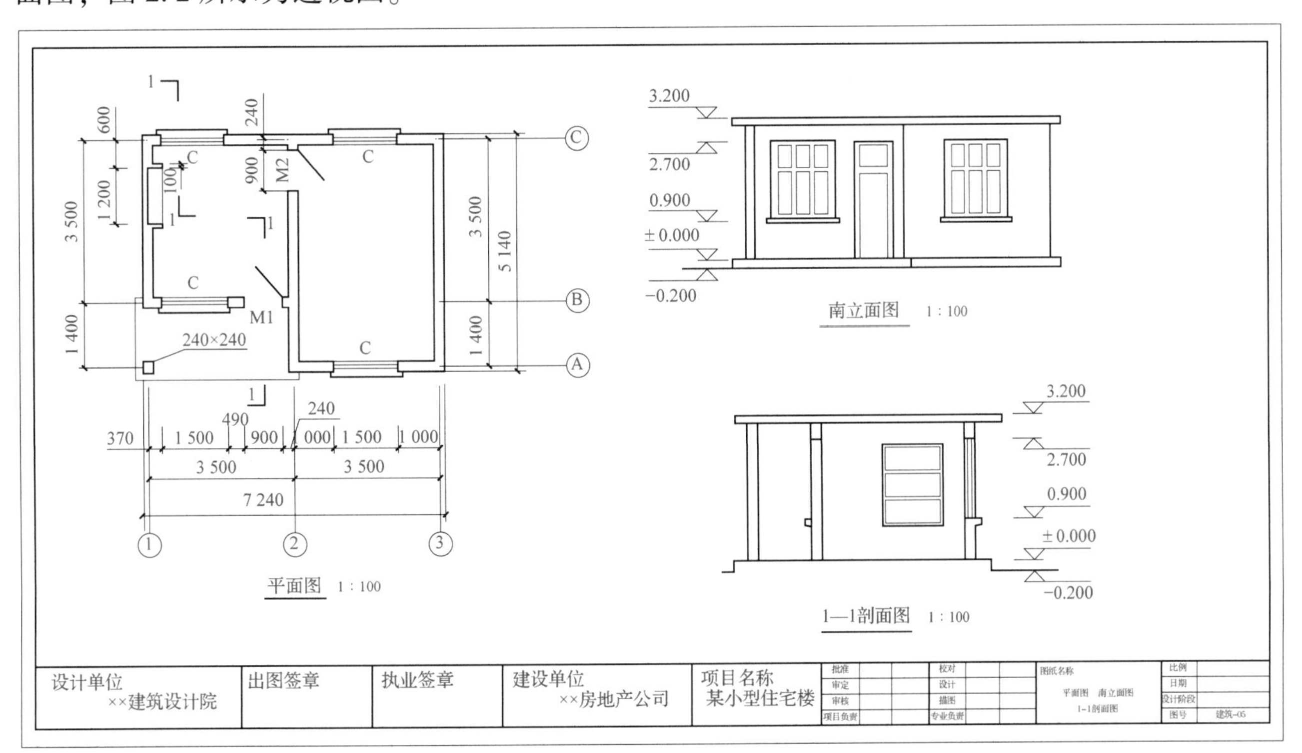

图 2. 1　平面图、立面图、剖面图

我们将从绘制简单施工图的要求出发，了解常用绘图工具和用品，掌握绘图步骤和方法，使用常用的手工绘图工具绘制简单施工图，并初步掌握 AutoCAD 基本绘图命令和编辑命令，能应用 AutoCAD 绘制基本图线。

图 2.2　透视图

透视图

★学习任务 2-1　识读简单施工图

知识点 1　施工图基本知识概述

知识点 2　简单施工图的识读

学习目标 2-1:

(1)初步了解施工图常用符号和图例。

(2)熟练识读书中例图。

任务书 2-1:

参照引导问题观看知识点教学视频，通过小组合作、搜索互联网相关信息以及学习活页教材中相关知识点，完成三级引导问题。准备好绘图工具，结合整套图纸识读破损施工图内容，做好补画图纸的准备工作。学习过程中，认真记录学习目标核验表，并通过自我评价、小组互评和教师评价进行总结反思。

引导问题 2-1:

(★基础理论任务　★★能力培养任务　★★★拓展提升任务)

(1)★建筑物按使用功能可以分为________、________、________。

(2)★施工图按专业分为哪几类？其中建筑施工图包括哪些内容？

(3)★建筑平面图主要表达哪些内容？

(4) ★定位轴线的作用是什么？

(5) ★手工绘图时，图名选用________字。

(6) ★比例字号比图名________。

(7) ★什么是开间？什么是进深？

(8) ★剖切符号用来表示剖面图的________和________。

(9) ★建筑施工图一般有________道尺寸，最里面的是________尺寸，中间的是________尺寸，最外侧是________尺寸。

(10) ★建筑立面图主要表达哪些内容？

(11) ★建筑剖面图主要表达哪些内容？

(12) ★定位轴线用________线表示，轴线编号的圆圈用________线绘制，直径为________mm。

(13) ★横向轴线编号用________表示，纵向轴线的编号用________表示。

(14) ★★室内主要地坪为标高的零点，写作________。

(15) ★★★请用两块三角板配合绘制15°、30°、45°、60°、75°线。

(16) ★★★如果绘制例图施工图，你将如何着手，要注意哪些问题？

(17) ★★★请搜索互联网信息及相关资料，简要总结建筑物的分类方法。

(18) ★★★建筑物的开间或柱距，进深或跨度，梁、板、隔墙和门窗洞口宽度等分部件的截面尺寸是依据什么标准设计的？

(19) ★★★搜索互联网信息，了解中国古代建筑纹样，培养审美能力，感受传统魅力。

学习资料2-1：

知识点1　施工图基本知识概述

我国千年建筑史，是一部恢弘巨著。故宫、布达拉宫、颐和园、秦始皇陵、赵州桥、黄鹤楼等等，都是世界建筑史上的伟大奇迹，具有彰显民族特色的独特建筑风格。现代建造的北京大兴国际机场、上海中心大厦、国家体育场（鸟巢）、中国国家大剧院、中央电视台总部大楼、北京当代万国城、上海天马山世茂深坑酒店等，依然令世界惊叹。

建筑物按使用功能可以分为：工业建筑、农业建筑和民用建筑。工业建筑有各类工业厂房、仓库等。农业建筑有农机站、谷物仓等。民用建筑又可分为居住建筑和公共建筑。

施工图是建筑工程施工的必要依据，是设计人员根据国家制图标准绘制的反映拟建建筑外形外貌、内部分区、构造做法和结构形式等内容的图样。

施工图根据专业分工不同可分为：建筑施工图、结构施工图、设备施工图。建筑施工图包括施工总说明、门窗表、建筑总平面图、建筑平面图、建筑立面图、建筑剖面图和建筑详图。

知识点 2　简单施工图的识读

图 2.3 所示为一单层住宅。图 2.4、图 2.5、图 2.6 为该住宅的建筑平面图、立面图和剖面图。平面图主要表达该住宅的平面形状、房间布置、门窗洞口、台阶、雨棚等水平构件的位置关系和尺寸大小。立面图表达的是建筑外观、门窗洞口的竖向高度和尺寸。剖面图表达的是房间内部垂直方向各构件的位置和尺寸。

图 2.3　单层住宅

识读施工图的步骤：

(1)识读图名和比例。在每幅建筑图样下方都会有图名和比例，如图 2.4、图 2.5、图 2.6 所示。图名字体为长仿宋字，字号为 3.5。在图名下方画一条粗实线，右侧是比例。比例字号比图名小一号或两号，比例下不加粗实线。

(2)识读平面布置。识读图 2.4 所示的平面图。首先识读轴线及编号。横向轴线编号从左到右依次为①~③，相邻轴线间距称为开间；竖向轴线编号从下到上依次为Ⓐ~Ⓒ，相邻轴线间距称为进深。然后识读平面布置，此建筑共有两个房间，左侧入户门外有门廊，门廊处有一个截面尺寸为 240mm×240mm 的柱子。每个房间南北墙上各有一个窗户，窗的编号为 C。入户门编号 M1，室内门编号 M2。平面图中标有剖切符号，表示剖切的位置和剖视方向。最后识读尺寸，建筑施工图一般有三道尺寸，最内部是定形尺寸(细部尺寸)，中间是定位尺寸(轴线尺寸)，最外部是总体尺寸。识读时要注意三道尺寸之间的对应关系。

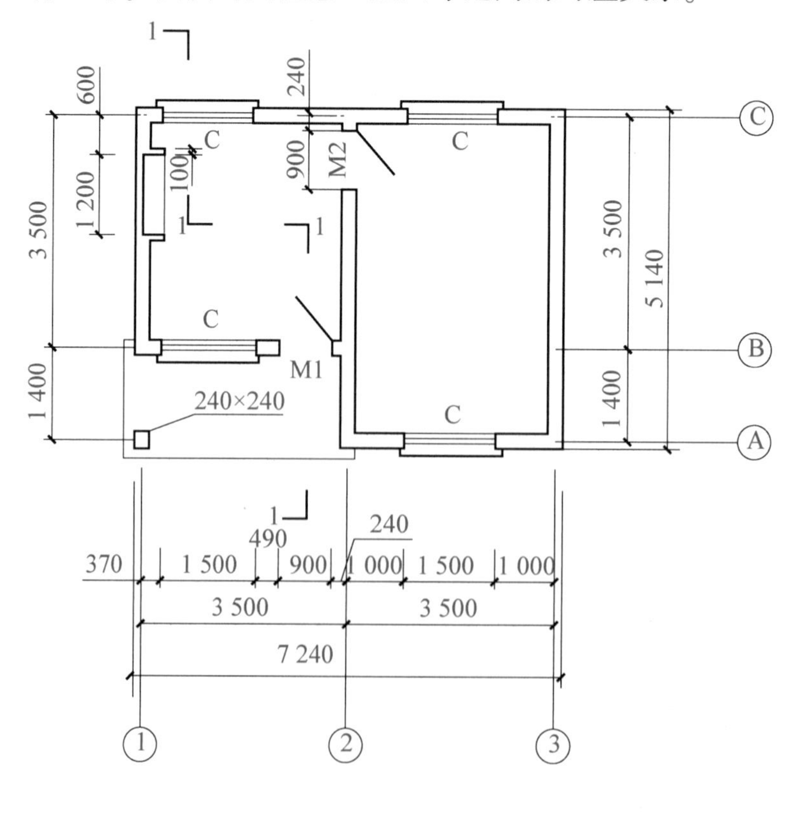

图 2.4　住宅建筑平面图

(3)识读立面图。图2.5所示为建筑南立面图。立面图主要反映建筑标高，标高数字单位为m。建筑标高的符号为细实线绘制的带引出线的等腰直角三角形。图2.5所示建筑室外地坪为-0.2m，窗台下沿标高0.9m，窗高1.8m，屋顶标高3.2m。完整的图纸还包含北立面图，复杂建筑还有东、西立面图。

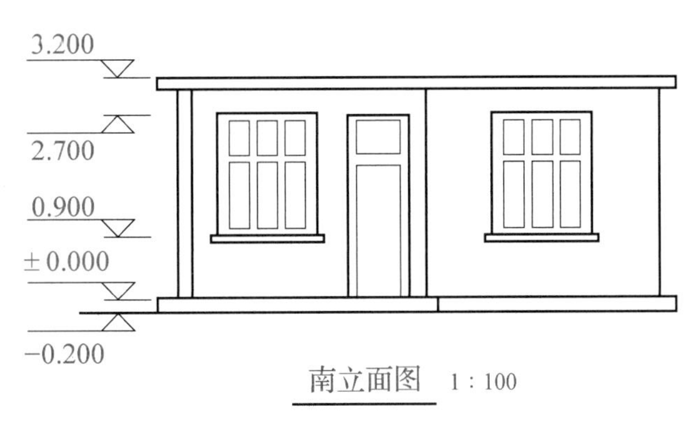

图2.5　住宅建筑立面图

(4)识读剖面图。图2.6所示为住宅建筑剖面图。在剖面图中可以看到剖切位置门窗洞口的高度。识读平面图、立面图、剖面图时应相互对应，相互结合。

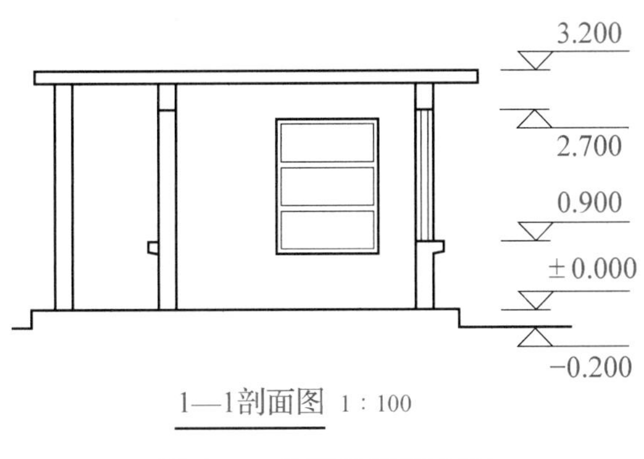

图2.6　住宅建筑剖面图

识图实训(简单施工图)

认真识读图2.4所示平面图、图2.5所示南立面图、图2.6所示1-1剖面图，回答下列问题：

(1)★例图中横向轴线编号为________，竖向轴线编号为________。

(2)★★例图中较小房间开间为________，进深为________；较大房间开间为________，进深为________。

(3)★例图中柱子的截面尺寸为________________________。

(4)★例图中整个建筑共有________个编号为C的窗。

(5)★例图中入户门的编号为________，室内门的编号为________。

(6)★例图中C窗的宽度为________ mm，M2门的宽度为________ mm。

(7)★例图中建筑物东西向总长度为________ mm，南北向总长度为________ mm。

(8)★★例图中建筑物墙身是多厚的？★★★请简要说明你的分析方法。

(9)★例图中室外地坪的标高是________。

(10)★★例图中窗的高度是多少？★★★请简要说明你的分析方法。

(11)★例图中屋顶标高是________。

头脑风暴2-1：

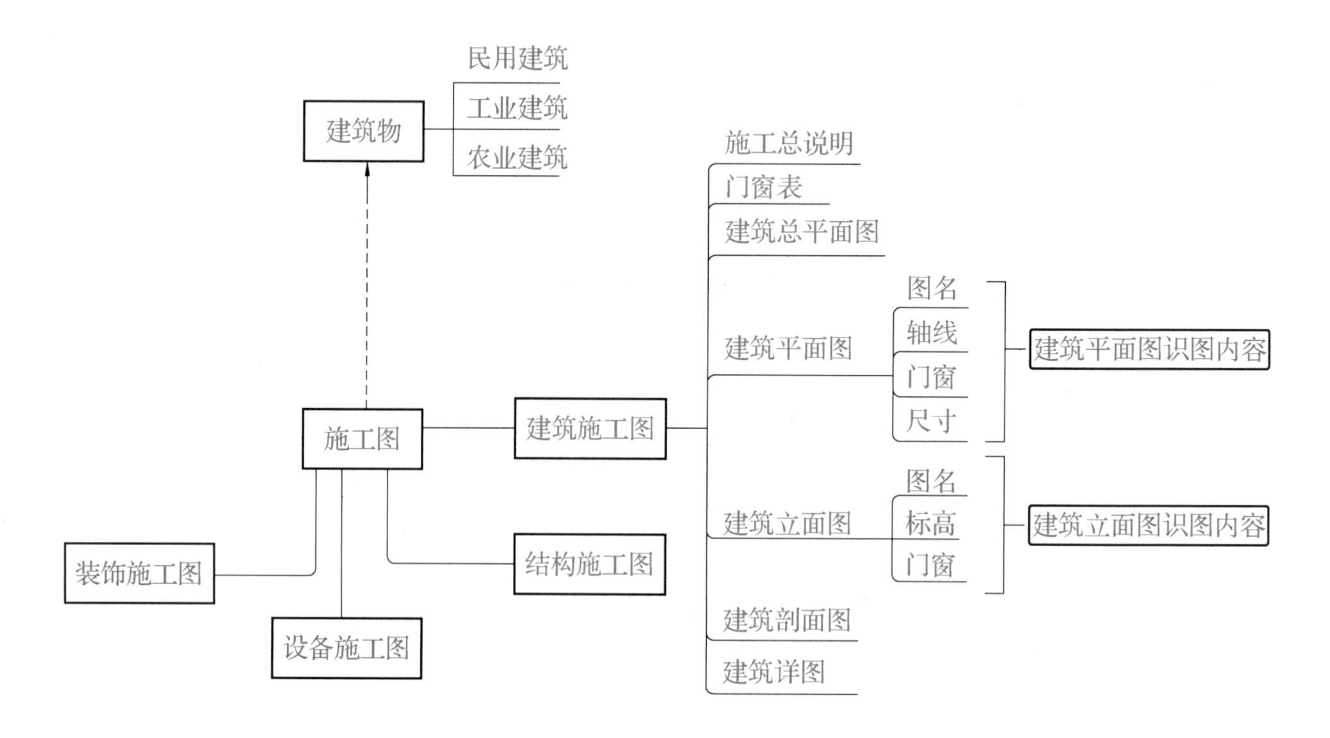

学习评价2-1：

学习目标核验表（S表示熟练掌握，J表示基本掌握，X表示需要帮助）

学习任务	学习内容	自我评价	学习反思
基础理论	知识点1　施工图基本知识概述 知识点2　简单施工图的识读	S□　J□　X□ S□　J□　X□	
能力培养	1. 初步了解施工图常用符号和图例 2. 熟练识读书中例图	S□　J□　X□ S□　J□　X□	
拓展提升	1. 初步练习手工绘图工具的使用方法 2. 搜索互联网信息及相关资料，了解建筑工程图相关知识	S□　J□　X□ S□　J□　X□	

★学习任务2-2 尺规作图技巧练习

知识点1 作平行线、作垂线、等分线段及绘制正多边形
知识点2 直线与直线的圆弧连接
知识点3 直线与圆弧的圆弧连接
知识点4 圆弧与圆弧的圆弧连接
知识点5 椭圆的画法

学习目标2-2：

(1)能利用手工绘图工具作平行线、垂线以及等分线段。
(2)能利用手工绘图工具绘制正三角形、正五边形，了解正七边形的画法。
(3)能利用手工绘图工具完成直线与圆弧、圆弧与圆弧的圆弧连接。
(4)能利用手工绘图工具绘制椭圆。

任务书2-2：

参照引导问题观看知识点教学视频，通过小组合作以及学习活页教材中相关知识点，完成三级引导问题。在掌握作平行线、作垂线、等分线段、绘制正多边形的方法的基础上，练习直线与圆弧、圆弧与圆弧的圆弧连接以及椭圆的画法，并逐步增加绘图难度，反复练习，将练习内容绘制为一张A3幅面的图纸，包括图框线、标题栏等。提高手工绘图能力，培养职业素养。学习过程中，认真记录学习目标核验表，并通过自我评价、小组互评和教师评价进行总结反思。

引导问题2-2：

(★基础理论任务 ★★能力培养任务 ★★★拓展提升任务)

请将以下内容绘制成一张包含图框线和标题栏的A3图纸，要求布图匀称、作图规范。

(1)★在图2.7中过点M作直线AB的平行线和垂线。

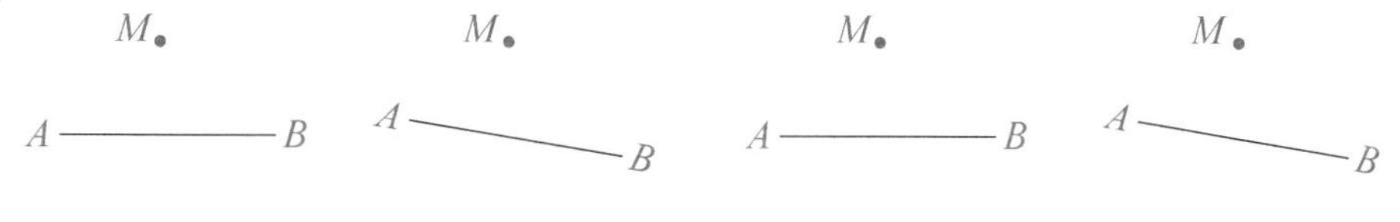

图2.7 作平行线、垂线

(2)★在图 2. 8 中绘制线段 AB 的二等分点。

(3)★在图 2. 9 中绘制线段 AB 的三等分点。

图 2. 8　绘制二等分点　　　　图 2. 9　绘制三等分点

(4)★绘制圆内接正三角形和正六边形。

(5)★★绘制圆内接正五边形。

(6)★★在图 2. 10 中用已知半径 R 的圆弧连接两直线。

(7)★★在图 2. 11 中用已知半径 R 的圆弧连接直线和圆弧。

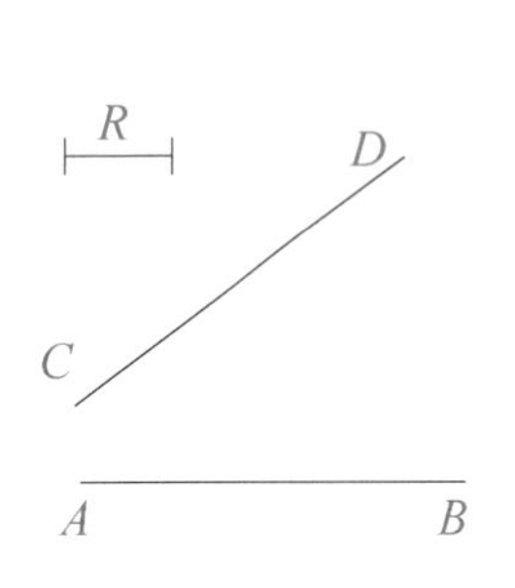

图 2. 10　用圆弧连接两直线

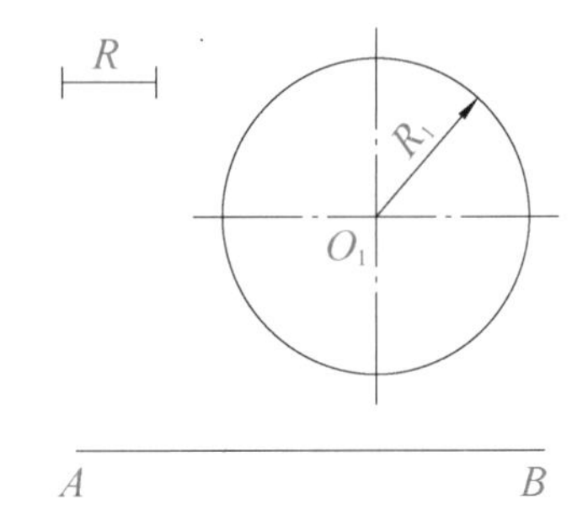

图 2. 11　用圆弧连接直线和圆弧

(8)★★在图 2. 12 中用已知半径 R 的圆弧连接两圆弧(两圆弧均与连接圆弧外接、两圆弧均与连接圆弧内接)。

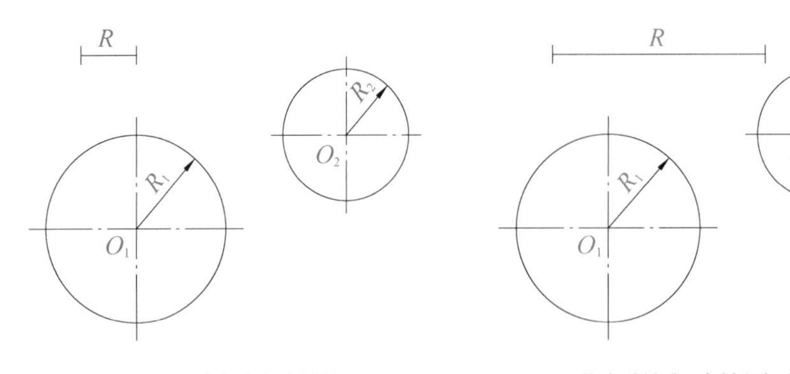

图 2. 12　用圆弧连接两圆弧

(9)★★用四分圆弧法绘制椭圆。

(10)★★★用同心圆法绘制椭圆。

(11)★★★绘制圆内接正七边形。

(12)★★★在图 2. 13 中用已知半径 R 的圆弧连接两圆弧(两圆弧与连接圆弧内外接)。

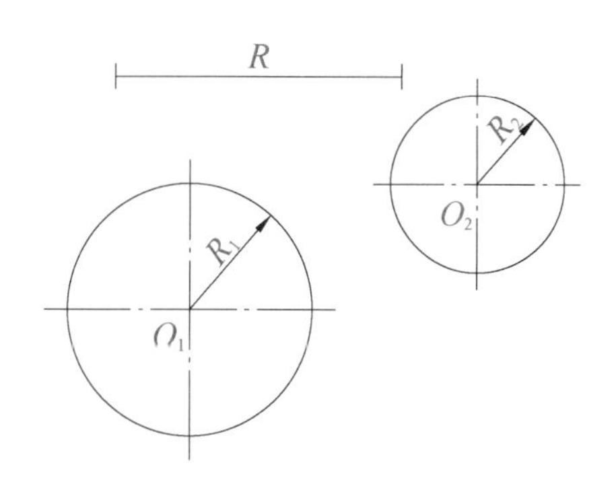

图 2.13 用圆弧连接两圆弧(两圆弧与连接圆弧内外接)

(13)★★★搜索互联网信息，了解我国古代百工五法是指什么。

学习资料 2-2:

知识点 1 作平行线、作垂线、等分线段及绘制正多边形

1. 作平行线

过已知点 *P*，作直线 *AB* 的平行线，如图 2.14 所示。

1)将三角板 1 的一条边与直线 *AB* 重合，下侧边与三角板 2 靠紧。

2)按住三角板 2 不动，推动三角板 1，直到与点 *P* 重合。作直线，即为直线 *AB* 的平行线。

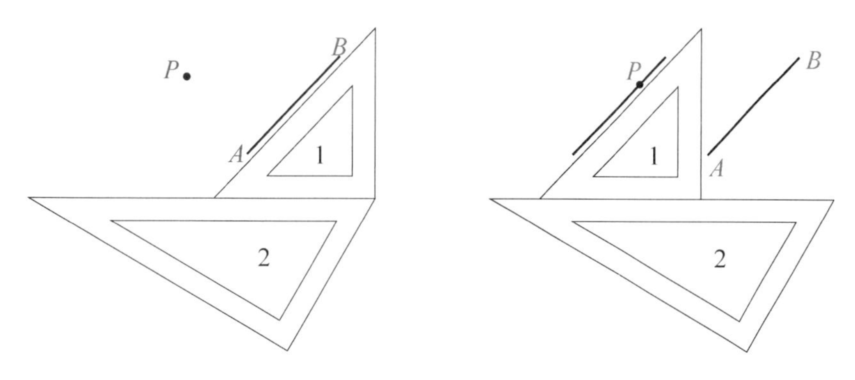

图 2.14 作直线的平行线

2. 作垂线

过已知点 *P*，作直线 *AB* 的垂线，如图 2.15 所示。

1)将三角板 2 的一条边与直线 *AB* 重合。

2)将三角板 1 的一条直角边紧靠三角板 2，另一条直角边与点 *P* 重合。作直线，即为直线 *AB* 的垂线。

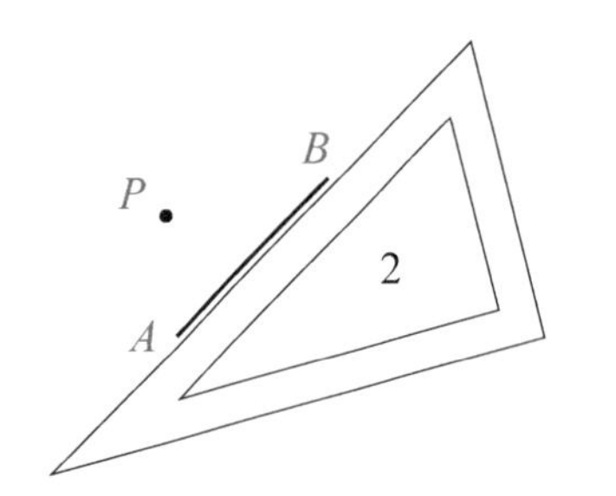

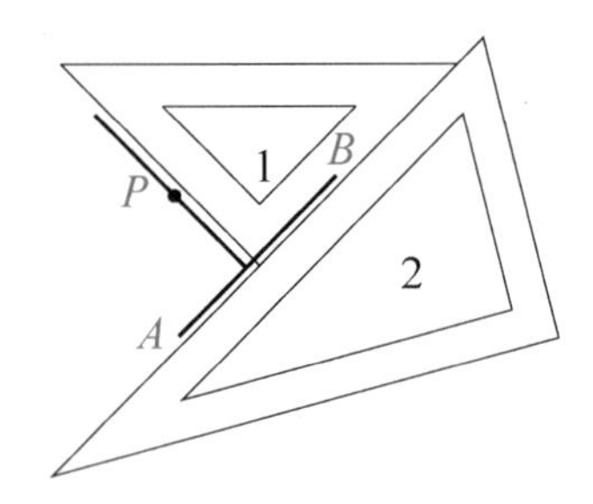

图2.15　作直线的垂线

3. 等分线段

(1)二等分线段，如图2.16所示。

1)已知线段AB。

2)分别以端点A、B为圆心，大于$\frac{1}{2}AB$为半径画圆弧，得两交点M、N。

3)直线MN与线段AB的交点即为AB的二等分点。

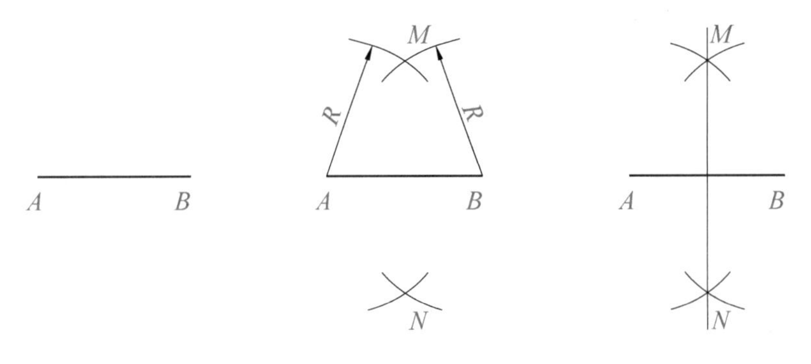

图2.16　二等分线段

(2)五等分线段，如图2.17所示。

1)已知线段AB，过端点A作射线AC。

2)从点A起，用直尺或分规在射线AC上依次量取5条等长的线段，得到点M_1、M_2、M_3、M_4、M_5。

3)连接M_5B，分别过点M_1、M_2、M_3、M_4作M_5B的平行线，交AB于N_1、N_2、N_3、N_4，即为AB的五等分点。

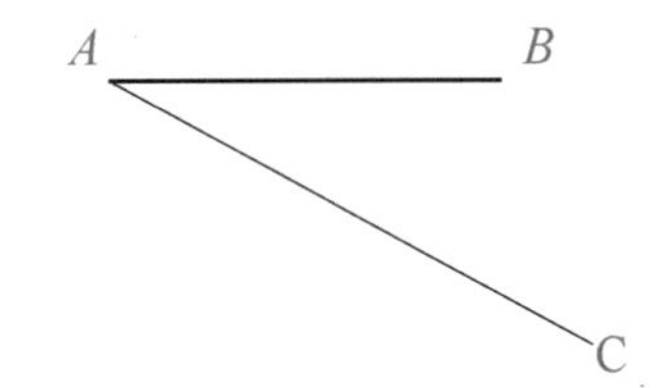

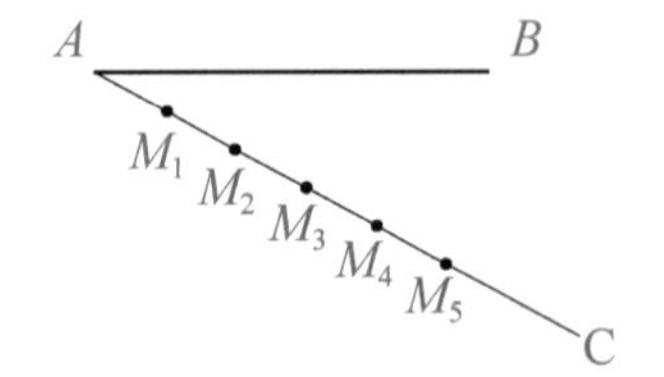

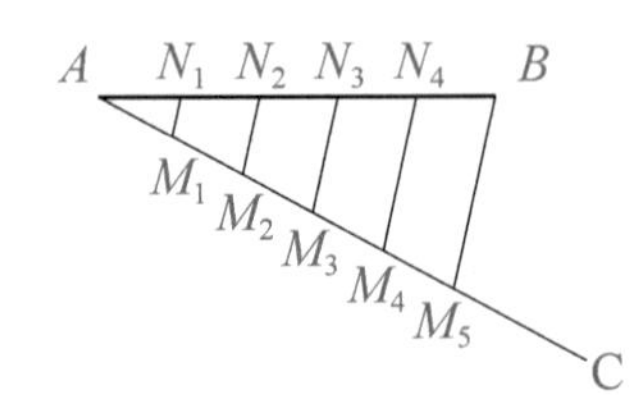

图2.17　五等分线段

(3)五等分平行线间的距离，如图2.18所示。

1)将三角板的0刻度对准CD上任意一点，并使刻度5落在AB上，得刻度1、2、3、4所在的点。

2)过4点分别作AB、CD的平行线即可。

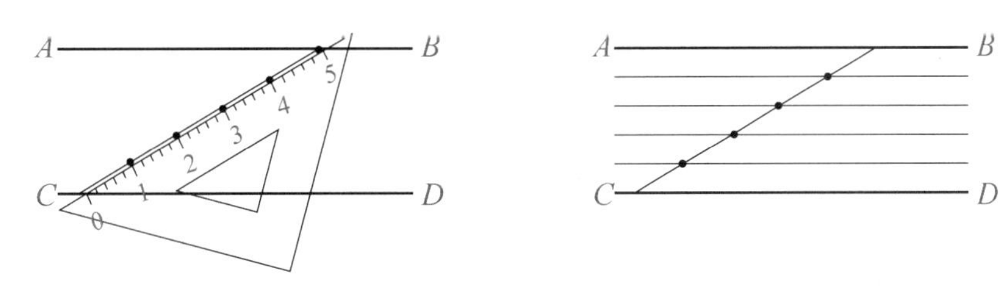

图2.18　五等分平行线间的距离

4. 绘制正多边形

(1)用圆规绘制圆内接正三角形，如图2.19所示。

1)已知半径为R的圆O和一条直径AD。

2)以点D为圆心、R为半径画弧，交圆周于点B、C。

3)连接点A、B、C即可。

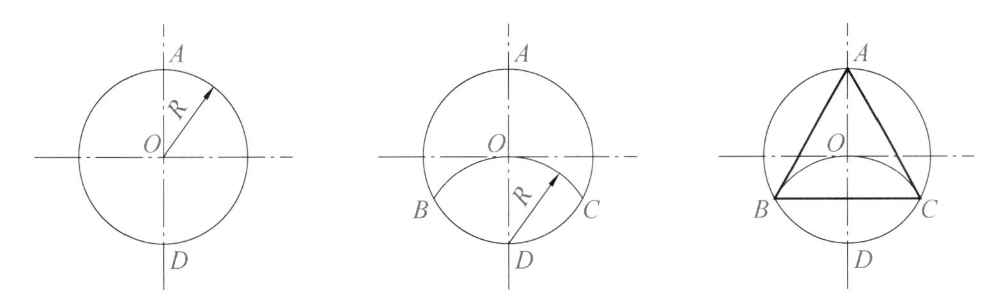

图2.19　用圆规绘制圆内接正三角形

(2)用三角板绘制圆内接正三角形，如图2.20所示。

1)将30°三角板的短直角边紧靠丁字尺工作边，沿斜边过点A作AB。

2)翻转三角板，同理作AC。

3)连接点B、C即可。

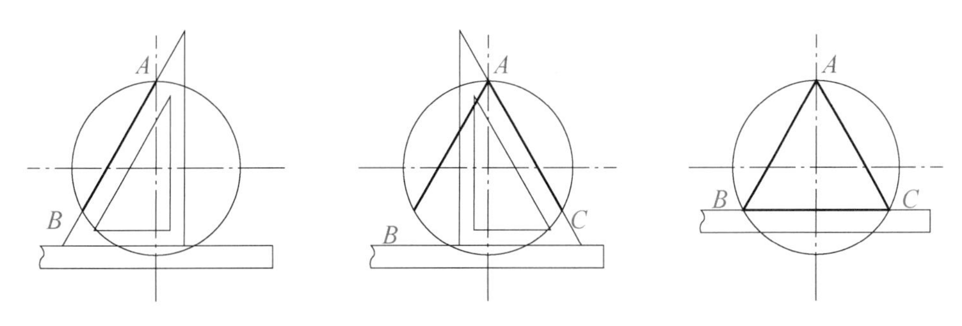

图2.20　用三角板绘制圆内接正三角形

(3)用圆规绘制圆内接正五边形，如图 2.21 所示。

1)作半径 OP 的中点 M。

2)以点 M 为圆心、AM 为半径画弧，交 OK 于点 N。

3)以点 A 为圆心、AN 为半径画弧，交圆周于点 B、E，再分别以点 B、E 为圆心、AN 为半径画弧，交圆周于点 C、D，连接 $ABCDE$ 即可。

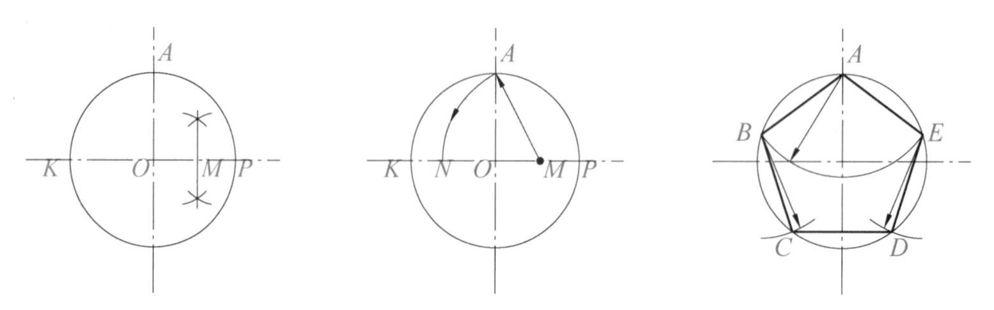

图 2.21　用圆规绘制圆内接正五边形

*(4)用圆规绘制圆内接正七边形，如图 2.22 所示。

1)将直径 AP 七等分，得点 F_1、F_2、F_3、F_4、F_5、F_6。

2)以 P 为圆心，AP 为半径画弧交直径的延长线于点 M、N。分别连接点 M、N 与偶数点 F_2、F_4、F_6 并延长与圆周相交得 6 个点，依次连接各点即可。

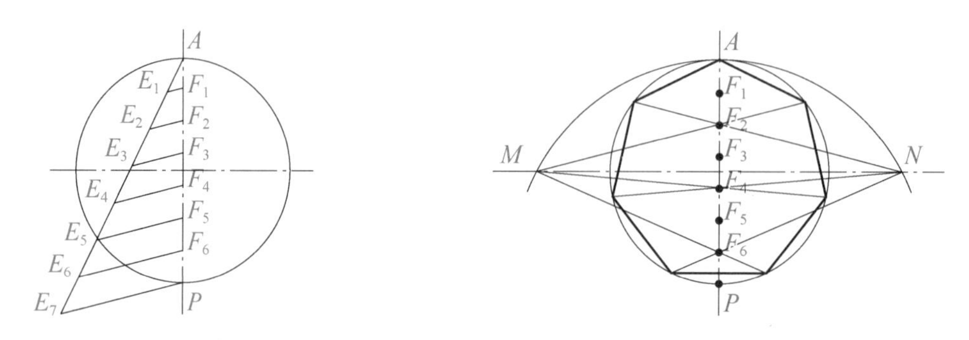

图 2.22　用圆规绘制圆内接正七边形

知识点 2　直线与直线的圆弧连接

直线与直线的圆弧连接如图 2.23 所示。

(1)已知两直线 AB、CD 和连接半径 R。

(2)以 R 为间距，分别作直线 AB、CD 的平行线，交于点 O。

(3)过点 O 分别作直线 AB、CD 的垂线，垂足 T_1、T_2 即为连接点，以 O 为圆心，R 为半径，过点 T_1、T_2 作圆弧即可。

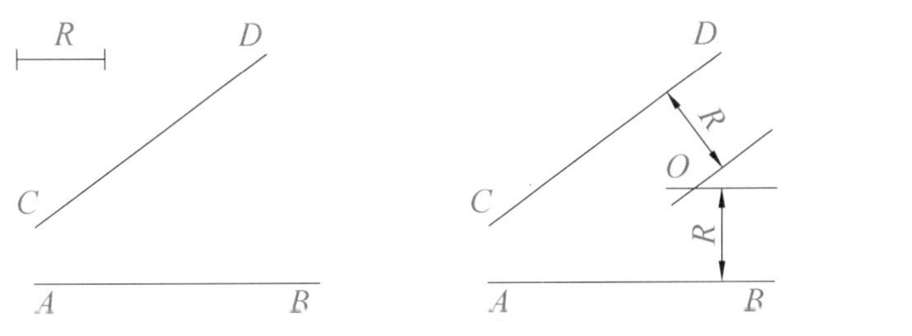

图 2.23　直线与直线的圆弧连接

知识点 3　直线与圆弧的圆弧连接

直线与圆弧的圆弧连接如图 2.24 所示。

(1)已知半径为 R_1 的圆 O_1 和连接半径 R。

(2)以 R 为间距，作直线 AB 的平行线，以 O_1 为圆心、$R+R_1$ 为半径作圆弧交 AB 的平行线于点 O。

(3)连接 OO_1 交圆周于点 T_1，过点 O 作 AB 的垂线，垂足为 T_2，点 T_1、T_2 即为连接点。以 O 为圆心、R 为半径，过点 T_1、T_2 作圆弧即可。

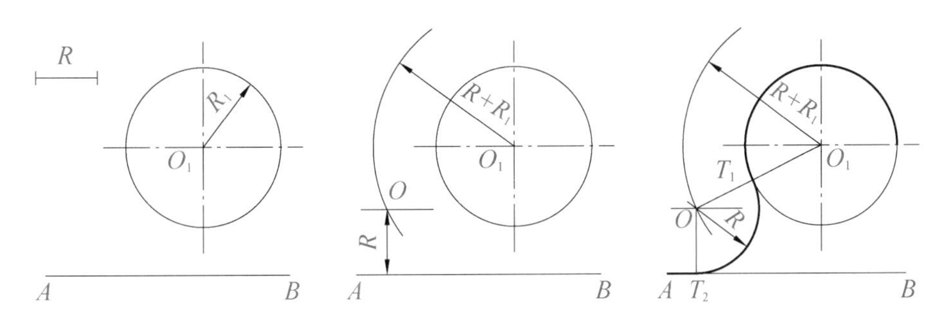

图 2.24　直线与圆弧的圆弧连接

知识点 4　圆弧与圆弧的圆弧连接

1. 两圆弧均与连接圆弧外切连接

两圆弧均与连接圆弧外切连接如图 2.25 所示。

(1)已知半径为 R_1 的圆 O_1、半径为 R_2 的圆 O_2 和连接半径 R。

(2)分别以点 O_1、O_2 为圆心，以 $R+R_1$ 和 $R+R_2$ 为半径作圆弧交于点 O。

(3)连接 OO_1 和 OO_2 分别交圆周于点 T_1、T_2，点 T_1、T_2 即为连接点。

(4)以 O 为圆心、R 为半径，过点 T_1、T_2 作圆弧即可。

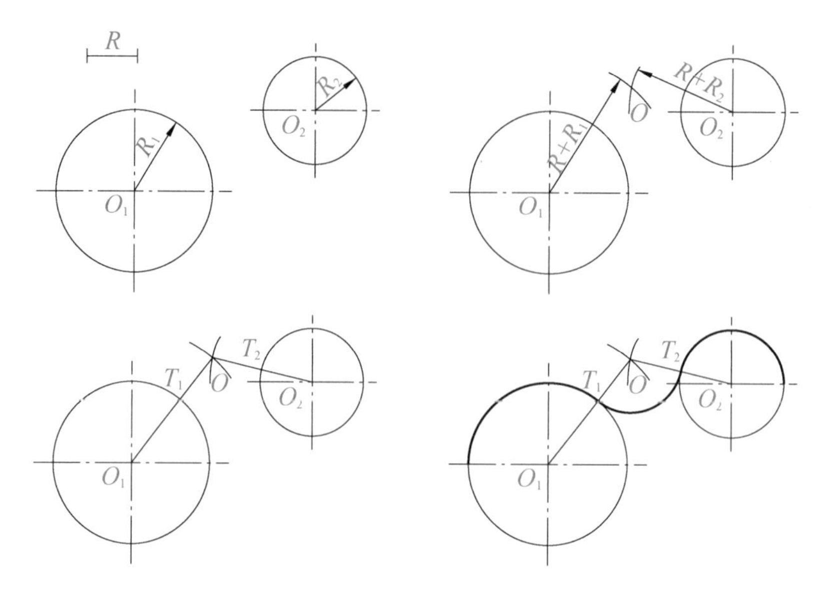

图 2.25　两圆弧均与连接圆弧外切连接

2. 两圆弧均与连接圆弧内切连接

两圆弧均与连接圆弧内切连接如图 2.26 所示。

(1)已知半径为 R_1 的圆 O_1、半径为 R_2 的圆 O_2 和连接半径 R。

(2)分别以点 O_1、O_2 为圆心，以 $R-R_1$ 和 $R-R_2$ 为半径作圆弧交于点 O。

(3)连接 OO_1 和 OO_2 并分别延长交圆周于点 T_1、T_2，点 T_1、T_2 即为连接点。

(4)以 O 为圆心、R 为半径，过点 T_1、T_2 作圆弧即可。

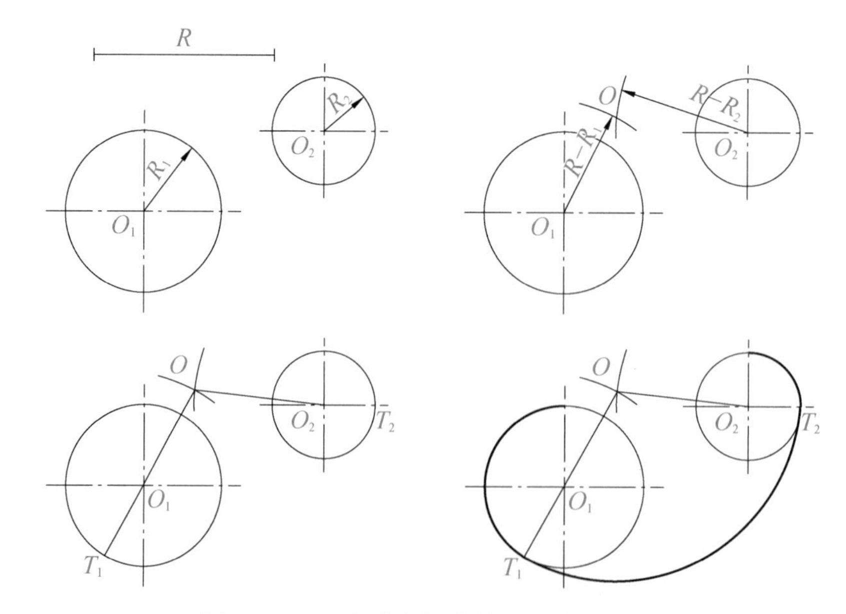

图 2.26　两圆弧均与连接圆弧内切连接

3. 两圆弧与连接圆弧内外切连接

两圆弧与连接圆弧内外切连接如图 2. 27 所示。

(1)已知半径为 R_1 的圆 O_1、半径为 R_2 的圆 O_2 和连接半径 R。

(2)分别以点 O_1、O_2 为圆心，以 $R-R_1$ 和 $R+R_2$ 为半径作圆弧交于点 O。

(3)连接 OO_1 并延长交圆周于点 T_1，连接 OO_2 交圆周于点 T_2，点 T_1、T_2 即为连接点。

(4)以 O 为圆心、R 为半径，过点 T_1、T_2 作圆弧即可。

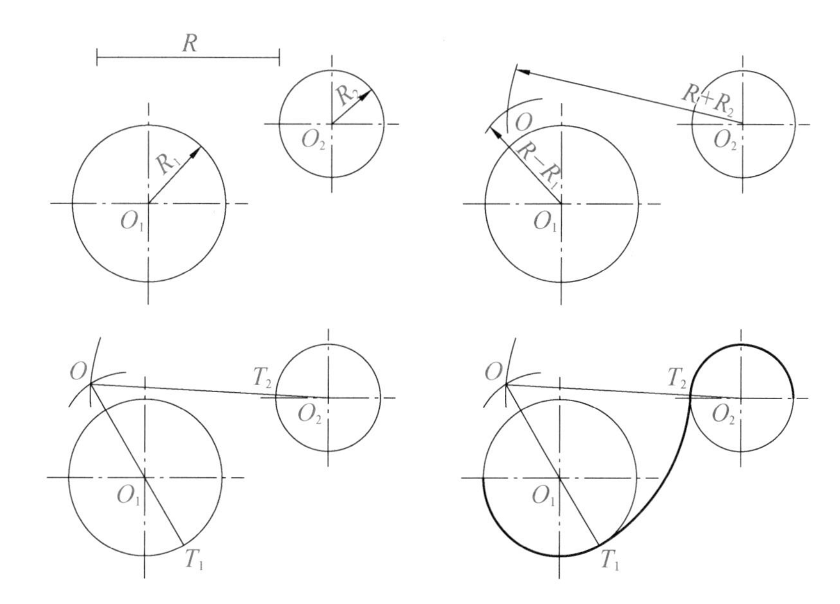

图 2. 27　两圆弧与连接圆弧内外切连接

知识点 5　椭圆的画法

1. 同心圆法画椭圆

同心圆法画椭圆如图 2. 28 所示。

(1)已知椭圆的长轴 AB 和短轴 CD、分别以 AB、CD 为直径作两个同心圆。

(2)作适当数量的直径与两圆相交。

(3)分别过各直径与大圆的交点作长轴 AB 的垂线，过直径与小圆的交点作长轴 AB 的平行线，垂线与平行线的交点即为椭圆上的点，用曲线板顺次连接各点即可。

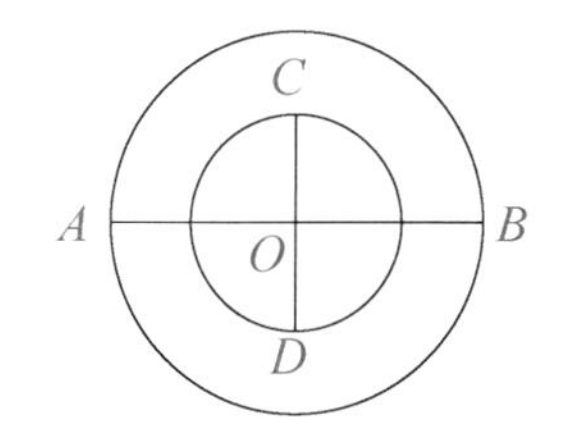

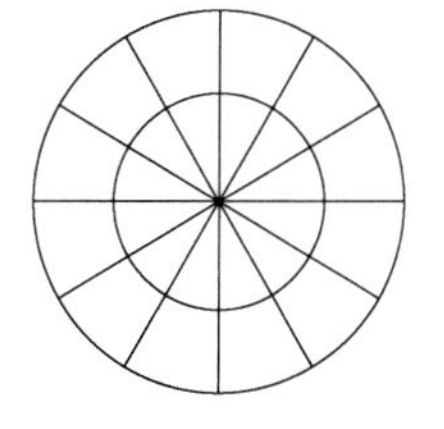
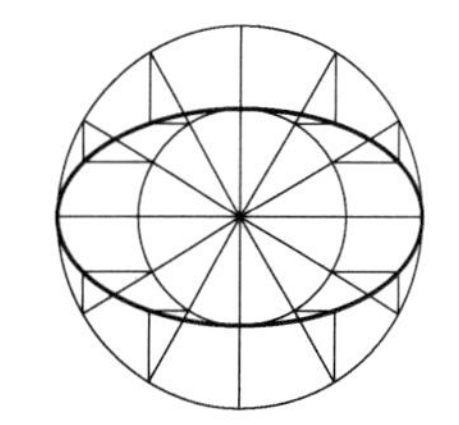

图 2. 28　同心圆法画椭圆

2. 四心圆弧法画椭圆

四心圆弧法画椭圆如图 2. 29 所示。

(1)已知椭圆的长轴 AB 和短轴 CD。

(2)连接 AC，以 O 为圆心、OA 为半径画弧交 DC 延长线于点 E。再以点 C 为圆心、CE 为半径画弧，交 AC 于点 F。作 AF 的垂直平分线交 AB 于点 O_1，交 CD 延长线于点 O_2。

(3)作 $OO_1 = OO_3$，$OO_2 = OO_4$，连接 O_2O_1、O_2O_3，O_4O_1、O_4O_3 并延长。分别以 O_1、O_3、O_2、O_4 为圆心，O_1A、O_3B、O_2C、O_4D 为半径作圆弧，使各弧相接即可。

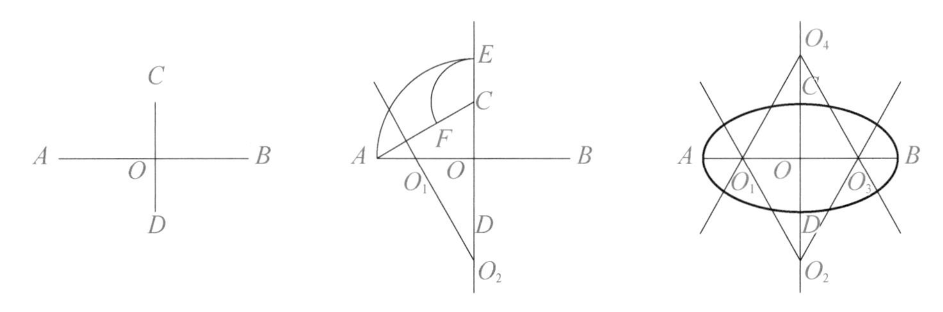

图 2. 29　四心圆弧法画椭圆

绘图实训(几何作图)

★★★抄绘简单图形：抄绘图 2. 30 所示图形。

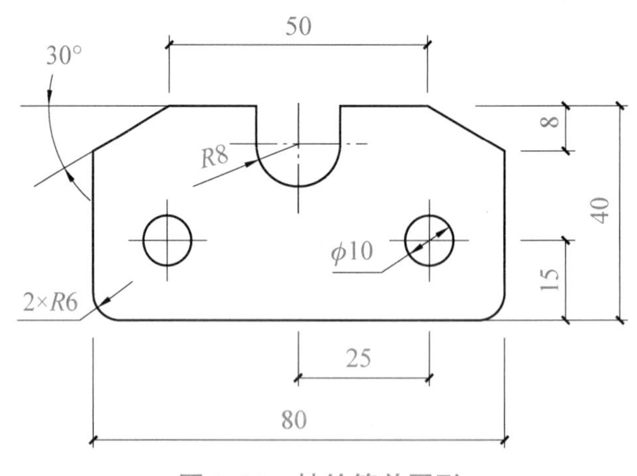

图 2. 30　抄绘简单图形

头脑风暴 2-2:

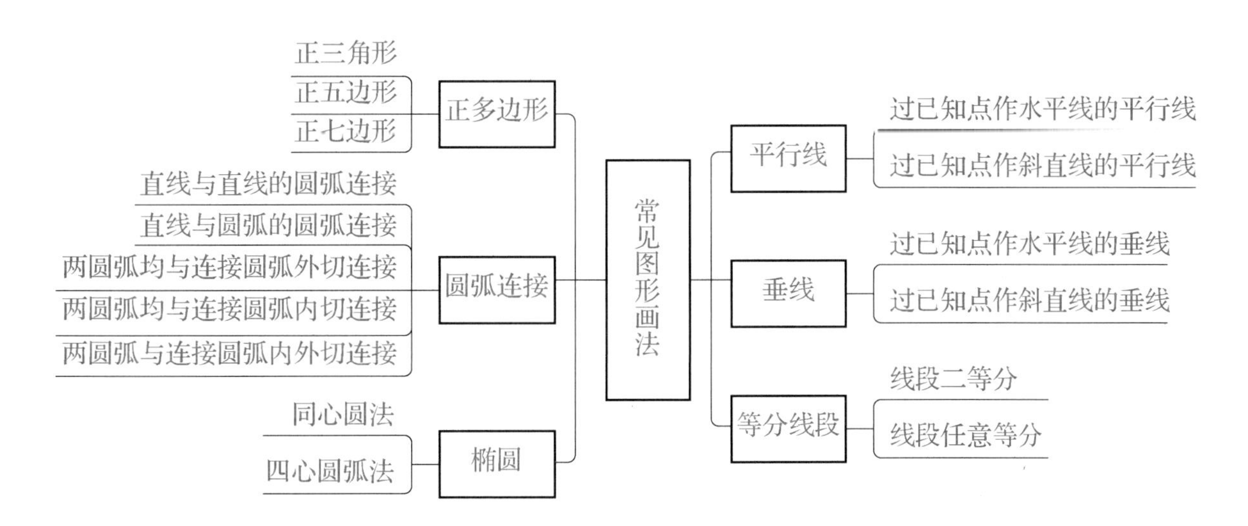

学习评价 2-2:

学习目标核验表(S 表示熟练掌握，J 表示基本掌握，X 表示需要帮助)

学习任务	学习内容	自我评价	学习反思
基础理论	知识点 1　作平行线、作垂线、等分线段及绘制正多边形	S□　J□　X□	
	知识点 2　直线与直线的圆弧连接	S□　J□　X□	
	知识点 3　直线与圆弧的圆弧连接	S□　J□　X□	
	知识点 4　圆弧与圆弧的圆弧连接	S□　J□　X□	
	知识点 5　椭圆的画法	S□　J□　X□	
能力培养	1. 能利用手工绘图工具作平行线、垂线以及等分线段	S□　J□　X□	
	2. 能利用手工绘图工具绘制正三角形、正五边形	S□　J□　X□	
	3. 能利用手工绘图工具完成直线与圆弧、圆弧与圆弧的圆弧连接(两圆弧均与连接圆弧内切连接、两圆弧均与连接圆弧外切连接)	S□　J□　X□	
	4. 能利用手工绘图工具绘制椭圆	S□　J□　X□	
拓展提升	1. 练习绘制正七边形	S□　J□　X□	
	2. 用同心圆法绘制椭圆	S□　J□　X□	
	3. 练习圆弧与圆弧的圆弧连接(两圆弧与连接圆弧内外切连接)	S□　J□　X□	

★学习任务2-3　手工抄绘简单施工图

知识点　手工抄绘简单施工图的绘图步骤和方法

学习目标2-3：

(1)掌握简单施工图绘图步骤和方法。

(2)能够按照工作任务要求手工抄绘简单施工图。

任务书2-3：

参照引导问题观看知识点教学视频，通过小组合作、搜索互联网相关信息以及学习活页教材中相关知识点，完成三级引导问题。在掌握绘图步骤与方法的基础上，正确抄绘简单建筑施工图(例图)，并通过反复练习，举一反三，提高手工绘图能力，培养职业素养。学习过程中，认真记录学习目标核验表，并通过自我评价、小组互评和教师评价进行总结反思。

引导问题2-3：

(★基础理论任务　★★能力培养任务　★★★拓展提升任务)

(1)★手工绘图应做好哪些准备工作?

(2)★简述建筑平面图绘制的基本步骤。

(3)★轴线、轴号、墙体、窗户、尺寸标注等部位分别用什么线型和线宽?

(4)★★★画出教室中带窗(或门)的一面墙的平面图和立面图，并标注尺寸。

(5)★★★搜索互联网信息，中国古代都有哪些建筑典籍?

学习资料2-3：

知识点　手工抄绘简单施工图的绘图步骤和方法

以平面图为例介绍绘图步骤和方法。

1. 绘图前的准备

(1)将绘图工具准备齐全，并保证其干净清洁。

(2)根据绘图内容和比例选择合适的图纸幅面。

(3)将图纸用胶带固定在图板上。注意图纸各边要与图板各边保持平行，同时图纸水平边要与丁字尺的工作边保持平行。

2. 绘制铅笔底稿

(1)如果一张图纸中包含多个图样，应综合考虑各图样的位置并预留尺寸标注和文字说明的空间，尽量做到疏密均匀、美观整洁。

(2)根据《房屋建筑制图统一标准》(GB/T 50001—2017)的规定，首先用硬度大于HB的铅笔，配合丁字尺和三角板绘制图纸图框线、标题栏等。

(3)规划好图面以后，用铅笔按照绘图比例绘制平面图轴线。

(4)以轴线为基准绘制墙体和柱的轮廓线。

(5)按照细部尺寸在墙体上绘制门窗洞口细部构造。

(6)用铅笔绘制尺寸线、尺寸界线、尺寸起止符号等。

(7)检查底图，擦去多余的线条，改正错误之处，最后完成平面图底稿。

3. 加深图线

完成底稿后用铅笔加深图线，应按以下顺序进行。

(1)从上到下，从左到右，先曲后直，先水平后垂直。

(2)注写文字及图例，如房间名称、门窗代号、轴号等。

(3)再次检查，修改图样，完成平面图全图。

立面图和剖面图的绘制此处不赘述。

4. 描图

在手工绘图时期，图纸的复制通常采用描图和晒图的方法进行。描图是用透明的描图纸(即硫酸纸)覆盖在铅笔底图上，用墨线笔描绘，描好的硫酸图通过晒图就可以得到相应份数的复制图纸(即蓝图)。

绘图实训(简单施工图)

目的：

(1)掌握简单施工图的基本画法。

(2)基本掌握手工绘图仪器及工具的正确使用。

要求：

(1)A4立式幅面，比例1∶50，标题栏采用学生作业用标题栏格式，位于下方。

(2)遵守国标中图幅、比例、图线、字体、尺寸标注的有关规定。

(3)图线的基本线宽 b(粗实线宽度)选用0.7mm，其余各类线的线宽应符合线宽组的规定，同类图线全图粗细一致，线型要粗细分明。

(4)汉字选用5号长仿宋体字，字母、数字选用3.5号字。

(5)要做到作图准确、尺寸正确、字体端正整齐、图面匀称整洁。

提示：

(1)图框线线宽为 b，标题栏外框线线宽 $0.7b$，标题栏分格线线宽 $0.35b$。

(2)按题图所给尺寸画底图，然后按图线标准加深，最后加深图框线和填写标题栏。

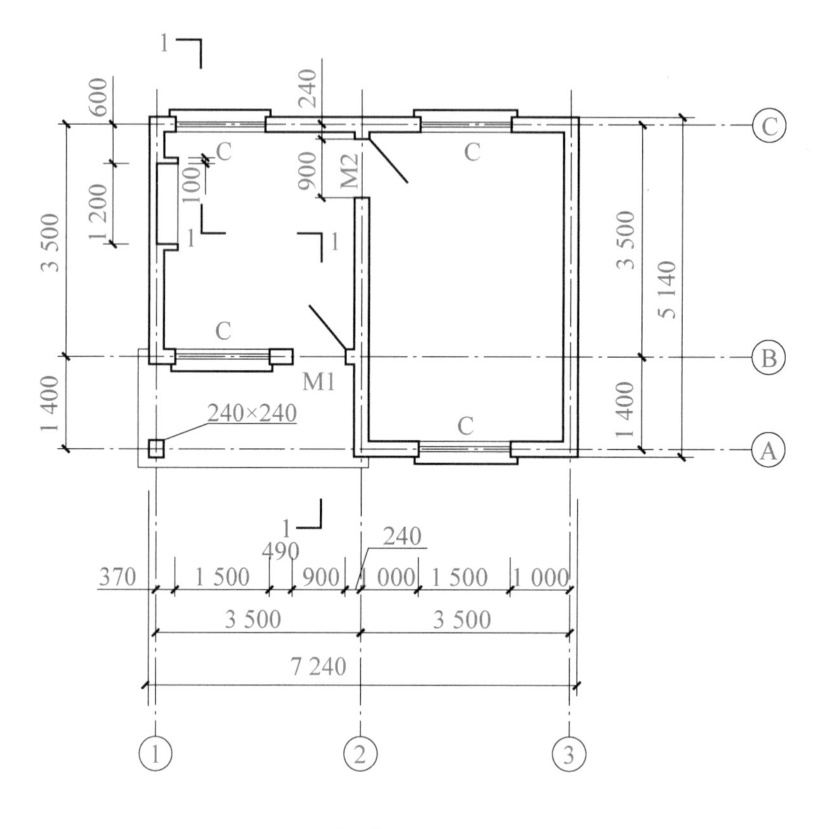

图 2.31　绘图实训(简单施工图)

头脑风暴 2-3：

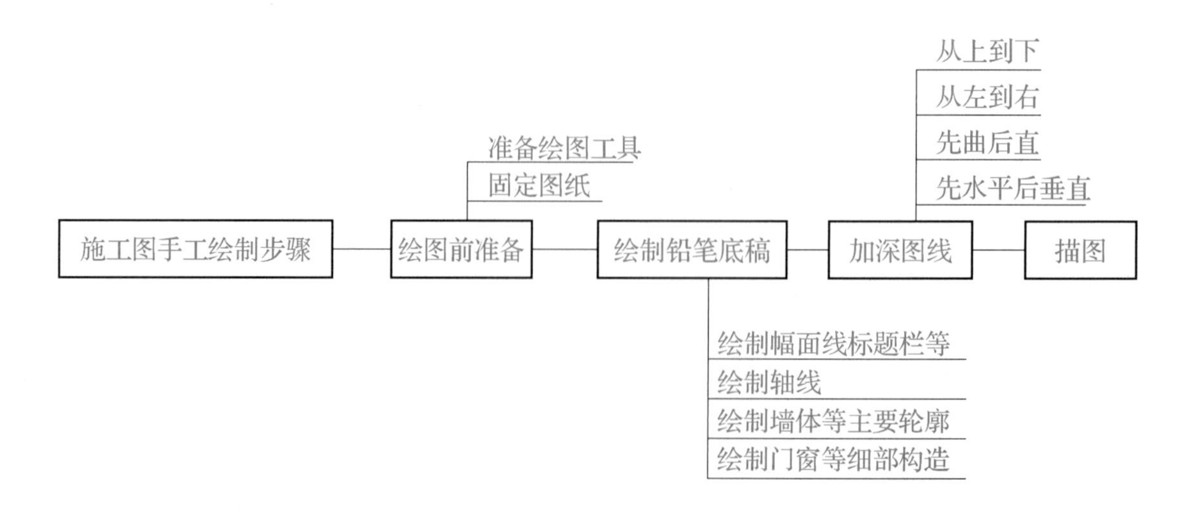

学习评价 2-3：

学习目标核验表（S 表示熟练掌握，J 表示基本掌握，X 表示需要帮助）

学习任务	学习内容	自我评价	学习反思
基础理论	知识点　手工抄绘简单施工图的绘图步骤和方法	S□　J□　X□	
能力培养	1. 能够描述简单施工图绘图步骤和方法	S□　J□　X□	
	2. 能够按照工作任务要求手工抄绘简单施工图	S□　J□　X□	
拓展提升	根据所学知识，小组合作，绘制教室平面图	S□　J□　X□	

★学习任务 2-4　计算机绘制基本图形

知识点 1　AutoCAD 中基本几何图形的画法

知识点 2　AutoCAD 绘制图框线和轴网

学习目标 2-4：

（1）掌握 AutoCAD 基本绘图命令。

（2）掌握 AutoCAD 基本编辑命令。

（3）能够应用 AutoCAD 准确绘制基本几何图形。

任务书 2-4：

参照引导问题观看知识点教学视频，并通过小组合作、搜索互联网相关信息以及学习活页教材相关知识点，完成引导问题；利用 AutoCAD 绘制图框和施工图轴网。

引导问题 2-4：

（★基础理论任务　★★能力培养任务　★★★拓展提升任务）

（1）★调用直线命令的方法有三种：

1）________　2）________　3）________。

（2）★单击“直线”按钮，绘制任意直线。利用“________”或者“________”命令即可绘制任意间距的平行线。

(3)★在菜单栏里单击“工具”—“________”—“________”，勾选“________”。过任意点绘制已知直线的垂线时，程序可以自动捕捉已知直线的垂足，从而完成垂线绘制。

(4)★在“格式”菜单栏下选择“________”，再单击“________”—“________”—“________”或者“________”，在命令行中输入需要等分的数量或者等分间距即可完成等分线段。

(5)★单击“绘图”—“________”，在命令行输入________数，根据命令行提示，即可绘制任意尺寸的正多边形。

(6)★单击“绘图”—“________”，根据命令行提示，即可绘制圆。

(7)★绘制任意两直线，单击“________”—“________”，在命令行单击“________”，输入连接圆弧半径，再单击第一条已知直线，即可完成两直线的圆弧连接。

(8)★绘制一条直线和一个圆，单击“________”—“________”，在命令行单击“________”，输入连接圆弧半径，再单击已知直线，即可完成直线和圆弧的圆弧连接。

(9)★绘制任意两个圆，单击“________”—“________”，在命令行单击“________”，输入连接圆弧半径，再单击其中一个圆，即可完成两圆弧与连接圆弧外切连接。

(10)★绘制任意两个圆，单击“________”按钮，选择“________、________、________”，在两个已知圆与连接圆弧的切点附近分别单击，再输入连接圆弧半径即可完成两圆弧与连接圆弧内切连接或内外切连接。

(11)★根据建筑制图相关标准，利用“________”“________”“________”“________”“________”等命令可以绘制幅面线、图框线、对中标志和标题栏等部位的线框。

(12)★在“________”面板中可以对选定线段进行“线宽”“线型”和“颜色”等特性进行修改。

(13)★在“________”面板中调用“文字”，单击“单行文字”或“多行文字”，设置文字高度，即可书写文字。

(14)★在“________”面板中调用“图层管理器”建立轴线专用图层。设置图层线型、线宽和颜色等特性，在轴线图层上即可完成轴网绘制。

学习资料 2-4:

知识点 1　AutoCAD 中基本几何图形的画法

1. 直线的画法

直线是 AutoCAD 绘图中常用的命令，调用直线命令的方法有：

(1)在命令行输入“L”。

(2)在“绘图工具栏”或者“功能区”直接单击“直线”按钮。

(3)在“绘图”菜单下选择“直线”命令。

绘制直线时，在绘图区单击左键，指定直线第一端点，移动鼠标选择第二端点，单击左键确认，再单击右键即可结束绘制。

2. 平行线、垂线的画法

点击“直线”按钮，绘制任意直线。利用“复制”或者“偏移”命令即可绘制任意间距的平行线。

在菜单栏里单击“工具”—“绘图设置”—“对象捕捉”，勾选“垂足”。过任意点绘制已知直线的垂线时，程序可以自动捕捉已知直线的垂足，从而完成垂线绘制。

3. 等分线段

在使用AutoCAD绘图时，为了更好地显示点的位置，首先要在“格式”菜单下选择“点样式”。再单击“绘图”—“点”—“定数等分”或者“定距等分”，在命令行中输入需要等分的数量或者等分间距即可完成等分线段。

4. 正多边形、圆和椭圆的画法

(1)单击“绘图”—“多边形”，在命令行输入侧面数，根据命令行提示，即可绘制任意尺寸的正多边形。

(2)单击“绘图”—“圆”，根据命令行提示，即可绘制圆。

(3)单击“绘图”—“椭圆”，根据命令行提示，即可绘制椭圆。

5. 两直线的圆弧连接

绘制任意两直线，单击“修改”—“圆角”，在命令行单击“半径”，输入连接圆弧半径，再单击第一条已知直线，即可完成两直线的圆弧连接。

6. 直线和圆弧的圆弧连接

绘制一条直线和一个圆，单击“修改”—“圆角”，在命令行单击“半径”，输入连接圆弧半径，再单击已知直线，即可完成直线和圆弧的圆弧连接。

7. 两圆弧的圆弧连接

(1)单击“修改”—“圆角”，在命令行单击“半径”，输入连接圆弧半径，再单击其中一个圆，即可完成两圆弧与连接圆弧外切连接。

(2)单击“圆”按钮，选择“相切、相切、半径”，在两个已知圆与连接圆弧的切点附近分别单击，再输入连接圆弧半径即可完成两圆弧与连接圆弧内切连接或内外切连接(切点位置不同)。

知识点 2　AutoCAD 绘制图框线和轴网

使用 AutoCAD 绘图时不用考虑比例，按实际尺寸绘制，打印图纸时统一设置出图比例，将图样整体缩小即可完成。建筑标准中规定的文字高度和幅面尺寸等都是出图后的要求，所以在使用 AutoCAD 绘图时文字和幅面尺寸要按绘图比例放大。

根据建筑制图相关标准，利用“直线”“矩形”“偏移”“复制”“修剪”等命令可以绘制幅面线、图框线、对中标志和标题栏等部位的线框。

在“特性”面板中可以对选定线段进行“线宽”“线型”和“颜色”等特性进行修改。

在“注释”面板中调用“文字”，单击“单行文字”或“多行文字”，设置文字高度，即可书写文字。

在“图层”面板中调用“图层管理器”建立轴线专用图层。设置图层线型、线宽和颜色等特性，在轴线图层上即可完成轴网绘制。

计算机绘图实训（简单图形及轴网）

（1）★★分别用三种方法在 AutoCAD 中绘制长度为 5mm、10mm、15mm 的直线段，并绘制 5mm 直线段的平行线、10mm 直线段的垂线，将 15mm 直线段五等分。

（2）★★在 AutoCAD 中绘制边长为 5mm 的正五边形。

（3）★★在 AutoCAD 中绘制直径为 10mm 的圆。

（4）★★在 AutoCAD 中绘制长轴为 10mm、短轴为 6mm 的椭圆。

（5）★★在 AutoCAD 中绘制两条相交直线，并用半径为 10mm 的圆弧将其连接起来。

（6）★★在 AutoCAD 中任意绘制一条直线和一个圆，并用半径为 10mm 的圆弧将其连接起来。

（7）★★在 AutoCAD 中任意绘制两个圆，完成两圆与连接圆弧外切连接（连接圆弧半径可自选）。

（8）★★在 AutoCAD 中任意绘制两个圆，完成两圆与连接圆弧内切连接（连接圆弧半径可自选）。

（9）★★在 AutoCAD 中任意绘制两个圆，完成两圆与连接圆弧内外切连接（连接圆弧半径可自选）。

（10）★★★在 AutoCAD 中绘制图 2.32 所示图形。

（11）★★★在 AutoCAD 中绘制简单施工图的轴网（A4 图纸，含图框线及作业用标题栏，尺寸参照图 2.4），如图 2.33 所示。

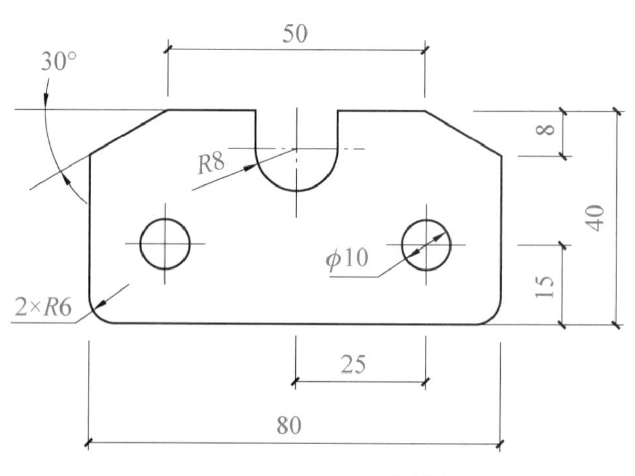

图 2.32　在 AutoCAD 中绘制图形

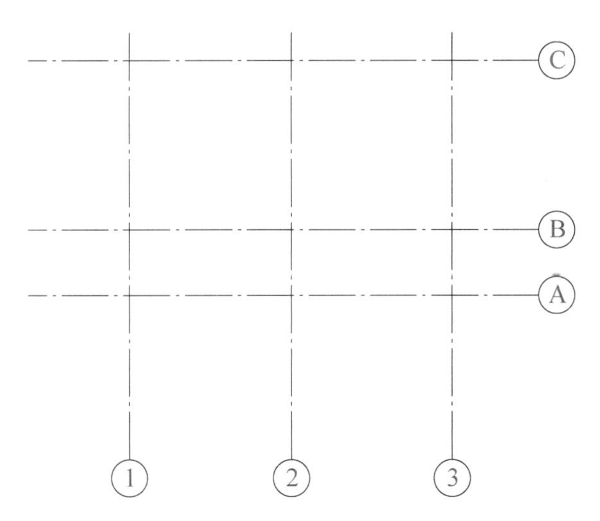

图 2.33　在 AutoCAD 中绘制简单施工图的轴网

头脑风暴 2-4：

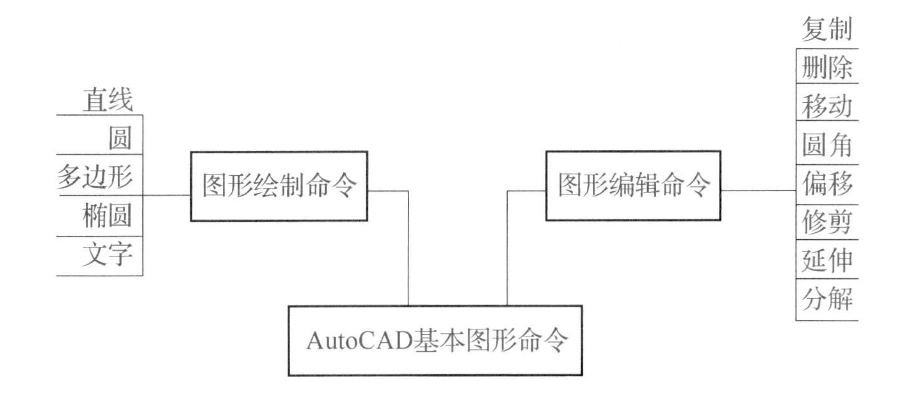

学习评价 2-4：

学习目标核验表（S 表示熟练掌握，J 表示基本掌握，X 表示需要帮助）

学习任务	学习内容	自我评价	学习反思
基础理论	知识点 1　AutoCAD 中基本几何图形的画法	S□　J□　X□	
	知识点 2　AutoCAD 绘制图框线和轴网	S□　J□　X□	
能力培养	1. 掌握 AutoCAD 基本绘图命令	S□　J□　X□	
	2. 掌握 AutoCAD 基本编辑命令	S□　J□　X□	
	3. 能够应用 AutoCAD 软件绘制基本几何图形	S□　J□　X□	
拓展提升	能够应用 AutoCAD 软件准确绘制图框线、标题栏及简单施工图	S□　J□　X□	

学习情境 3

投影法在建筑工程图中的应用

中国古代投影法是一种古老而独特的技术，其起源可以追溯到战国时期。当时的工匠们发明了将三维物体的形状投影到二维平面上的方法，这种方法被称为“投影法”。在中国古代建筑中，投影法被广泛应用于绘制建筑平面图。

客户要建一栋小房子，你绘制了一张建筑工程图，如图 3.1 所示。但是这个图样让他有点疑惑，现在请你向他解释一下相关技术问题。

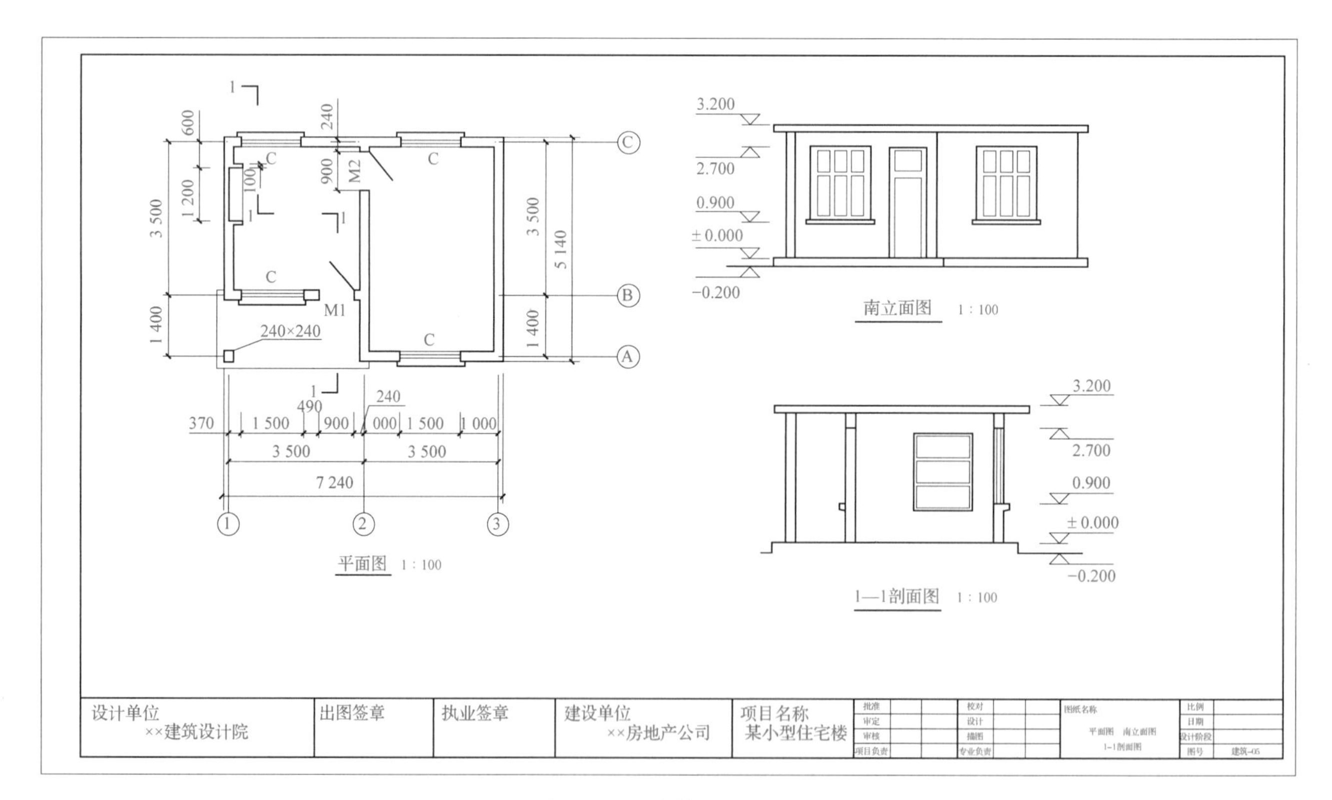

图 3.1 建筑工程图

我们将从建筑工程的形体入手，分解出形体的基本构成要素，从而理解并掌握点、线、面、简单形体、建筑形体投影的绘制与识读，了解各种投影法在建筑工程图中的应用，能够按照工作任务要求，绘制点、线、面、基本几何体、组合体的三面投影图。

★学习任务3-1　三面正投影图的基本画法

知识点1　投影的概念
知识点2　投影的分类及在建筑工程图中的应用
知识点3　平行正投影的特性
知识点4　三面正投影图的形成
知识点5　三面正投影图的规律
知识点6　三面正投影图的画法示例

学习目标3-1：

(1)理解投影法的概念。

(2)了解投影法的分类及特性，以及各种投影法在工程中的应用，能根据投影图判断投影方法。

(3)能说出平行正投影的基本特性。

(4)熟悉三面正投影图的形成，初步掌握作图原理，能绘制简单形体三面正投影图。

任务书3-1：

参照引导问题观看知识点教学视频，通过小组合作、搜索互联网相关信息以及学习活页教材中相关知识点，完成三级引导问题。在掌握投影基本理论的基础上，通过视频引导下绘制坡顶房屋投影图的练习，理解平行正投影的特性及三面正投影图的形成规律，并通过自主思考，绘制部分简单形体投影图，提高空间想象能力、分析能力和手工绘图能力，培养职业素养。学习过程中，认真记录学习目标核验表，并通过自我评价、小组互评和教师评价进行总结反思。

引导问题3-1：

(★基础理论任务　★★能力培养任务　★★★拓展提升任务)

(1)★投影的概念是从日常生活中的什么现象总结出来的？

(2)★投影法可以分为________和________两大类。其中________又可以分为________和________。

(3)★平行正投影具有哪些特性？

(4) ★以正面投影为参照，水平投影在正面投影的________，侧面投影在正面投影的________。

(5) ★每个投影图可反映出________个方位？

(6) ★V面投影反映形体________、________位置关系；H面投影反映形体________、________位置关系；W面投影反映形体________、________位置关系。

(7) ★V面投影反映形体________、________两个向度；H面投影反映形体________、________两个向度；W面投影反映形体________、________两个向度。

(8) ★三面投影图的投影规律可以归纳为哪九个字？

(9) ★★识读图3.2投影法并将其与运用不同投影法绘制的投影图正确连线。

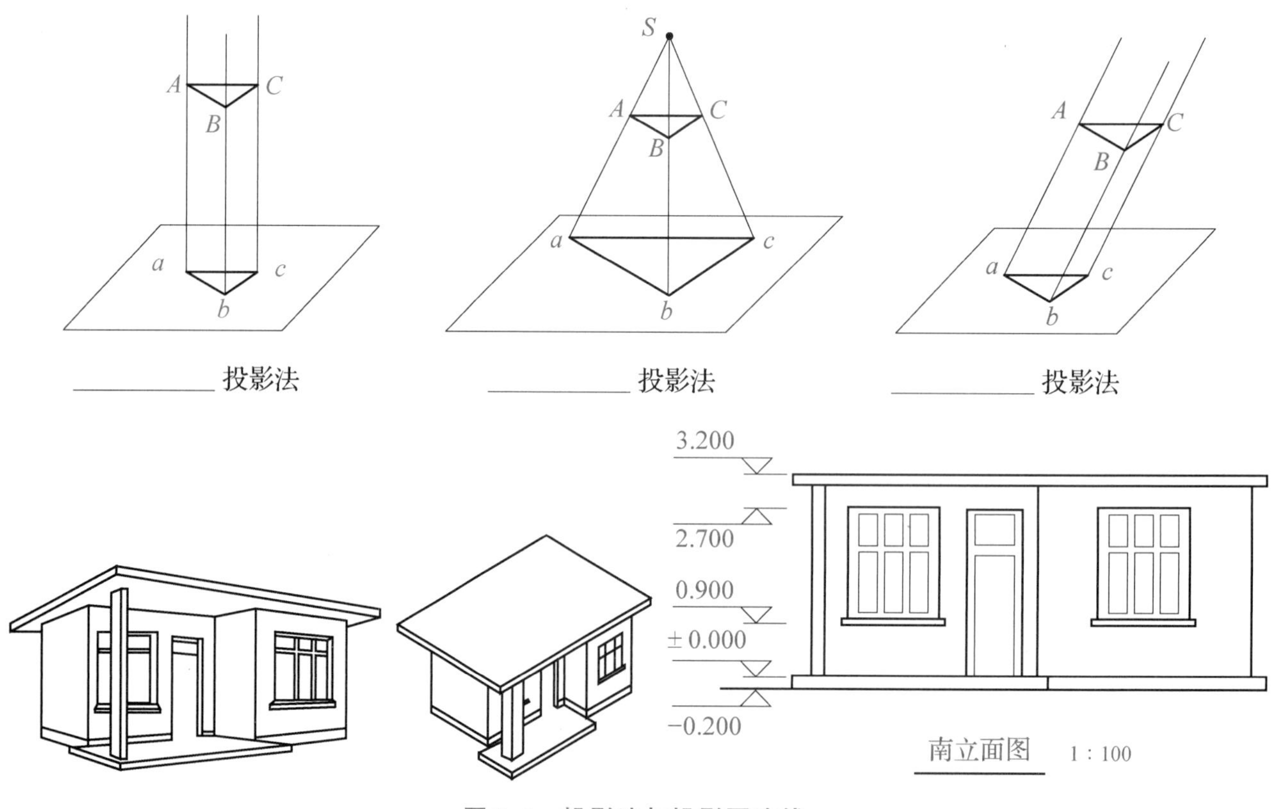

图3.2 投影法与投影图连线

(10) ★★将图3.3中对应的投影图和立体图正确连线。

(11) ★★通过学习向客户解释以下问题：

①为什么绘制的建筑工程图(图3.1)不是立体图形而是平面图形？

②这个图样是根据什么原理绘制的？

(12) ★★★为什么要用平行正投影的方法绘制建筑工程图？

(13) ★★★请描述三种投影法的不同原理和用途。

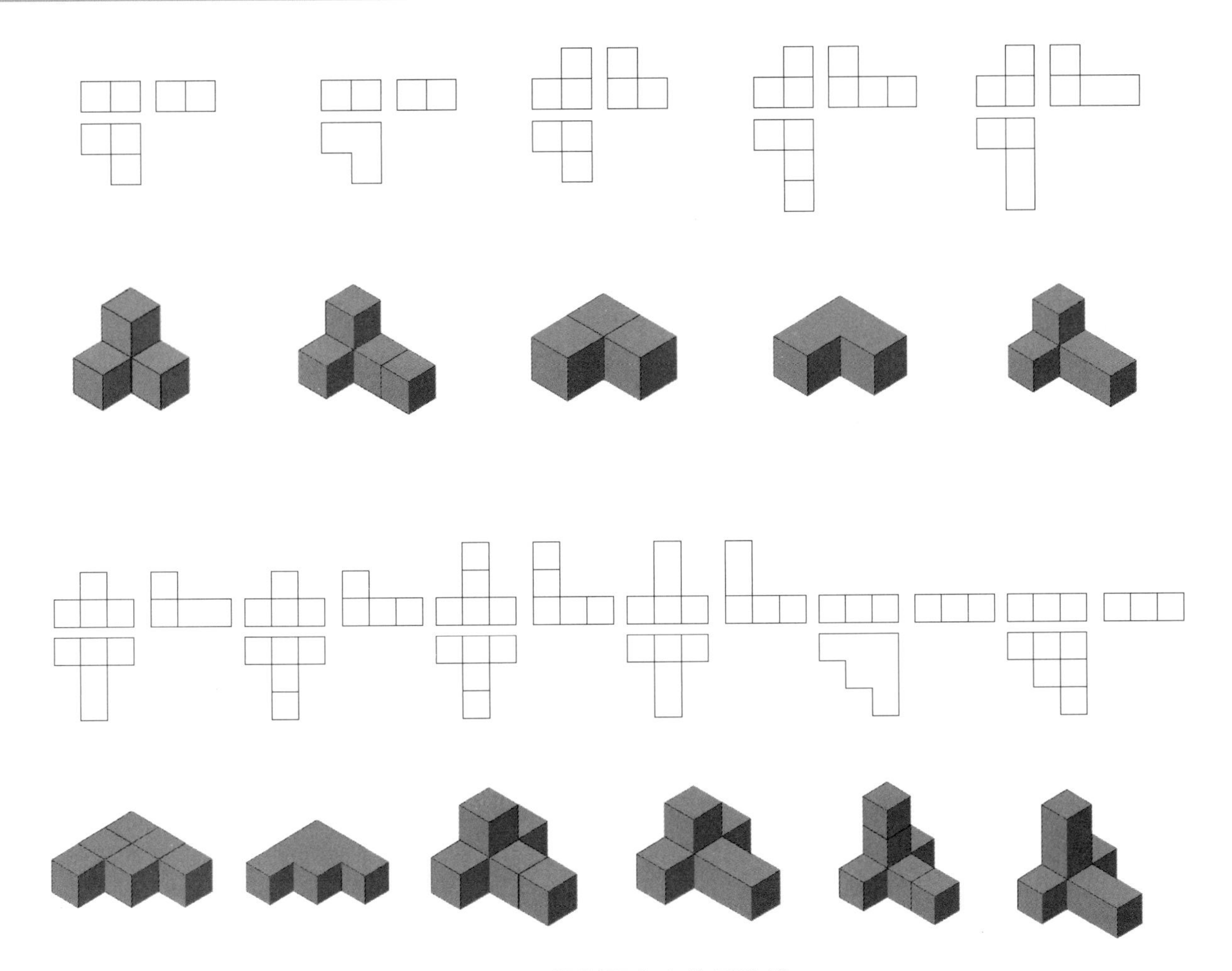

图3.3　投影图和立体图连线

学习资料3-1:

知识点1　投影的概念

光线照射物体，会在地面或墙面上产生影子，这就是日常生活中的投影现象。影子往往只能反映物体的外部轮廓，并不能反映物体的真实形状。

为使投影能够尽可能地反映形体的真实形状，人们对这种现象了进行科学的抽象和概括，总结出了将空间形体转换成平面图形的方法，这就是投影法。

我们假设光线能够穿透形体(只研究其形状、大小、位置，而不考虑它的物理性质和化学性质的物体)，如图3.4所示。这时，光源称为投射中心，光线称为投射线，影子所在的平面称为投影面，所产生的影子称为投影。

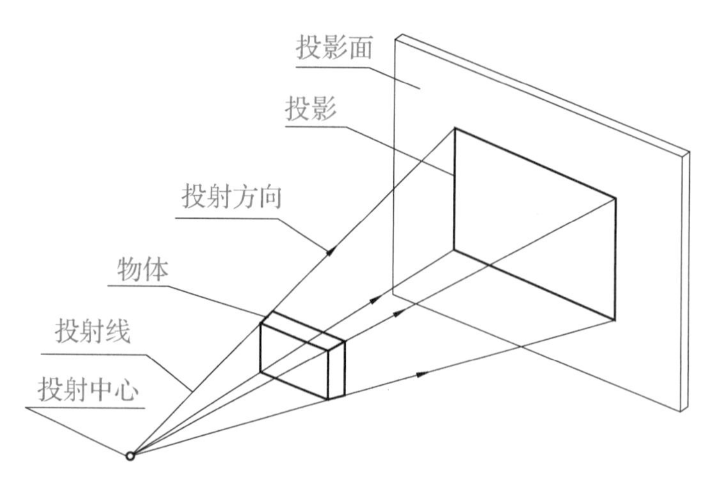

图 3.4 投影的形成

知识点 2 投影的分类及在建筑工程图中的应用

投影法可分为中心投影法和平行投影法两类。

1. 中心投影法

如图 3.5(a)所示，投射线由一点放射出来，对形体进行投影的方法称为中心投影法。

中心投影的特点是投射线汇聚于一点，投影的大小取决于投射中心、形体和投影面三者之间的位置关系。在投影面和投射中心距离不变的情况下，形体距投射中心越近，投影越大，反之投影越小；在形体和投影面距离不变的情况下，投射中心距离形体越近，投影越大，反之投影越小。因此，利用中心投影法作出的投影，其大小与原形体并不相等，不能准确地度量出形体的尺寸大小。

中心投影一般用于绘制立体感较强的透视投影，比如室内装饰效果图，如图 3.5(b)所示。

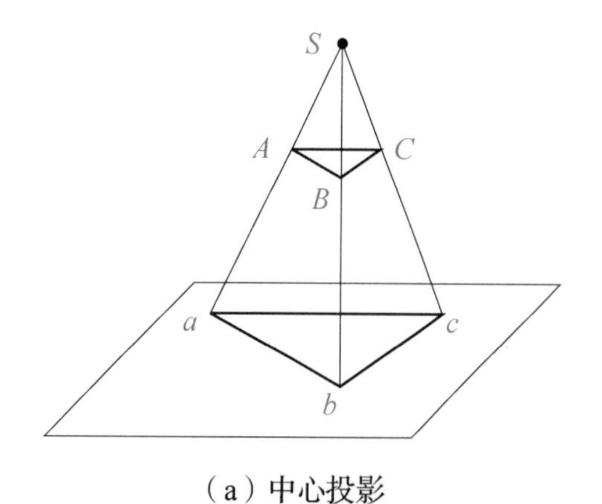

（a）中心投影

（b）室内装饰效果图

图 3.5 中心投影法及应用

2. 平行投影法

当投射中心距投影面无限远时，投射线平行。我们把投射线相互平行的投影方法称为平行投影法。平行投影的大小与形体和投射中心的距离远近无关。

平行投影法根据投射线与投影面之间是否相互垂直，又可分为平行斜投影法和平行正投影法。

(1)平行斜投影法。

如图3.6(a)所示，投射线相互平行，且倾斜于投影面的投影方法称为平行斜投影法。

平行斜投影常用于绘制轴测投影图，如管道系统图等，如图3.6(b)所示。

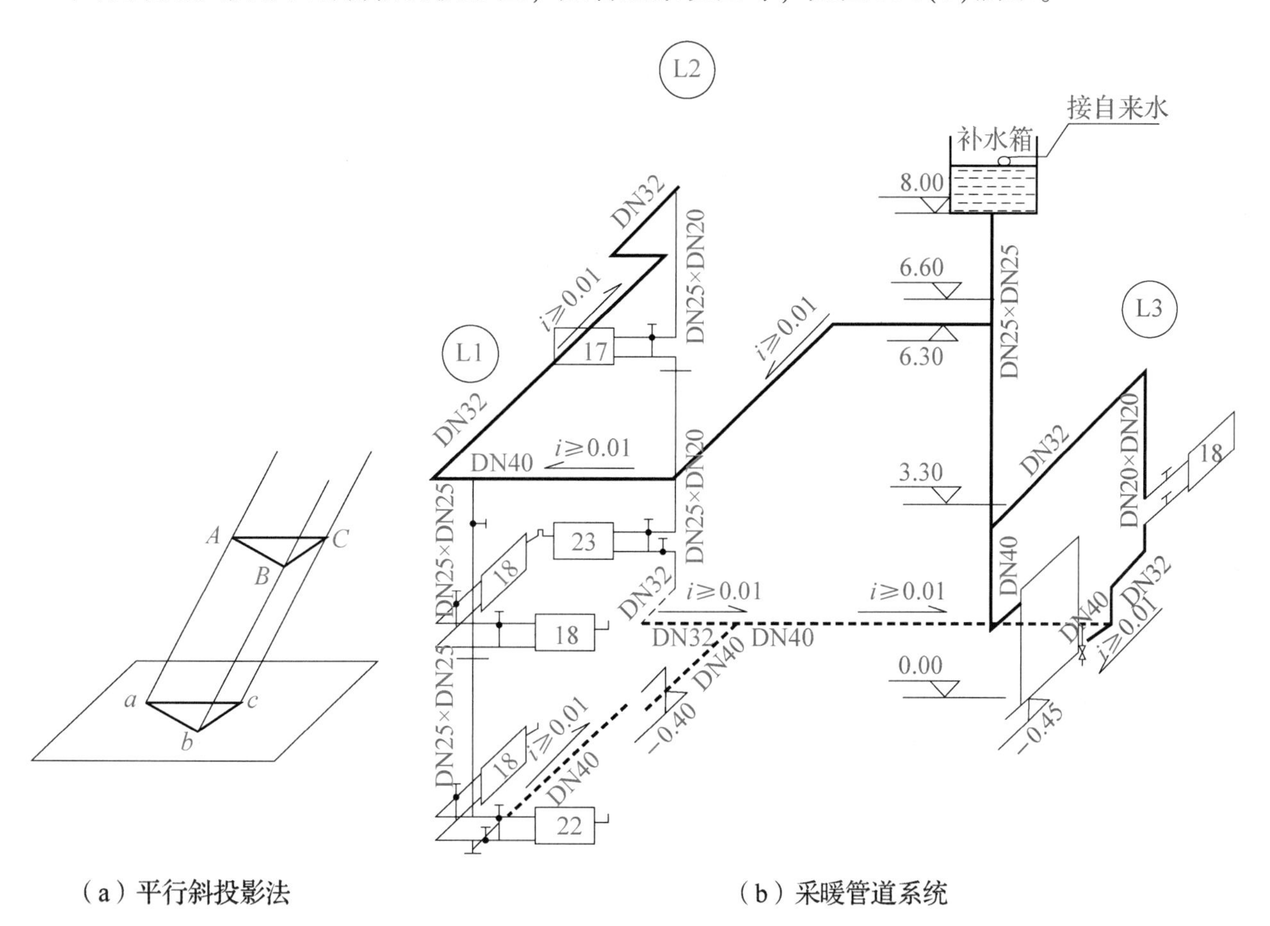

(a) 平行斜投影法

(b) 采暖管道系统

图3.6 平行斜投影法及应用

(2) 平行正投影法。

如图3.7(a)所示，投射线相互平行，且垂直于投影面的投影方法称为平行正投影法。图3.7(b)所示为简单形体的三面投影图。平行正投影法的应用如图3.7(c)所示。

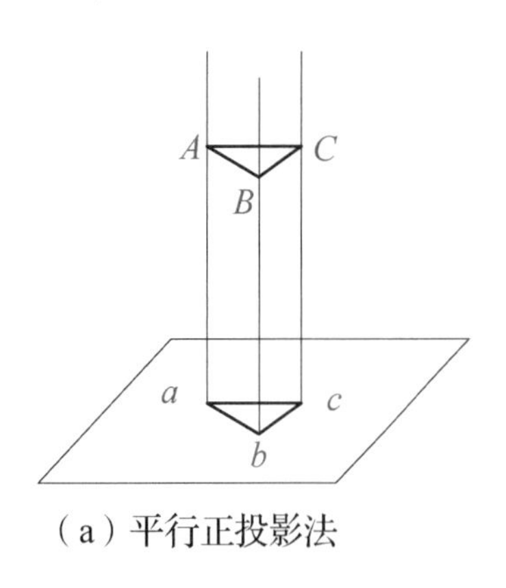

（a）平行正投影法

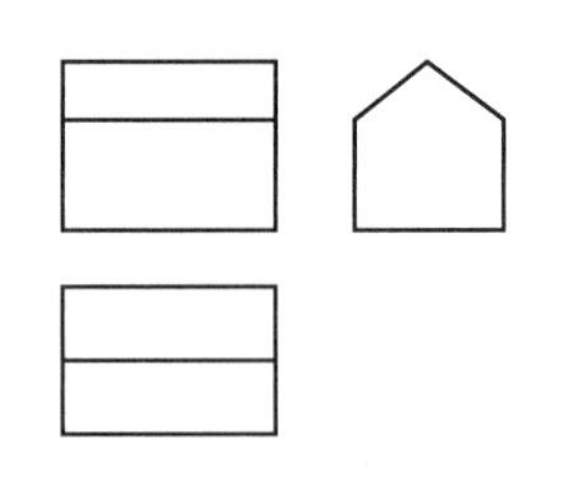

（b）简单形体的三面正投影图

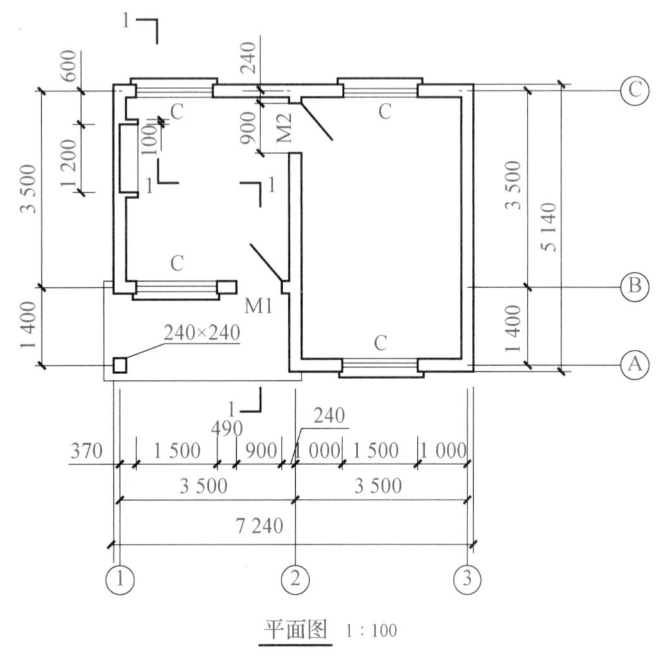

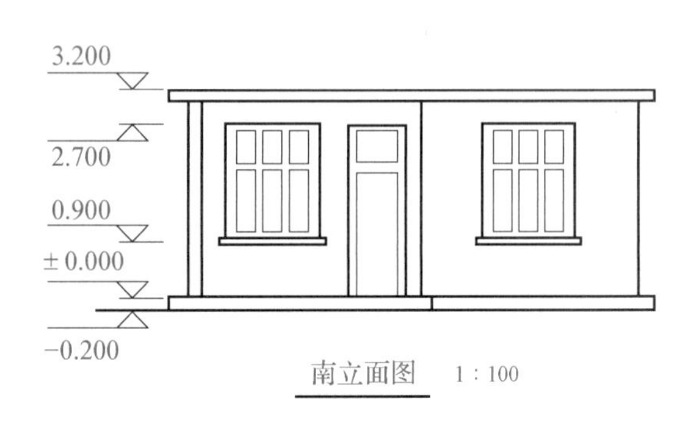

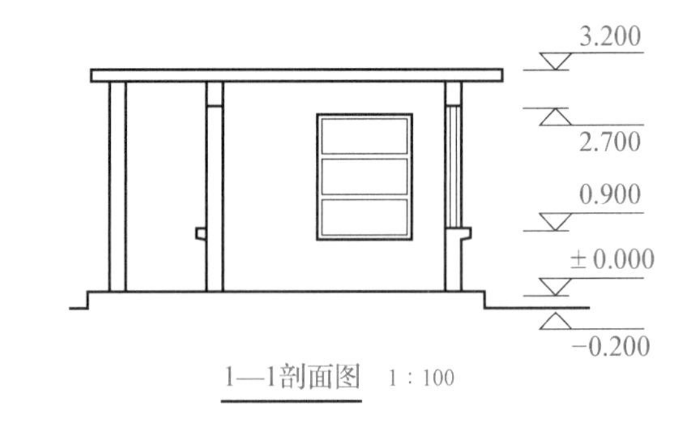

（c）简单小房子的三面投影图

图 3.7 平行正投影法及应用

知识点 3 平行正投影的特性

1. 显实性

当直线段或平面形体平行于投影面时，其投影反映直线段的实长或平面形体的实形，如图 3.8 所示。

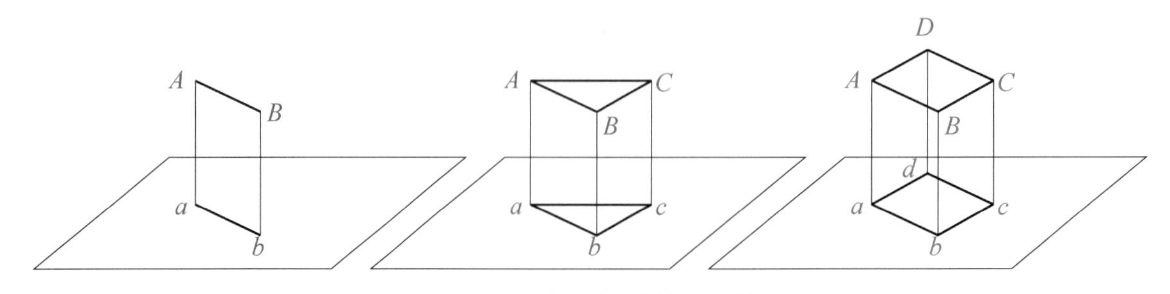

图 3.8 平行正投影的显实性

2. 积聚性

当直线段或平面形体垂直于投影面时，直线段的投影积聚为一点，平面形体的投影积聚为一条直线段，如图 3.9 所示。

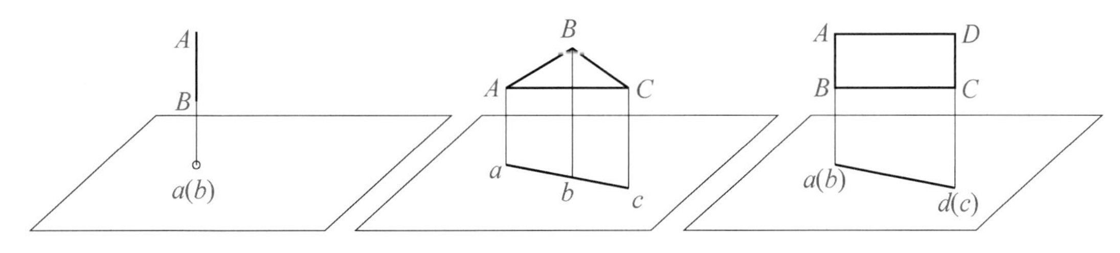

图 3.9　平行正投影的积聚性

3. 类似性

当直线段或平面形体倾斜于投影面时，其投影小于直线段的实长或平面形体的实形，但与其原形状类似。如平面形体为三角形，其投影仍然为三角形；如平面形体为四边形，其投影仍然为四边形，以此类推。如图 3.10 所示。

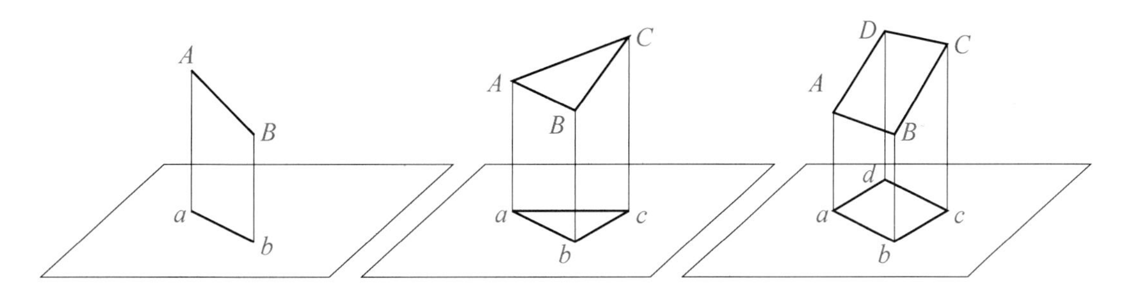

图 3.10　平行正投影的类似性

由于正投影法便于准确表达形体的真实形状和大小，其在建筑工程图中得到了广泛应用。为了反映形体的内部形状变化，我们还假设形体是透明的，投射线是可以穿透形体的。可见的线用实线绘制，不可见的线用虚线绘制，如图 3.11 所示。

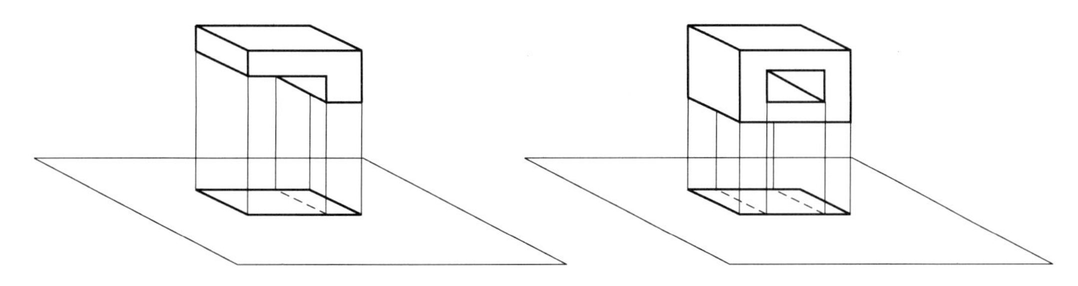

图 3.11　图样的虚实线绘制

常用投影图的比较见表 3.1。

表 3.1　常用投影图的比较

投影法分类		原理图	实例图	主要用途	优缺点
中心投影法				绘制辅助图样，如装饰效果图	立体感强，作图困难，度量性差
平行投影法	平行斜投影法			绘制辅助图样，如管道系统图	立体感较强，作图较难，度量性较差
	平行正投影法			绘制工程图	没有立体感，但度量性好，能够反映物体的真实形状和大小，容易作图

知识点 4　三面正投影图的形成

根据实际需要，我们经常选择建立三投影面体系。如图 3.12 所示。

1. 三面正投影图的建立

图 3.12 中三个投影面相互垂直，处于水平位置的称为水平投影面，用 H 表示；处于正立位置的称为正立投影面，用 V 表示；处于侧立位置的称为侧立投影面，用 W 表示。水平投影面 H 和正立投影面 V 的交线 OX、水平投影面 H 和侧立投影面 W 的交线 OY、正立投影面 V 和侧立投影面 W 的交线 OZ 称为投影轴，三条交线的交点 O 称为原点。

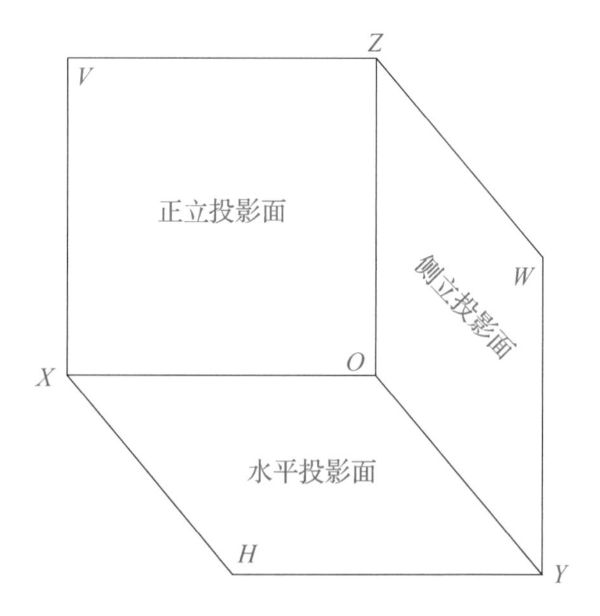

图 3.12　三投影面体系的建立

我们将形体放在三投影面体系中，然后用正投影的方法分别向三个投影面作形体的投影，这样就得到了形体的三面正投影图，如图 3. 13 所示。

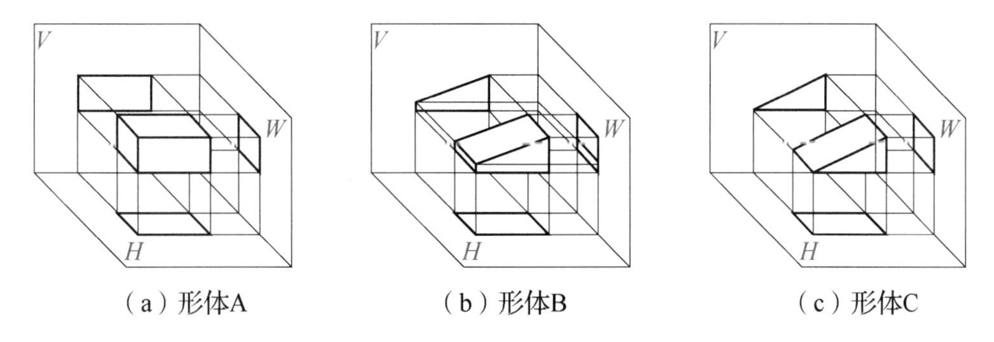

图 3. 13　不同形体的三面正投影图

2. 三面正投影图的展开

为了将投影图绘制到同一个平面上，我们必须将三个投影面展开成一个平面，如图 3. 14 所示。

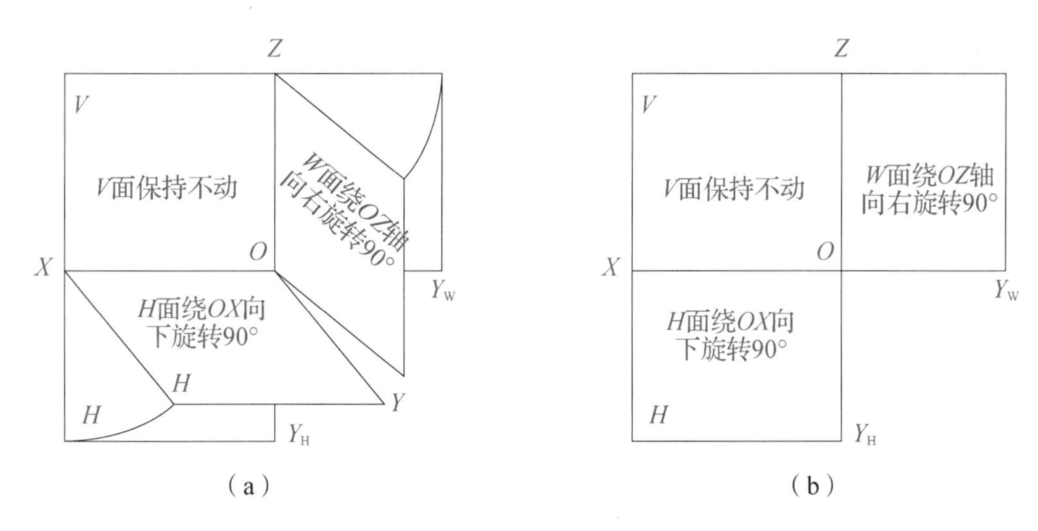

图 3. 14　三面正投影图的展开

展开方法是：*V* 面保持不动，*H* 面绕 *OX* 向下旋转 90°，*W* 面绕 *OZ* 轴向右旋转 90°，如图 3. 14(a)所示，此时 *H*、*V*、*W* 面就展开为同一平面，如图 3. 14(b)所示。

投影面展开时 *OX*、*OZ* 轴保持不动，*OY* 轴被一分为二，随 *H* 面旋转的称为 OY_H，随 *W* 面旋转的称为 OY_W。

在实际绘图中，我们不必画出投影面的边框，如图 3. 15 所示。

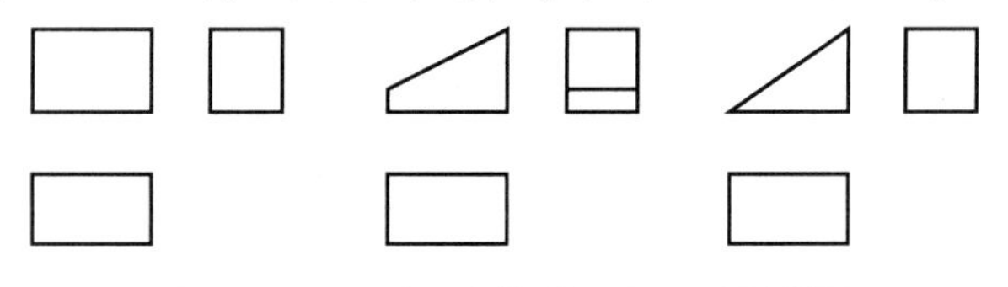

图 3. 15　不同形体的三面正投影图

知识点 5　三面正投影图的规律

如图 3.16 所示，形体在正立投影面上得到的投影称为正面投影(或 *V* 面投影)，在水平投影面上得到的投影称为水平投影(或 *H* 面投影)，在侧立投影面上得到的投影称为侧面投影(或 *W* 面投影)。

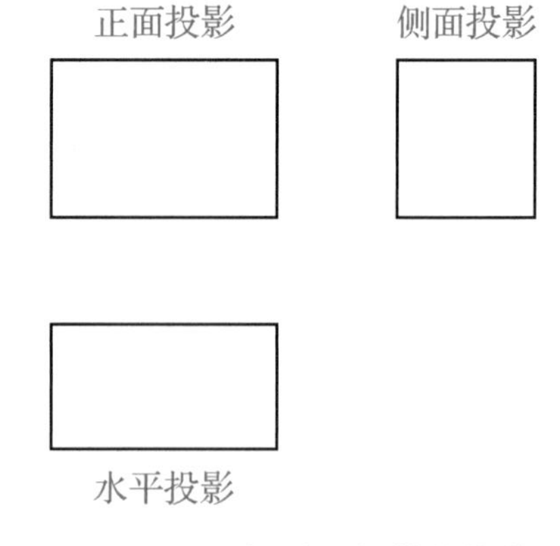

图 3.16　三面投影之间的位置关系

1. 位置关系

(1)三面投影之间的位置关系。

在同一张图纸上，三面投影之间的位置关系如图 3.16 所示。

以正面投影为参照，水平投影在正面投影的正下方，侧面投影在正面投影的正右方。

(2)形体与投影面之间的位置关系。

形体在三投影面体系中的位置确定后，相对于观察者，它在空间就有上、下、左、右、前、后六个方位，如图 3.17(a)所示。这六个方位关系也反映在形体的三面正投影图中，每个投影图都可反映出其中四个方位。V 面投影反映形体的上下、左右关系，水平投影反映形体的前后、左右关系，侧面投影反映形体的前后、上下关系，如图 3.17(b)所示。

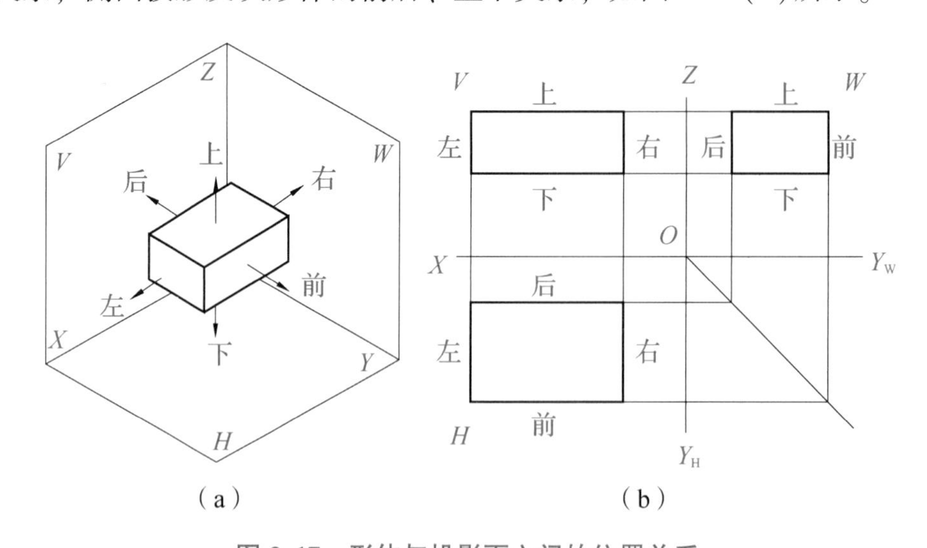

图 3.17　形体与投影面之间的位置关系

2. 尺寸关系

在三投影面体系中，我们把形体的 *OX* 轴方向尺寸称为长度，*OY* 轴方向尺寸称为宽度，*OZ* 轴方向尺寸称为高度。因此，正面投影反映形体的长度和高度，水平投影反映形体的长度和宽度，侧面投影反映形体的宽度和高度。如图 3.18 所示。

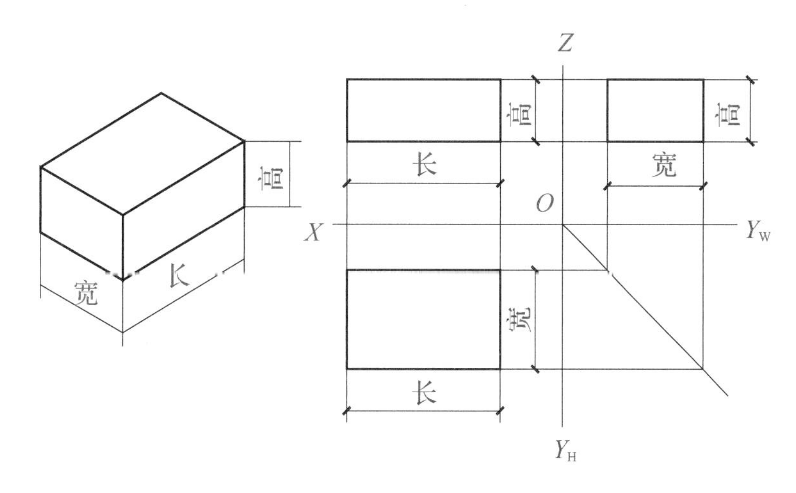

图 3.18　三面投影之间的尺寸关系

正面投影、水平投影、侧面投影之间的关系可以归纳为“长对正、高平齐、宽相等”，这就是三面正投影图的投影规律。它既是形体的三面投影之间最基本的投影关系，也是绘图和读图的基础。

长对正：正面投影和水平投影的长度相等，并相互对正。

高平齐：正面投影和侧面投影的高度相等，并相互平齐。

宽相等：水平投影和侧面投影的宽度相等。

空间形体具有长、宽、高三个向度，而一面投影只能反映形体的两个向度，因此我们在识图时，只有将三个投影图结合起来，综合对照，才能准确识读。

知识点 6　三面正投影图的画法

画出图 3.19 所示坡顶房屋的三面正投影图。

绘制三面正投影图时，一般先绘制正面投影和水平投影，再绘制侧面投影。

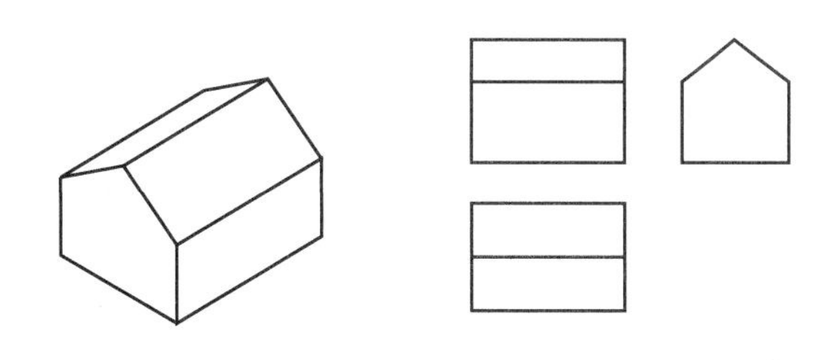

（a）坡顶房屋的直观图　（b）坡顶房屋的三面正投影图

图 3.19　坡顶房屋的三面正投影图

绘图步骤：

(1)绘制投影轴，如图 3.20(a)所示。

(2)绘制能够反映形体特征的正面投影(或水平投影)，如图 3.20(b)所示。

(3)根据“长对正”的投影规律，画出水平投影(或正面投影)，如图 3.20(c)、图 3.20(d)所示；根据“高平齐、宽相等”的投影规律，用过原点 O 作 45°斜线或以原点 O 为圆心作圆弧的方法，得到侧面投影，如图 3.20(e)、图 3.20(f)所示。

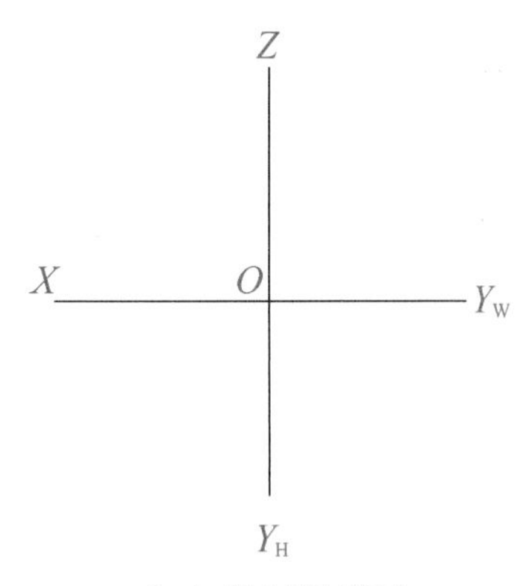

(a)绘制投影轴

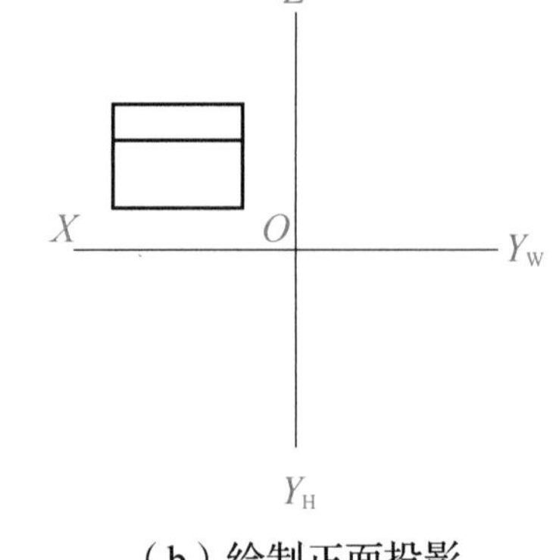

(b)绘制正面投影

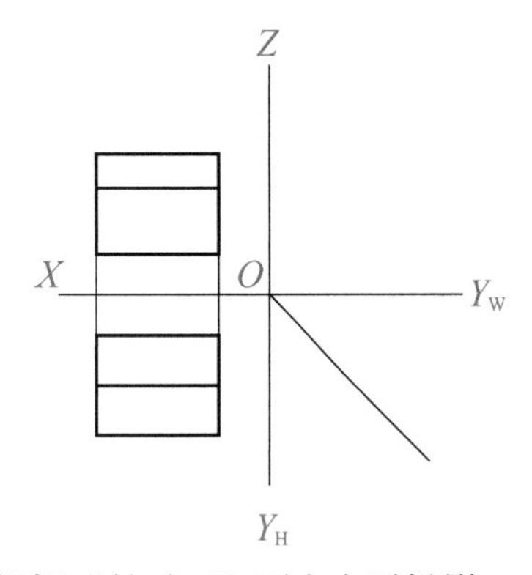

(c)根据“长对正”画出水平投影(45°斜线法)

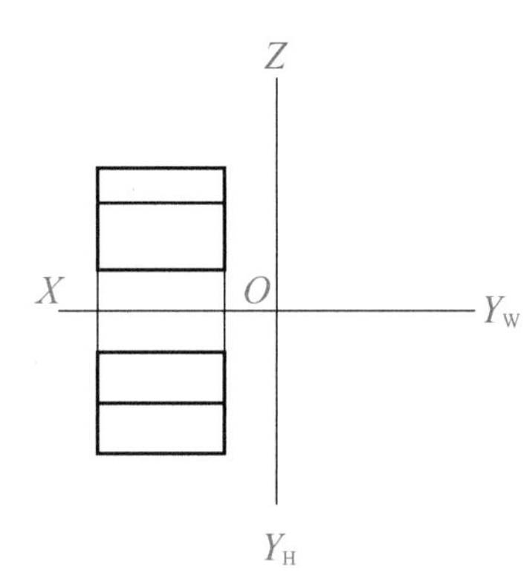

(d)根据“长对正”画出水平投影(圆弧法)

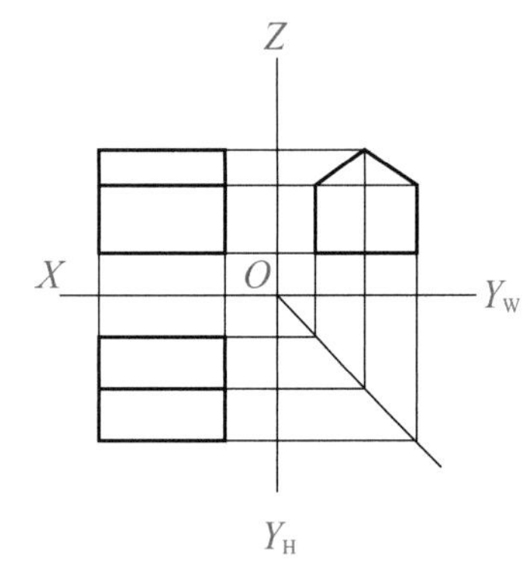

(e)根据“高平齐、宽相等”画出侧面投影(45°斜线法)

(f)根据“高平齐、宽相等”画出侧面投影(圆弧法)

图 3.20　坡屋顶房屋的三面正投影图的画法

绘图实训(三面正投影图)

★★画出图 3.21 所示简单形体的三面正投影图。

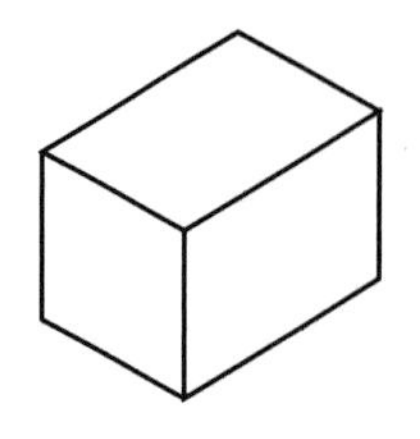
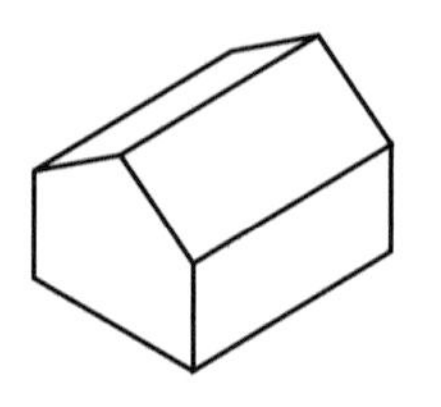

图 3.21　绘图实训(三面正投影图)

头脑风暴 3-1：

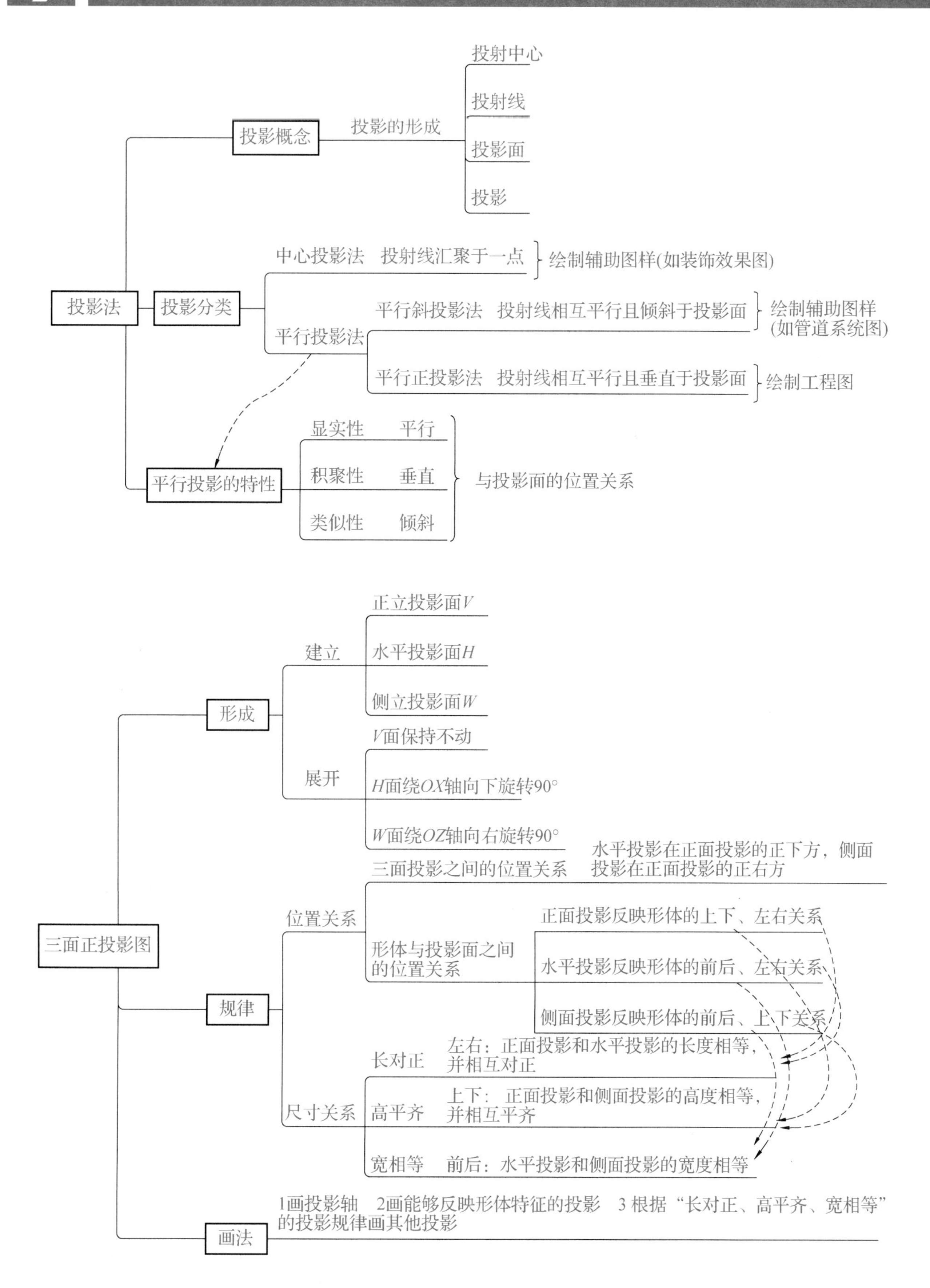
投影法
投影概念
投影的形成
投射中心
投射线
投影面
投影
投影分类
中心投影法　投射线汇聚于一点
绘制辅助图样(如装饰效果图)
平行投影法
平行斜投影法　投射线相互平行且倾斜于投影面
绘制辅助图样(如管道系统图)
平行正投影法　投射线相互平行且垂直于投影面
绘制工程图
平行投影的特性
显实性　平行
积聚性　垂直
类似性　倾斜
与投影面的位置关系
三面正投影图
形成
建立
正立投影面V
水平投影面H
侧立投影面W
展开
V面保持不动
H面绕OX轴向下旋转90°
W面绕OZ轴向右旋转90°
规律
位置关系
三面投影之间的位置关系
水平投影在正面投影的正下方，侧面投影在正面投影的正右方
形体与投影面之间的位置关系
正面投影反映形体的上下、左右关系
水平投影反映形体的前后、左右关系
侧面投影反映形体的前后、上下关系
尺寸关系
长对正
左右：正面投影和水平投影的长度相等，并相互对正
高平齐
上下：正面投影和侧面投影的高度相等，并相互平齐
宽相等
前后：水平投影和侧面投影的宽度相等
画法
1画投影轴　2画能够反映形体特征的投影　3 根据“长对正、高平齐、宽相等”的投影规律画其他投影

学习评价 3-1:

学习目标核验表(S 表示熟练掌握，J 表示基本掌握，X 表示需要帮助)

学习任务	学习内容	自我评价	学习反思
基础理论	知识点 1　投影的概念	S□　J□　X□	
	知识点 2　投影的分类及在建筑工程图中的应用	S□　J□　X□	
	知识点 3　平行正投影的特性	S□　J□　X□	
	知识点 4　三面正投影图的形成	S□　J□　X□	
	知识点 5　三面正投影图的规律	S□　J□　X□	
能力培养	1. 能说出投影法的分类及特性，以及各种投影法在工程中的应用	S□　J□　X□	
	2. 能根据投影图判断投影方法	S□　J□　X□	
	3. 能说出平行正投影的基本特性	S□　J□　X□	
	4. 能绘制简单形体的三面投影图	S□　J□　X□	
拓展提升	准确绘制简单形体的三面正投影图	S□　J□　X□	

★学习任务 3-2　绘制点的投影

知识点 1　点的三面投影

知识点 2　点的投影规律

知识点 3　点的坐标

知识点 4　两点相对位置

知识点 5　重影点

学习目标 3-2:

(1)掌握点的三面投影特征及规律，能根据点的投影规律绘制点的三面投影。

(2)能根据点的两面投影作出第三面投影。

(3)能根据点的坐标作出点的三面投影。

(4)能根据投影图指出两点相对位置。

(5)能判断重影点。

任务书 3-2：

参照引导问题观看知识点教学视频，并通过小组合作、搜索互联网相关信息以及学习活页教材中相关知识点，完成三级引导问题。掌握点的三面投影特征及规律；在自主完成能力培养任务单的过程中，通过“根据点的两面投影作出第三面投影”“根据点的坐标作出点的三面投影”两种例题的练习，主动思考两点相对位置关系和点的坐标之间的联系，进而理解重影点的概念；争取完成拓展提升任务，通过对特殊位置点的学习，完成基础理论知识的迁移和提升。学习过程中，认真记录学习目标核验表，并通过自我评价、小组互评和教师评价进行总结反思。

引导问题 3-2：

（★基础理论任务　★★能力培养任务　★★★拓展提升任务）

（1）★点 A 的正面投影用________表示，水平投影用________表示，侧面投影用________表示。

（2）★请描述点的投影规律。

（3）★点的 X 坐标是点到________面的距离，点的 Y 坐标是点到________面的距离，点的 Z 坐标是点到________面的距离。

（4）★水平投影反映两点________、________位置关系；正面投影反映两点________、________位置关系；侧面投影反映两点________、________位置关系。

（5）★★根据图 3.22 判断 A、B 两点相对位置关系：A 点在 B 点的（　　）、（　　）、（　　）方。组内交流判断依据。

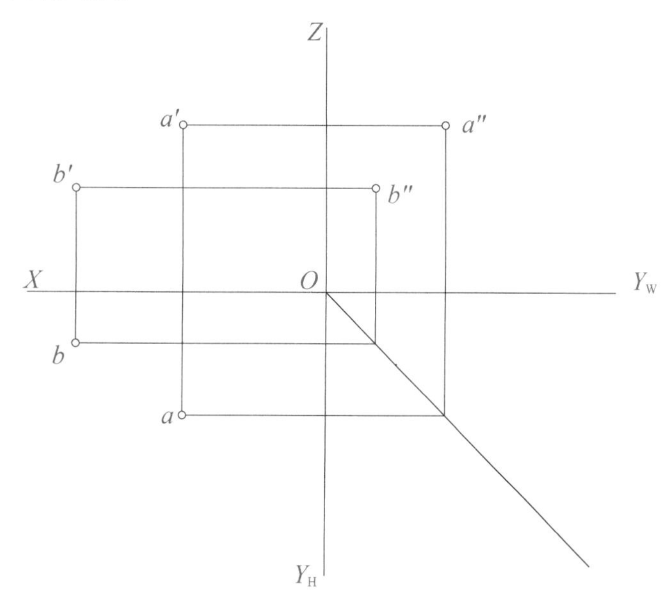

图 3.22　判断两点相对位置（一）

(6) ★★请在图 3.23 中根据立体图在小房子的三面投影图中正确标注各点的投影。

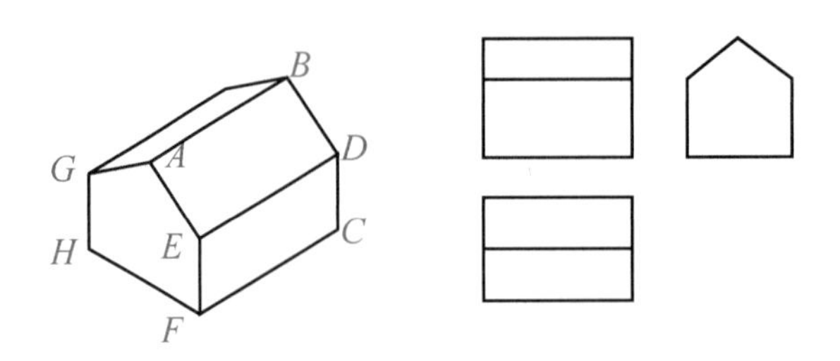

图 3.23　标注各点的投影

(7) ★★图 3.23 中 A 和 B 是________面重影点，________点可见；C 和 D 是________面重影点，________点可见；G 和 E 是________面重影点，________点可见。

(8) ★★在图 3.23 中你还能找出其他重影点吗？________和________是________面重影点，________和________是________面重影点，________和________是________面重影点，________和________是________面重影点，________和________是________面重影点。

(9) ★★★根据图 3.24 判断两点相对位置。

A 点在 B 点________

B 点在 C 点________

C 点在 A 点________

(10) ★★★点 $A(10,10,0)$ 位于________面内，点 $B(10,0,10)$ 位于________面内，点 $C(0,10,10)$ 位于________面内，点 $D(0,0,10)$ 位于________轴上，点 $E(0,10,0)$ 位于________轴上，点 $F(10,0,0)$ 位于________轴上，点 $O(0,0,0)$ 位于________。

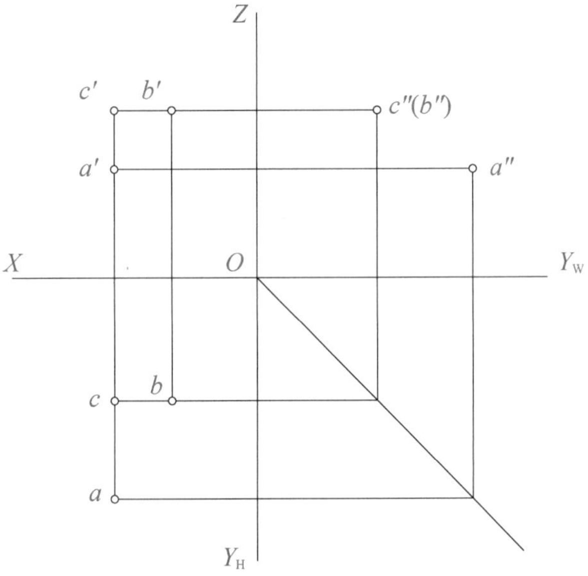

图 3.24　判断两点相对位置(二)

学习资料 3-2:

知识点 1　点的三面投影

一切形体都是由点、线和面组成的。点是构成形体的最基本的元素，掌握了点的投影，也就基本掌握了线、面的投影。

如图 3.25 所示，将空间点 A 放置于三投影面体系中。按照正投影法作图原理，过点 A 分别向三个投影面作垂线，其相应的垂足就是点的三面投影。

点 A 在水平投影面上的投影用 a 表示，称为点 A 的水平投影；

点 A 在正立投影面上的投影用 a'表示，称为点 A 的正面投影；

点 A 在侧立投影面上的投影用 a''表示，称为点 A 的侧面投影。

将三投影面体系展开，即得到点 A 的三面正投影图。

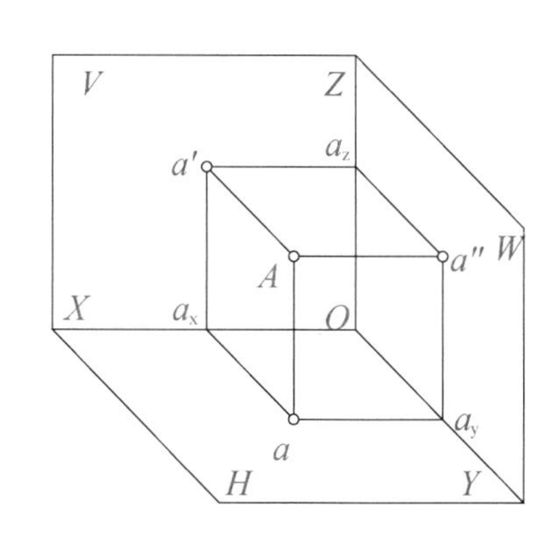

（a）点的投影直观图

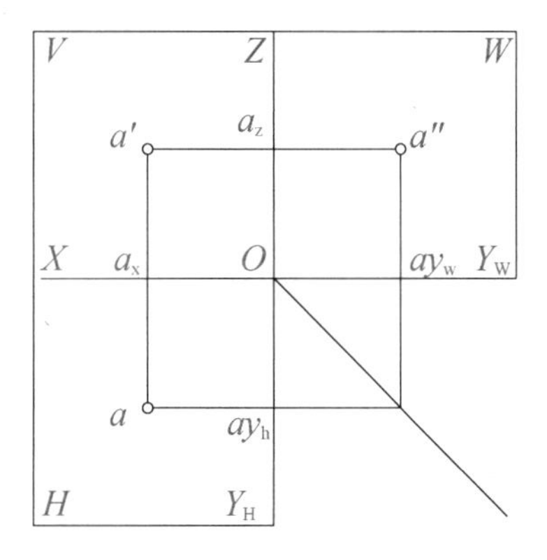

（b）将三投影面体系展开

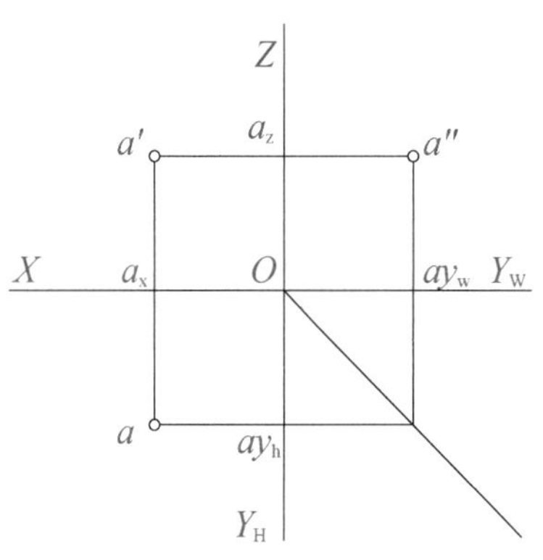

（c）点的三面正投影图

图 3.25　点的三面投影

知识点 2　点的投影规律

通过分析可知：

(1)点的正面投影 a'和水平投影 a 的连线垂直于 OX 轴($aa' \perp OX$)，即"长对正"。

(2)点的正面投影 a'和侧面投影 a''的连线垂直于 OZ 轴($a'a'' \perp OZ$)，即"高平齐"。

(3)点的水平投影 a 到 OX 轴的距离等于点的侧面投影 a''到 OZ 轴的距离($aa_x = a''a_Z$)，即"宽相等"。

这就是点的投影规律。

由此可知，在点的三面正投影图中，任意两个投影都有一定的联系，因此，只要给出一点的任意两个投影，就可以求出其第三个投影。

【例 3.1】已知点 A 的两面投影，求作第三面投影。

作法如图 3.26 所示。

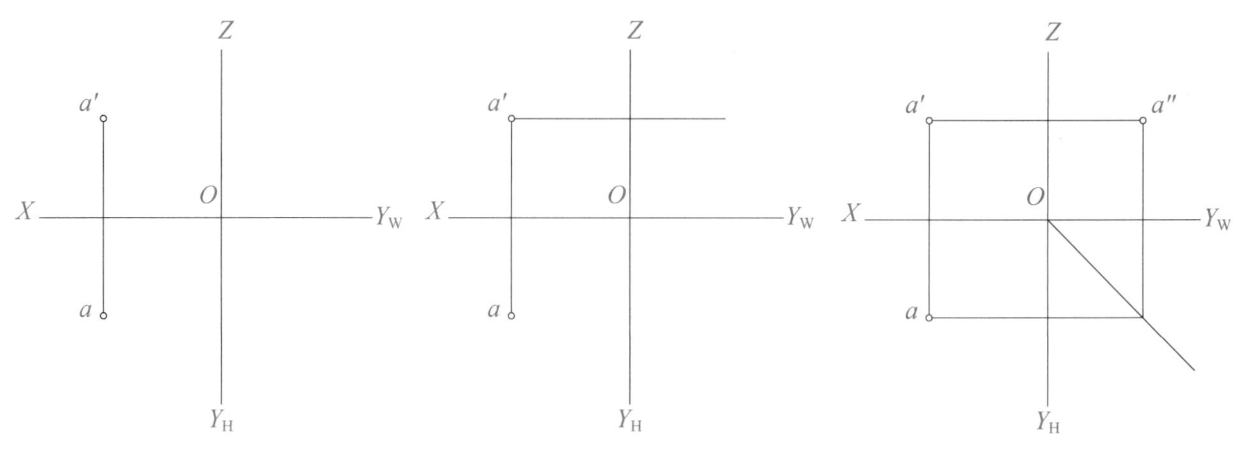

（a）已知点的两面投影　（b）过a'作OZ轴的垂线　（c）过a作OY_H轴的垂线，与45°线相交后作OY_W轴的垂线，与过a'所作OZ轴的垂线相交于a''

图 3.26　已知点的两面投影求作第三面投影

知识点 3　点的坐标

在三投影面体系中，空间点及其投影的位置可以由点的坐标来确定，将三投影面体系看作一个空间直角坐标系，*O* 点为坐标原点，*OX* 轴、*OY* 轴、*OZ* 轴为坐标轴，*H* 面、*V* 面、*W* 面为坐标平面。则空间一点 *A* 到三个投影面的距离，就是点 *A* 的三个坐标(用小写字母 x、y、z 表示)，即

点 *A* 到 *W* 面的距离为 x 坐标；

点 *A* 到 *V* 面的距离为 y 坐标；

点 *A* 到 *H* 面的距离为 z 坐标。

因此点 *A* 的空间坐标可表示为 $A(x,y,z)$，如图 3.27 所示。

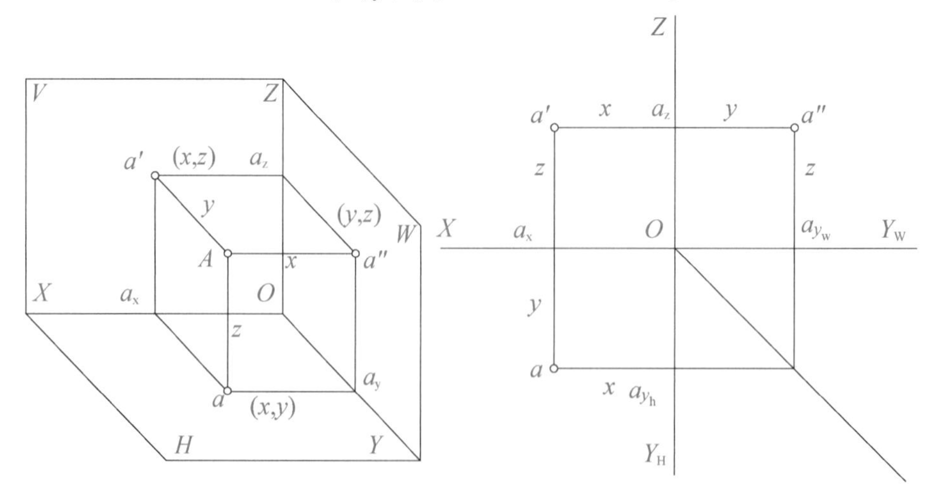

（a）点的直观图　（b）点的三面正投影图

图 3.27　点的坐标

【例3.2】已知点A的坐标为$x=20$、$y=10$、$z=15$，即$A(20,10,15)$，求作点A的三面投影。

作法如图3.28所示。

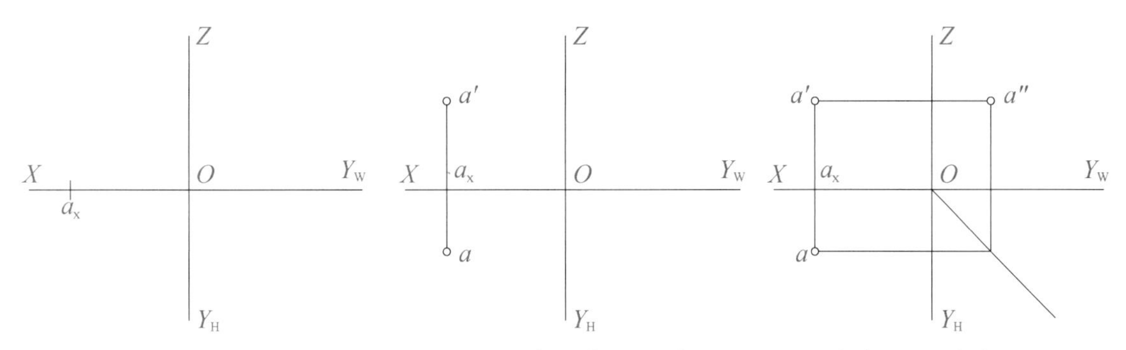

（a）在OX轴上取Oa_x=20 mm　（b）过a_x作OX轴的垂线，取aa_x=10 mm，$a'a_x$=15 mm　（c）根据a和a'求出a''

图3.28　已知点的坐标求作点的三面投影

知识点4　两点相对位置

空间两点的相对位置(两点间前后、左右、上下的位置关系)可由三面投影图反映出来，如图3.29所示。其中水平投影反映两点左右、前后位置关系，正面投影反映两点上下、左右位置关系，侧面投影反映两点上下、前后位置关系。

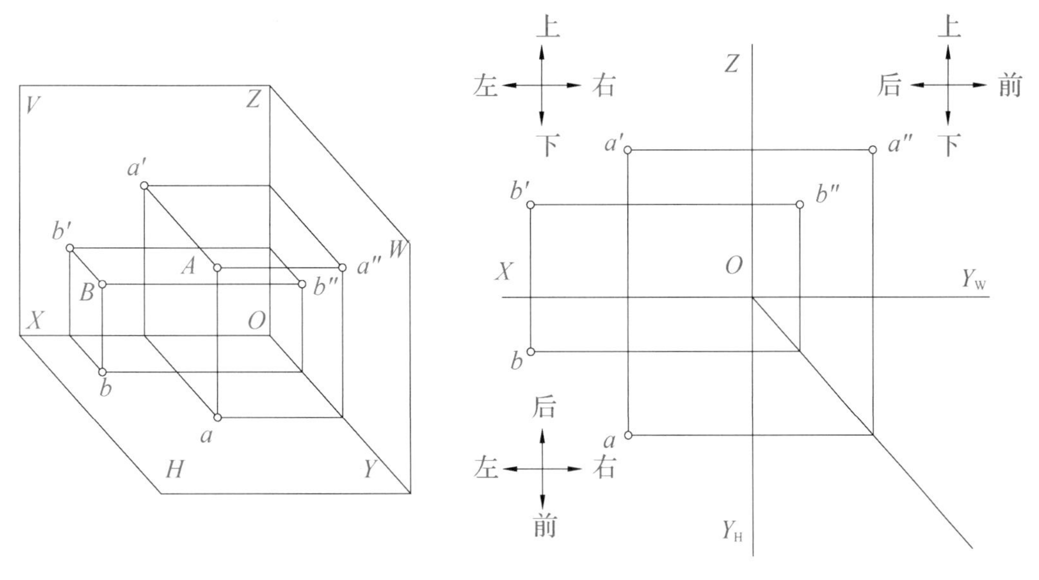

（a）两点相对位置的直观图　（b）两点相对位置的三面正投影图

图3.29　空间两点的相对位置

由图可见，点A在点B的右前上方，点B在点A的左后下方。

知识点5　重影点

当空间两点在某一投影面上的投影重合时，这两点就称为相对于该投影面的重影点。

如图 3.30(a)所示，点 C 在点 D 正上方，点 C、点 D 的水平投影重合，则称点 C 和点 D 为相对于 H 面的重影点。当我们沿投射方向观看时，点 C 可见，点 D 不可见(不可见的点 D 的水平投影加括号表示)。

同理，如图 3.30(b)所示，点 E 和点 F 为相对于 V 面的重影点，点 E 可见，点 F 不可见；如图 3.30(c)所示，点 H 和点 G 为相对于 W 面的重影点，点 H 可见，点 G 不可见。

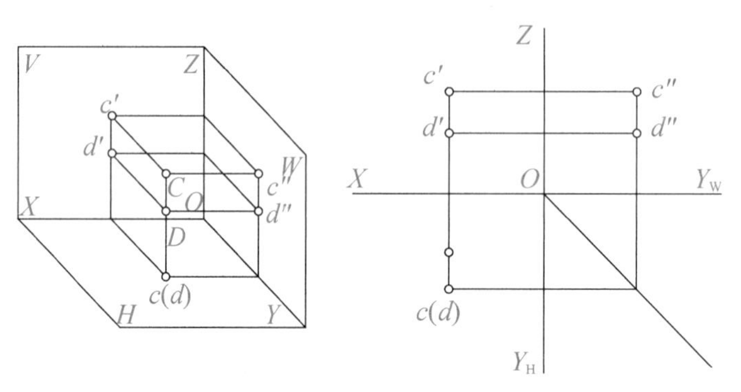

(a) 相对于 H 面的重影点

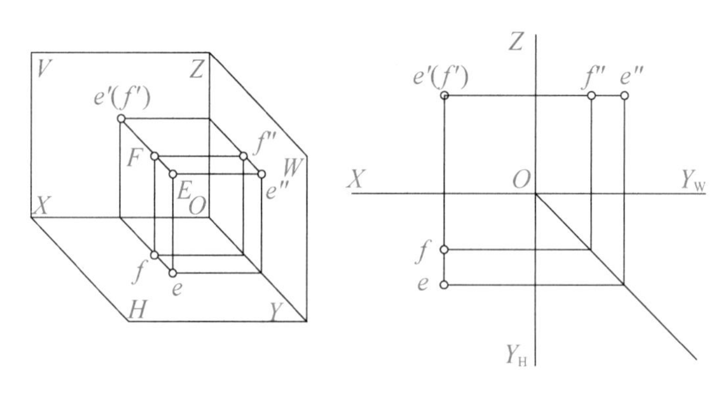

(b) 相对于 V 面的重影点

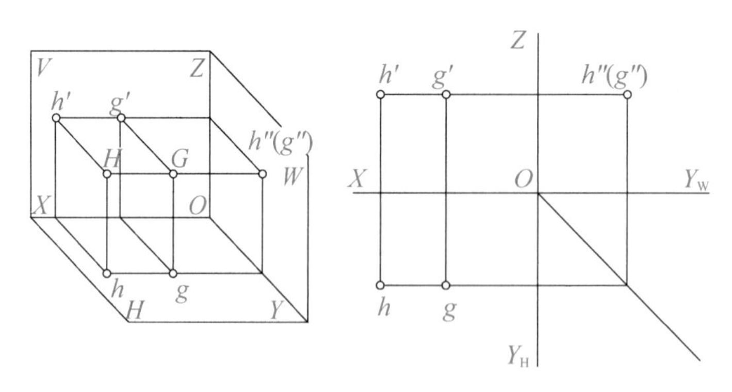

(c) 相对于 W 面的重影点

图 3.30　重影点

判断重影点可见性的方法如下：

相对于 H 面的重影点：上面的点可见，下面的点不可见；

相对于 V 面的重影点：前面的点可见，后面的点不可见；

相对于 W 面的重影点：左面的点可见，右面的点不可见。

绘图实训(点的投影)

(1)★★如图 3.31 所示，已知点 A 的两面投影，求作第三面投影。组内交流绘制依据(点的投影规律)。

(2)★★已知 $A(20,10,15)$、$B(10,15,5)$，在图 3.32 中作两点的三面投影，并判断点 A 在点 B 的(　　)、(　　)、(　　)方。组内交流判断依据。

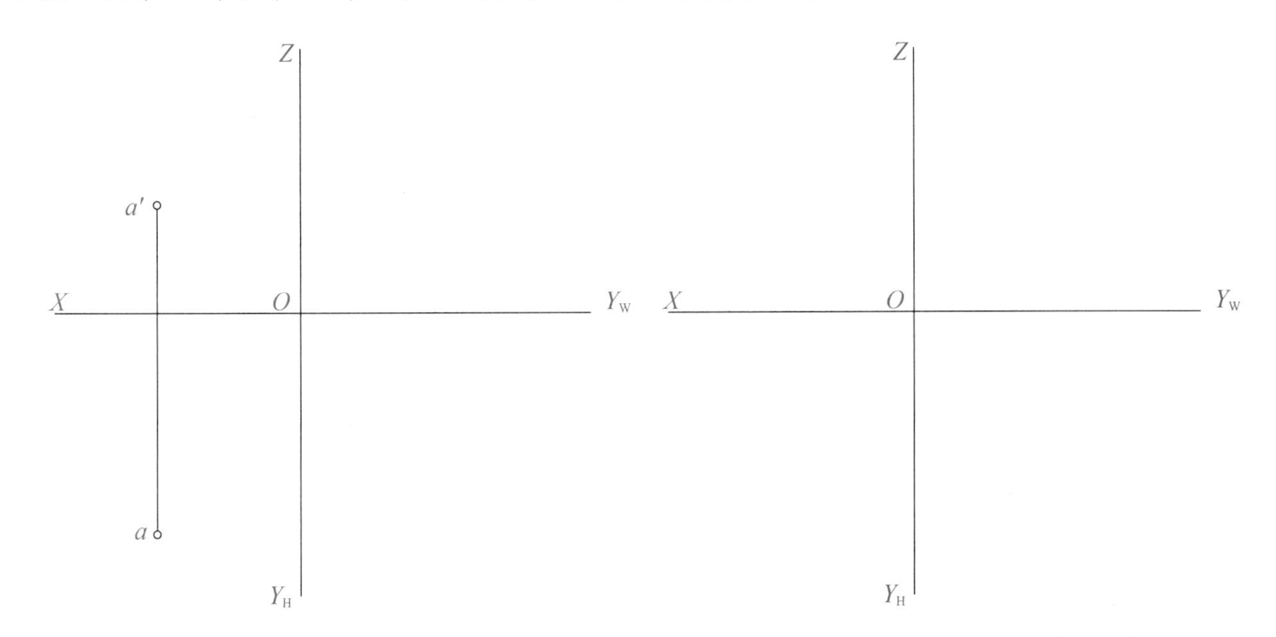

图 3.31　已知两面投影作第三面投影(一)　　图 3.32　已知两点坐标作两点三面投影

(3)★★如图 3.33 所示，已知点的两面投影，求作第三面投影。

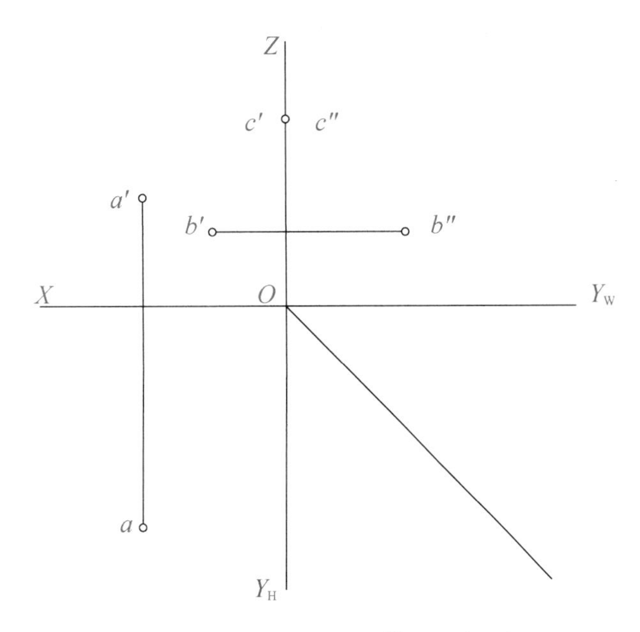

图 3.33　已知两面投影作第三面投影(二)

(4)★★★请在图 3.34 中画出 $A(10,10,0)$、$B(10,0,10)$、$C(0,10,10)$、$D(0,0,10)$、$E(0,10,0)$、$F(10,0,0)$的投影。

(5)★★★已知点 A 的坐标为(20,10,15)，点 B 在点 A 的右侧 5mm、前方 5mm、下方 5mm，请在图 3.35 中作出点 B 的投影。

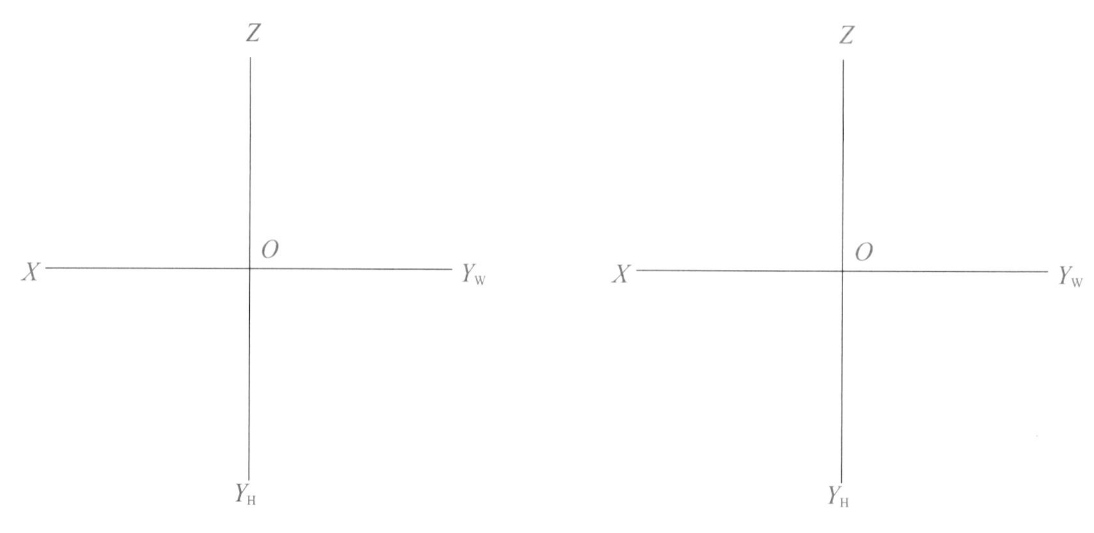

图 3.34　画出各点投影　　　　图 3.35　作点 B 的投影

拓展知识：

空间点与投影面的位置关系如图 3.36 所示。

图 3.37 所示投影图中 A 点为 H 面内的点，B 点为 V 面内的点，C 点为 W 面内的点，D 点为 OX 轴上的点，E 点为 OY 轴上的点，F 点为 OZ 轴上的点。

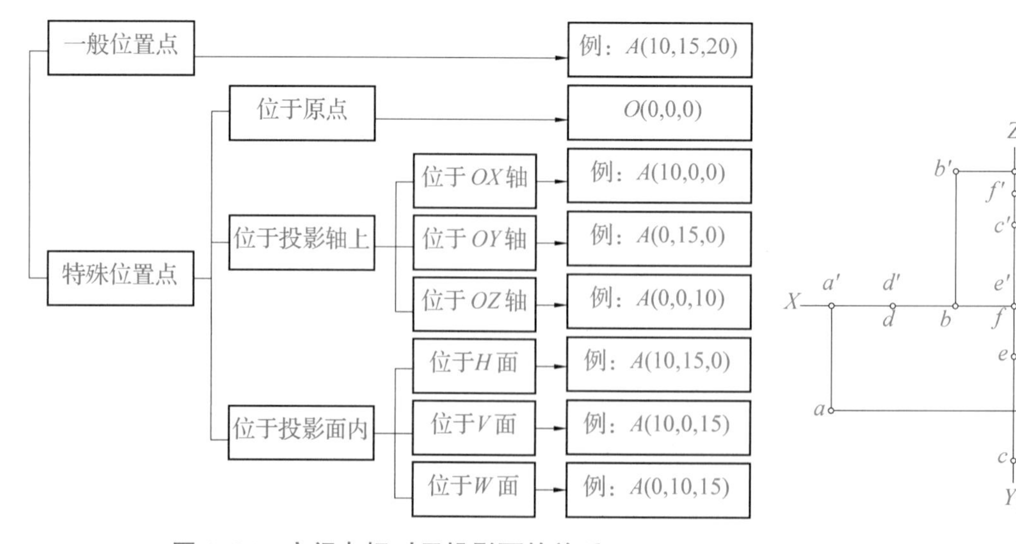

图 3.36　空间点相对于投影面的关系

图 3.37　投影图

头脑风暴 3-2：

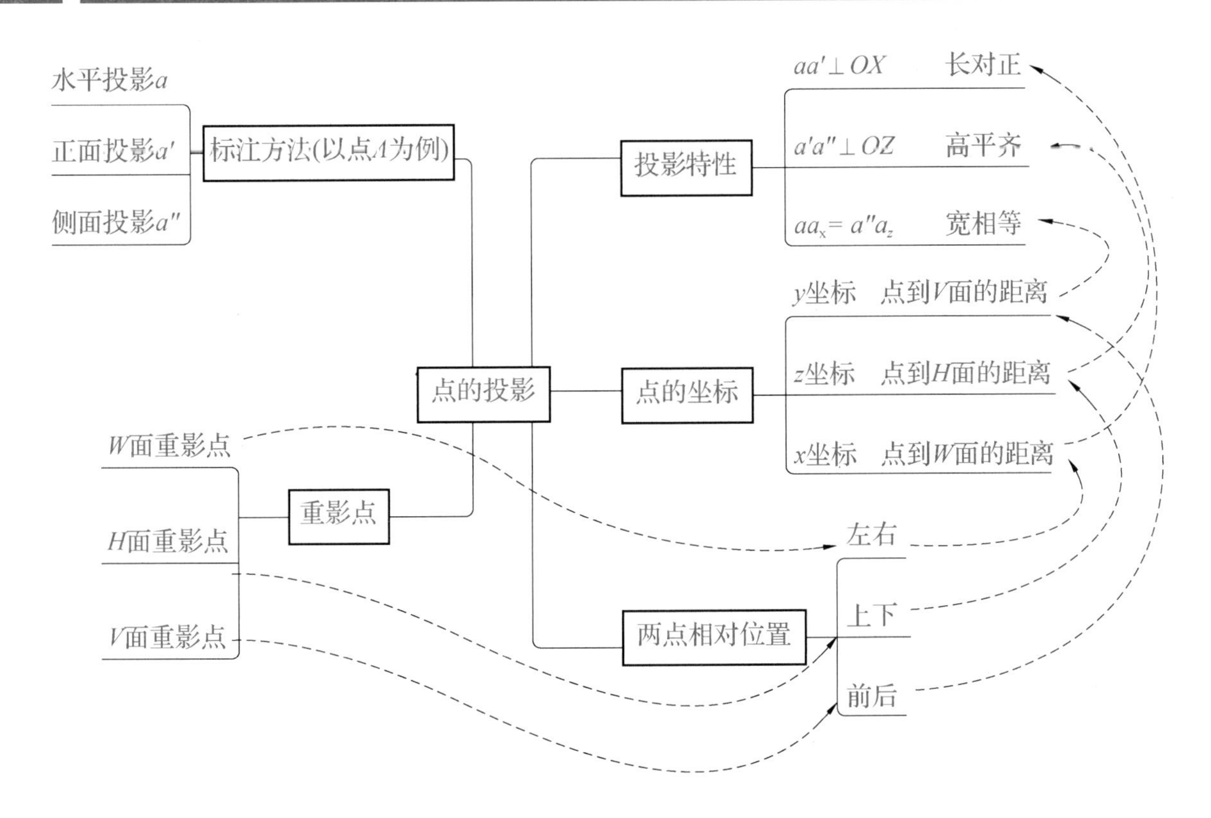

学习评价 3-2：

学习目标核验表（S表示熟练掌握，J表示基本掌握，X表示需要帮助）

学习任务	学习内容	自我评价	学习反思
基础理论	知识点1　点的三面投影	S□　J□　X□	
	知识点2　点的投影规律	S□　J□　X□	
	知识点3　点的坐标	S□　J□　X□	
	知识点4　两点相对位置	S□　J□　X□	
	知识点5　重影点	S□　J□　X□	
能力培养	1. 能根据点的投影规律绘制点的三面投影	S□　J□　X□	
	2. 能根据点的两面投影作出第三面投影	S□　J□　X□	
	3. 能根据点的坐标作出点的三面投影	S□　J□　X□	
	4. 能根据投影图指出两点相对位置	S□　J□　X□	
	5. 能判断重影点	S□　J□　X□	
拓展提升	1. 能根据坐标判断特殊位置点	S□　J□　X□	
	2. 正确绘制特殊位置点的投影	S□　J□　X□	
	3. 能根据点间位置关系、距离绘制点的投影	S□　J□　X□	

★学习任务 3-3　绘制直线的投影

知识点 1　直线与投影面的位置关系
知识点 2　一般位置直线的投影
知识点 3　投影面平行线
知识点 4　投影面垂直线

学习目标 3-3：

（1）掌握直线的三面投影特性及规律。
（2）能够根据直线的空间位置判断直线与投影面的位置关系。
（3）能绘制直线的投影。
（4）能总结归纳直线的投影特性。
（5）能根据投影图判断直线与投影面的位置关系。

任务书 3-3：

参照引导问题观看知识点教学视频，通过小组合作、搜索互联网相关信息以及学习活页教材中相关知识点，完成三级引导问题。在掌握直线的投影规律的基础上，通过绘制直线的投影及判断直线与投影面的位置关系的练习，理解直线的投影特性，提高空间想象能力和分析能力，培养职业素养。学习过程中，认真记录学习目标核验表，并通过自我评价、小组互评和教师评价进行总结反思。

引导问题 3-3：

（★基础理论任务　★★能力培养任务　★★★拓展提升任务）

（1）★直线与投影面的相对位置可分为三种：________、________、________。
（2）★一般位置直线的投影特性是：三面投影均与投影面________，三面投影长度均比直线实长________。
（3）★投影面平行线按照所平行的投影面分为________、________、________。
（4）★投影面垂直线按照所平行的投影面分为________、________、________。
（5）★水平线平行于________面、倾斜于________面、________面。
（6）★正垂线垂直于________面、平行于________面、________面。

(7)★★请在图3.38中正确连线：

三条斜线　　　　一斜两直线　　　　一点两直线

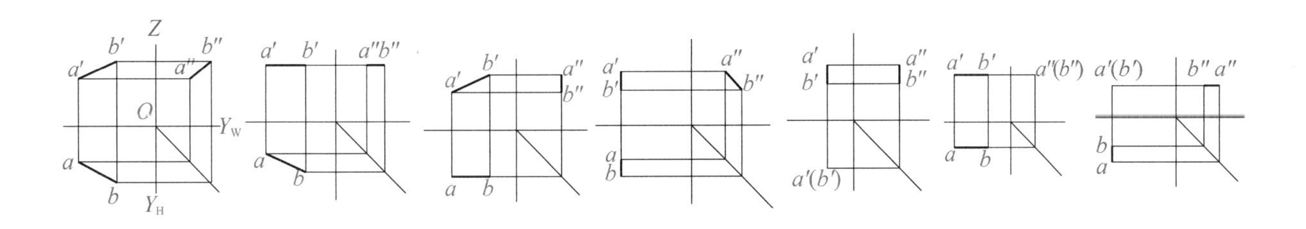

水平线　　一般位置线　　铅垂线　　正垂线　　侧平线　　正平线　　侧垂线

投影均短于实长　　水平投影反映实长　　正面投影反映实长　　侧面投影反映实长

图3.38　正确连线

(8)★★通过学习回答以下问题：

1)图3.39所示小房子立体图中 AB、CD、BD 各直线分别是什么位置的直线？

2)如果把 CH 连起来，CH 是一条什么位置的直线？AF、DF 呢？

3)如果有一点 M 位于 AB 上且距 A 点5mm，你能作出 M 点的三面投影吗？

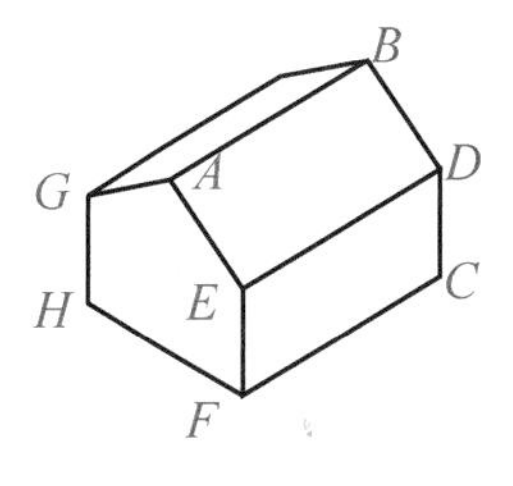

图3.39　小房子立体图

学习资料3-3：

知识点1　直线与投影面的位置关系

空间任意两点能确定一条直线，因此只要作出该直线上任意两点的投影，再用直线段将两点的同面投影相连，就可以得到直线的投影，如图3.40所示。

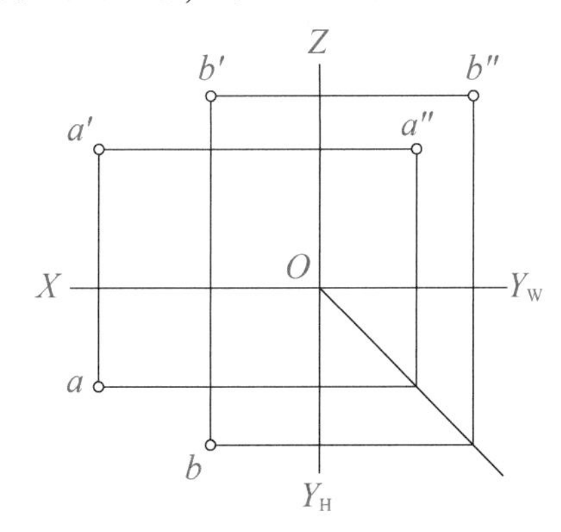

(a)空间两点的投影

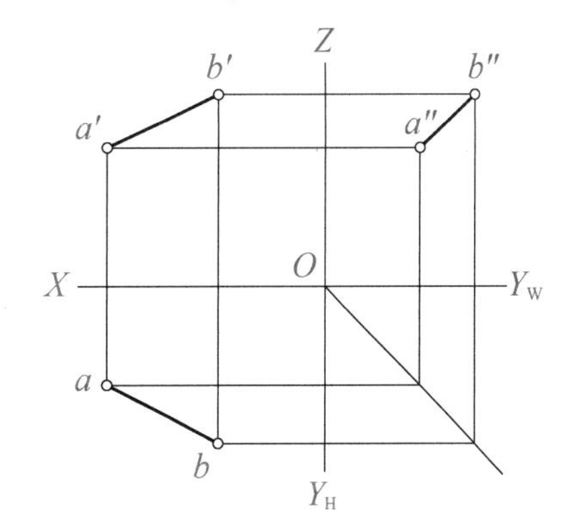

(b)两点所确定的直线的投影

图3.40　直线的投影

直线按其与投影面的相对位置可分为三种：一般位置直线、投影面平行线、投影面垂直线。其中投影面平行线和投影面垂直线称为特殊位置直线。如图 3.41 所示。

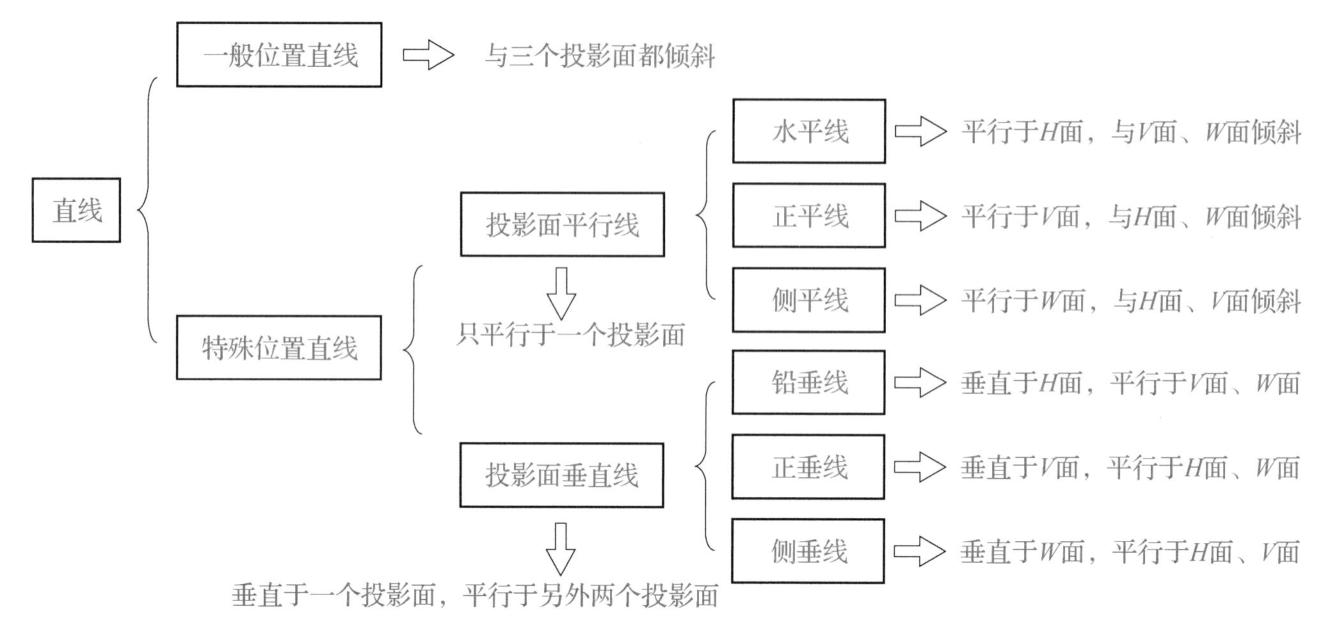

图 3.41　直线按其与投影面的相对位置分类

知识点 2　一般位置直线的投影特性

与三个投影面都倾斜的直线称为一般位置直线，如图 3.42 所示。

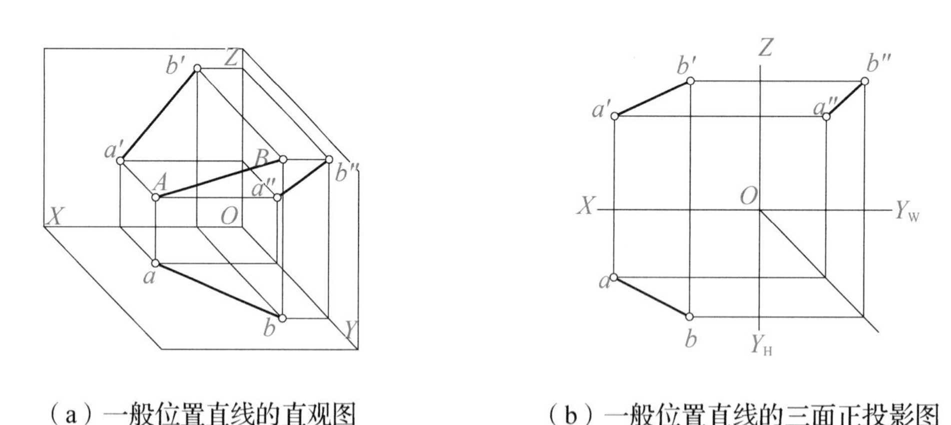

（a）一般位置直线的直观图　（b）一般位置直线的三面正投影图

图 3.42　一般位置直线的投影

一般位置直线的投影特性：

(1) 三面投影均与投影面倾斜；

(2) 三面投影长度均比直线实长短。

知识点 3　投影面平行线

只平行于一个投影面，与其他两个投影面都倾斜的直线称为投影面平行线。

投影面平行线按照所平行的投影面分为水平线、正平线、侧平线。投影面平行线的投影图和投影特性见表3.2。

表3.2 投影面平行线的投影图和投影特性

名称	水平线(平行于 H 面,倾斜于 V、W 面)	正平线(平行于 V 面,倾斜于 H、W 面)	侧平线(平行于 W 面,倾斜于 H、V 面)
直观图	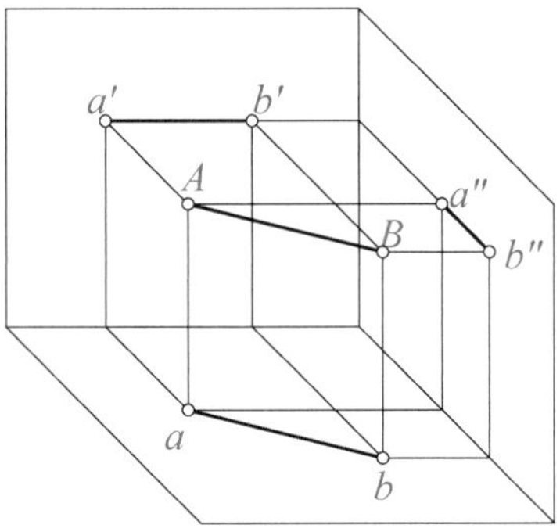	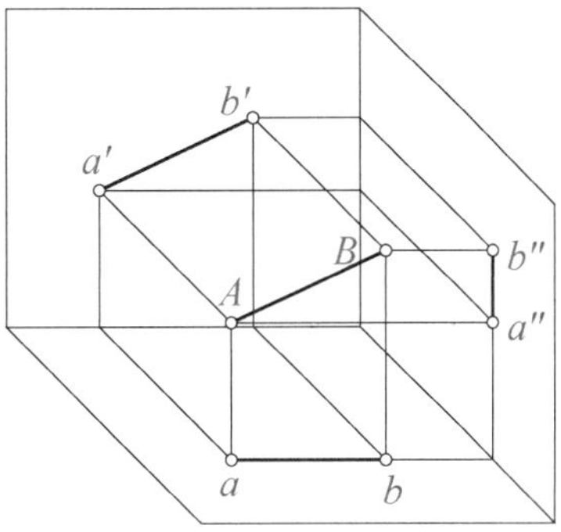	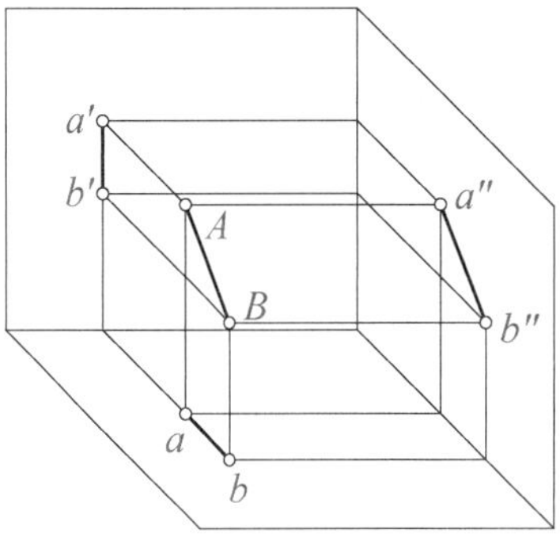
投影图	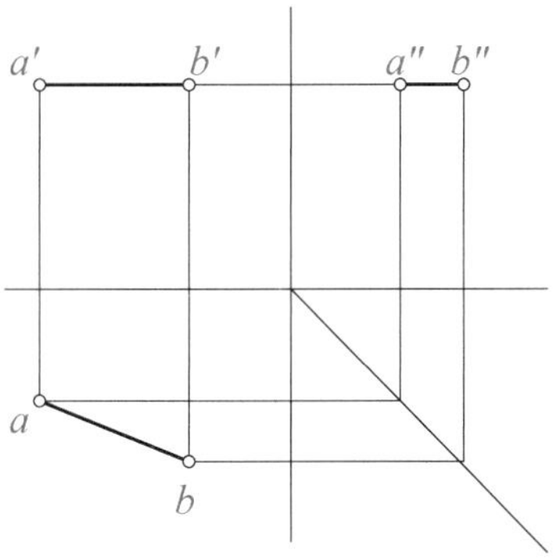	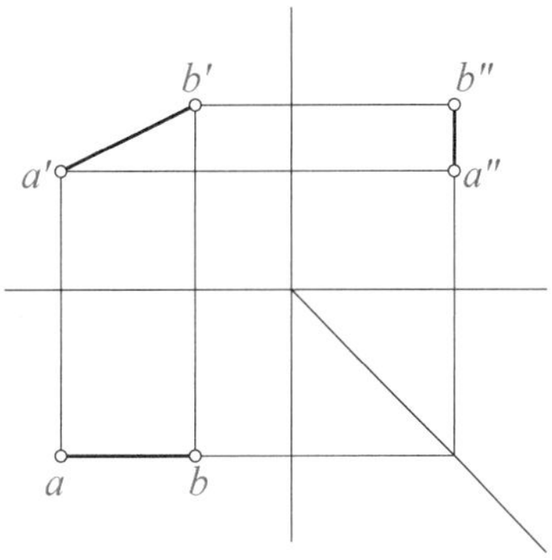	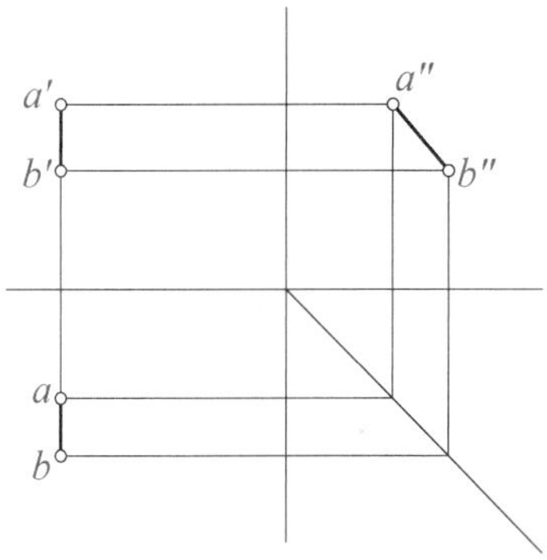
投影特性	1. 水平投影 ab 倾斜于投影轴且反映实长; 2. 正面投影 $a'b'$、侧面投影 $a''b''$ 分别平行于 OX、OY_W 轴,且长度短于实长。	1. 正面投影 $a'b'$ 倾斜于投影轴且反映实长; 2. 水平投影 ab、侧面投影 $a''b''$ 分别平行于 OX、OZ 轴,且长度短于实长。	1. 侧面投影 $a''b''$ 倾斜于投影轴且反映实长; 2. 水平投影 ab、正面投影 $a'b'$ 分别平行于 OY_H、OZ 轴,且长度短于实长。
	一斜两直线: (1)在所平行的投影面上的投影倾斜于投影轴且反映实长; (2)其他两面投影平行于相应投影轴且长度短于实长。		
判别方法	当空间直线的投影为“一斜两直线”时,哪面投影为斜线,空间直线即为相应投影面平行线。		

知识点4 投影面垂直线

垂直于一个投影面、平行于其他两个投影面的直线称为投影面垂直线。

投影面垂直线按照所垂直的投影面分为铅垂线、正垂线、侧垂线。投影面垂直线的投影图和投影特性见表3.3。

表 3.3　投影面垂直线的投影图和投影特性

名称	铅垂线（垂直于 H 面，平行于 V、W 面）	正垂线（垂直于 V 面，平行于 H、W 面）	侧垂线（垂直于 W 面，平行于 H、V 面）
直观图	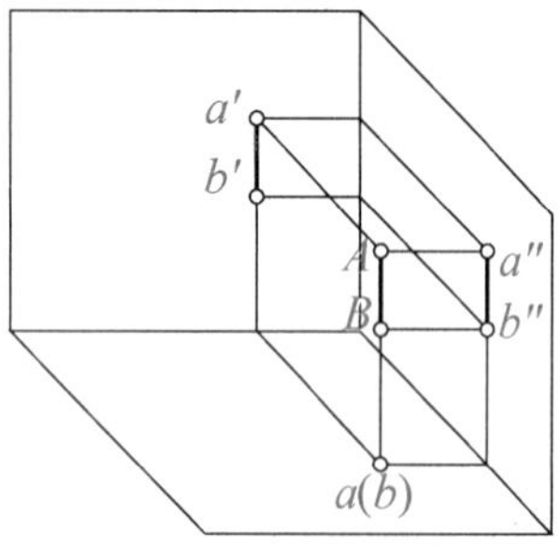	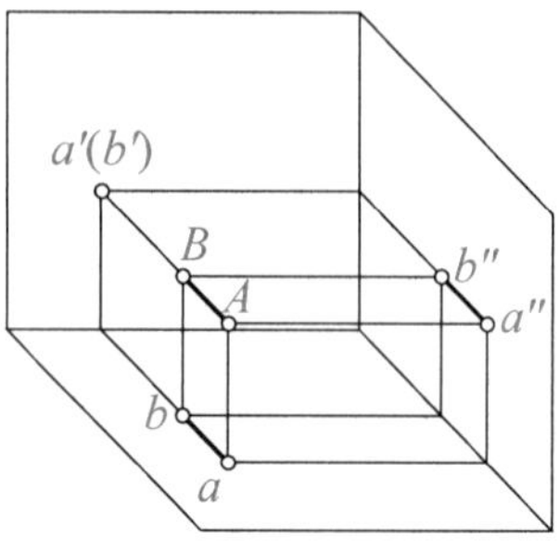	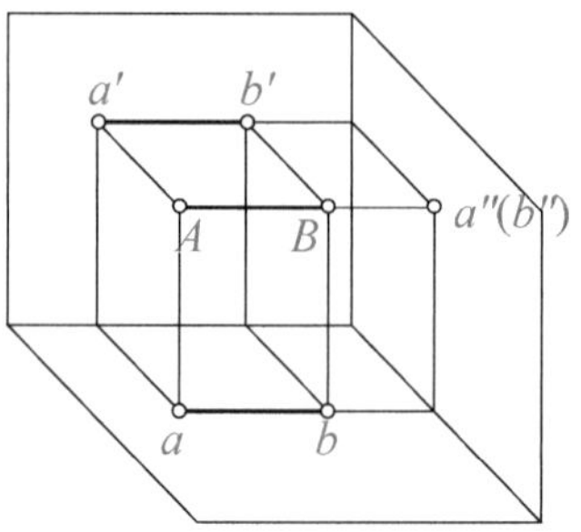
投影图	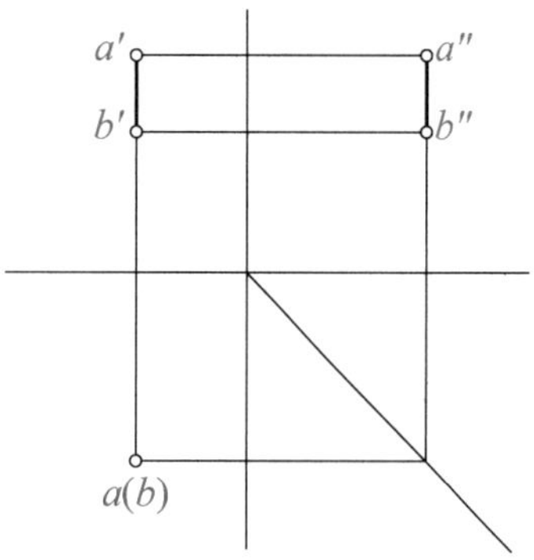	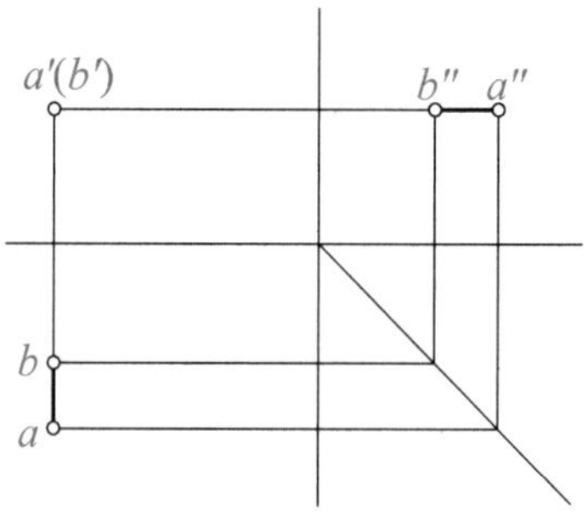	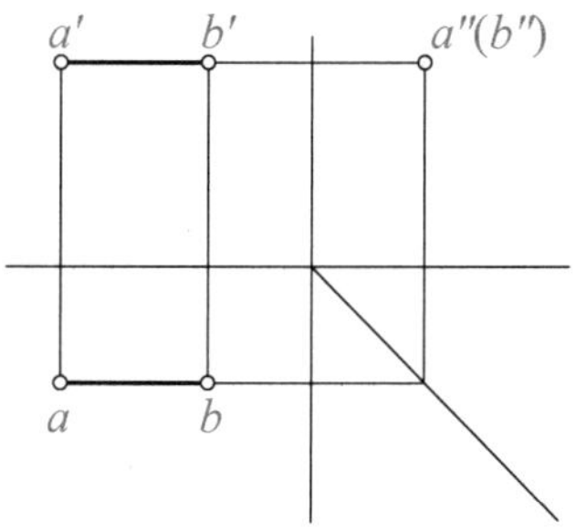
投影特性	1. 水平投影积聚为一点； 2. 正面投影 $a'b'$、侧面投影 $a''b''$ 分别垂直于 OX、OY_W 轴，且反映实长。	1. 正面投影积聚为一点； 2. 水平投影 ab、侧面投影 $a''b''$ 分别垂直于 OX、OZ 轴，且反映实长。	1. 侧面投影积聚为一点； 2. 水平投影 ab、正面投影 $a'b'$ 分别垂直于 OY_H、OZ 轴，且反映实长。
	一点两直线： （1）在所垂直的投影面上的投影积聚为一点； （2）其他两面投影垂直于相应投影轴且反映实长。		
判别方法	当空间直线的投影为“一点两直线”时，哪面投影为点，空间直线即为相应投影面垂直线。		

绘图实训（直线的投影）

（1）★★请在图 3.43 中任意绘制一条一般位置直线、一条水平线和一条侧垂线。

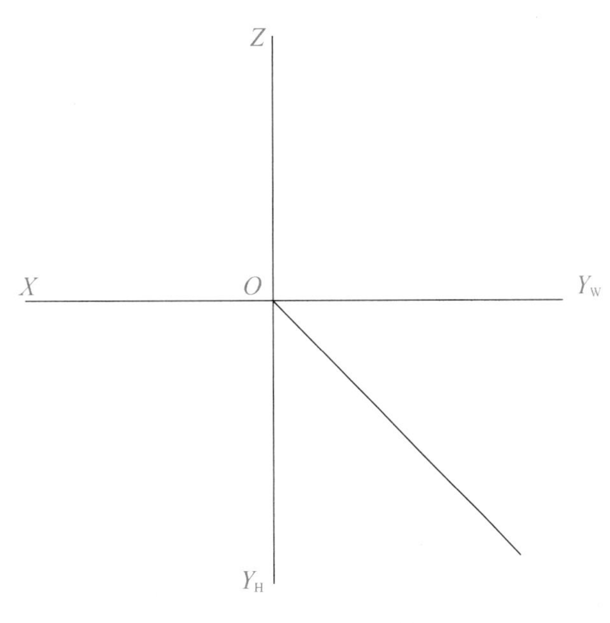

图 3.43　绘制直线

(2) ★★如图 3.44 所示，请在投影图上用粗实线画出 *AB*、*CD*、*BD* 直线的三面投影，并正确标注。其中，*AB* 是________线，*CD* 是________线，*BD* 是________线。

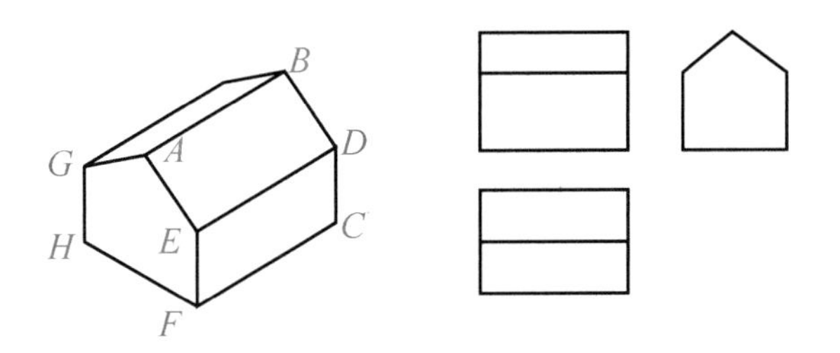

图 3.44　画出直线的三面投影(一)

(3) ★★如图 3.45 所示，请在投影图上用粗实线画出 *HC*、*DF*、*GF* 直线的三面投影，并正确标注。其中，*HC* 是________线，*DF* 是________线，*GF* 是________线。

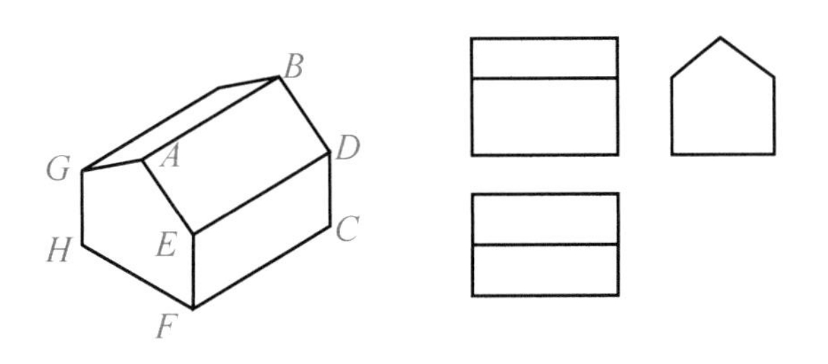

图 3.45　画出直线的三面投影(二)

(4) ★★★如图 3.46 所示，有一点 *M* 位于 *AB* 上，且正好位于 *AB* 中点，请在投影图上作出点 *M* 的三面投影。

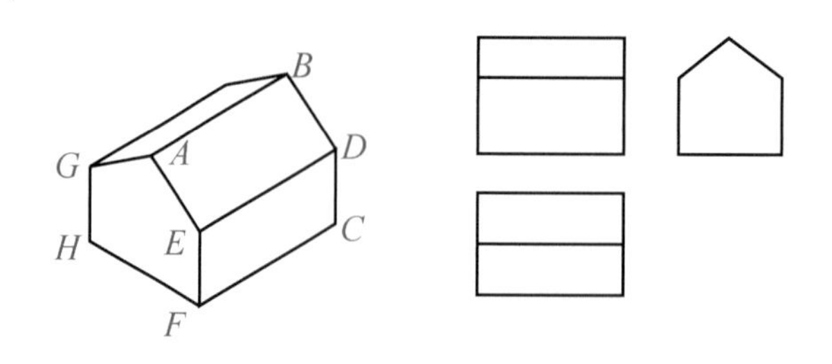

图 3.46　作点的三面投影

(5) ★★在图 3.47 中作出点 C 和点 F 的侧面投影，并判断点是否在直线上。

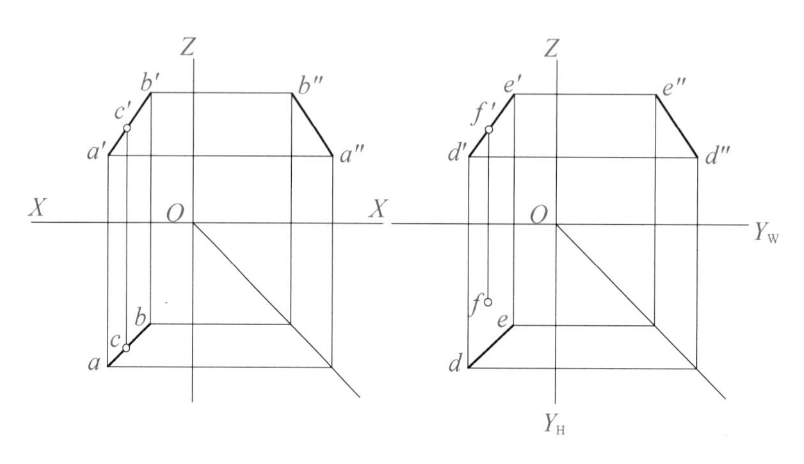

图 3.47　作出点的侧面投影

点 C ________直线 AB 上(在，不在)　　点 F ________直线 DE 上(在，不在)

拓展知识：

拓展知识点 1　直线上的点

如果点位于直线上，则点的投影一定位于直线的同名投影上，且符合投影规律。

点把直线分成什么比例的直线段，则点的投影把直线的投影分成同样比例的直线段。如图 3.48 所示。

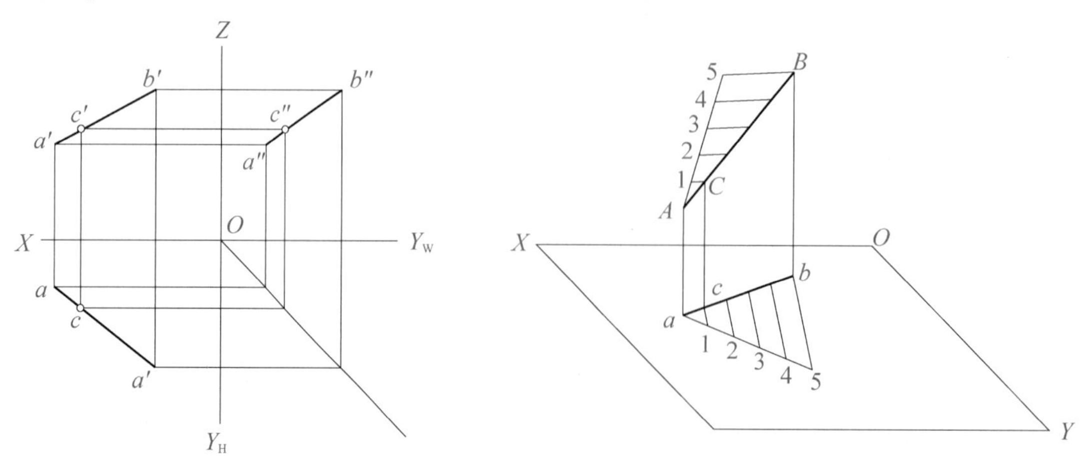

图 3.48　直线上的点

拓展知识点2　一般位置直线的实长和倾角

一般位置直线的实长和倾角见表3.4。

表3.4　一般位置直线的实长和倾角

倾角	直观图	投影图	投影特性
与 H 面的倾角 α	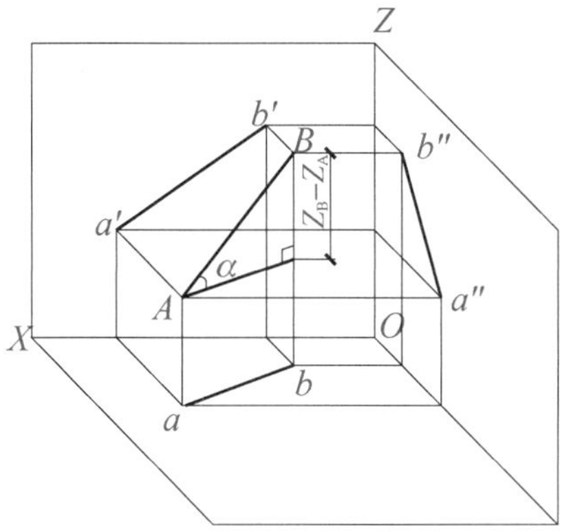	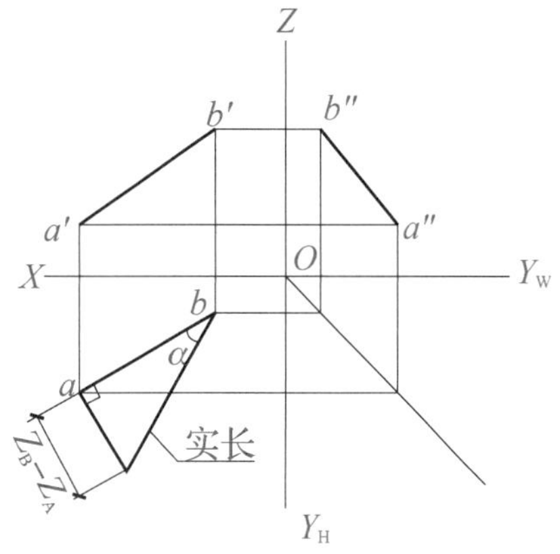	直线的水平投影与两端点 z 坐标差所组成的直角三角形中，斜边长度为直线实长，斜边与投影的夹角即为 α。
与 V 面的倾角 β	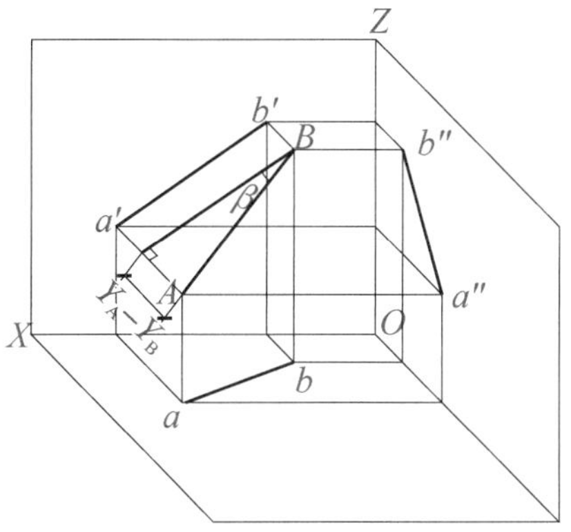	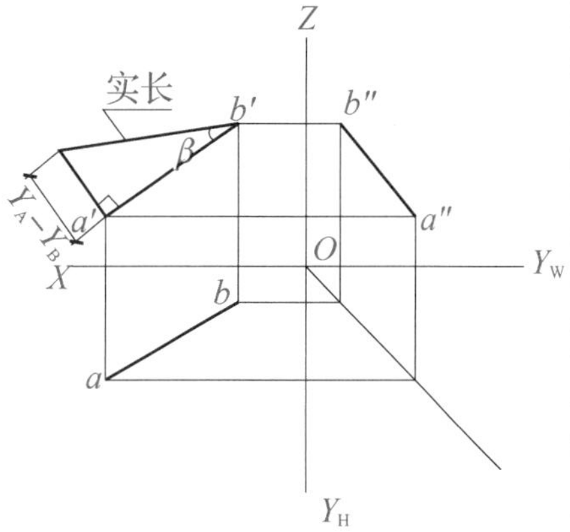	直线的正平投影与两端点 y 坐标差所组成的直角三角形中，斜边长度为直线实长，斜边与投影的夹角即为 β。
与 W 面的倾角 γ	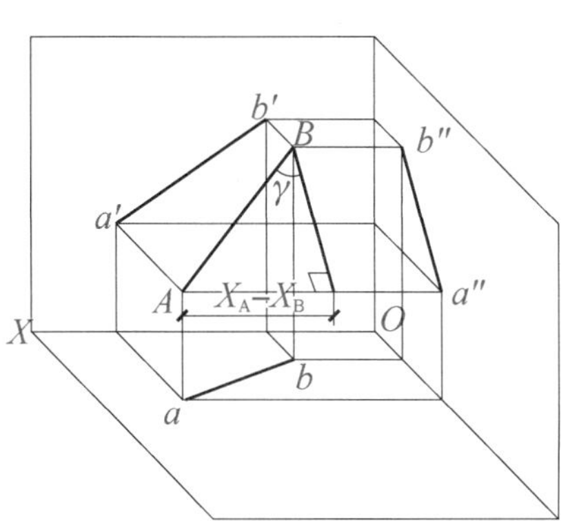	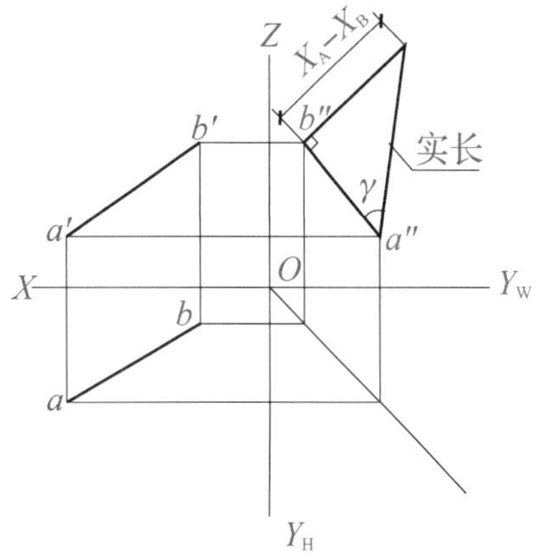	直线的侧平投影与两端点 x 坐标差所组成的直角三角形中，斜边长度为直线实长，斜边与投影的夹角即为 γ。

拓展知识点3　两直线相对位置

两直线相对位置分为三种，见表3.5。

表 3.5　两直线相对位置

相对位置	直观图	投影图	投影特性
平行	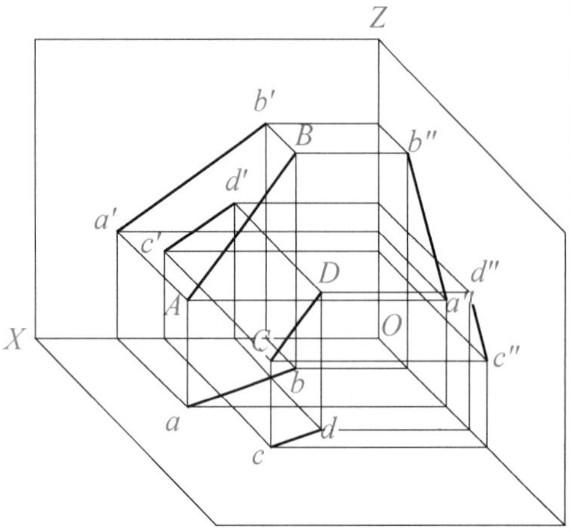 Z b′ B b″ d′ a′ c′ D d″ A a″ O X C c″ b a d c	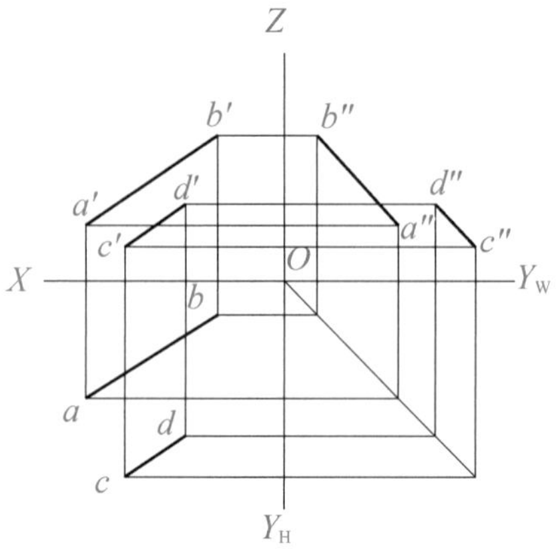 Z b′ b″ d″ a′ d′ c′ a″ c″ O X Y_W b a d c Y_H	若空间两直线相互平行，它们的各同名投影也相互平行。
相交	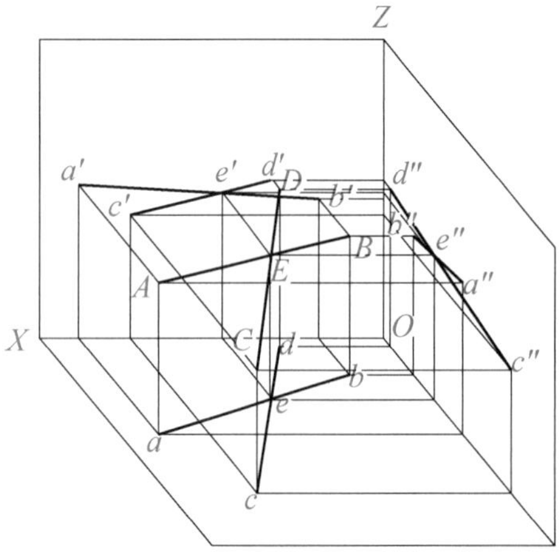 Z a′ e′ d′ d″ c′ D b′ b″ e″ B E A a″ X O C d c″ b e a c	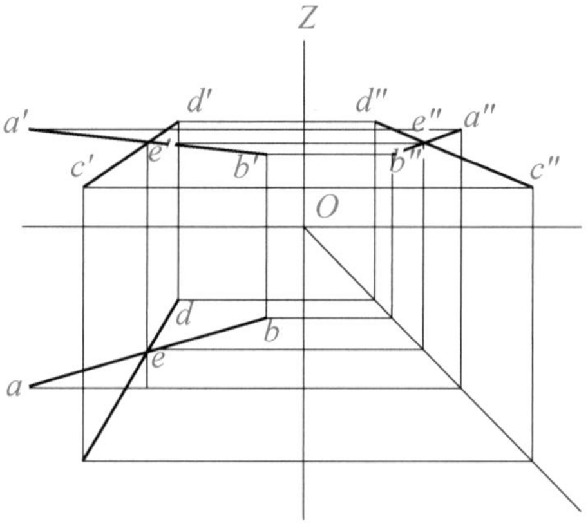 Z d′ d″ e″ a″ a′ e′ c′ b′ b″ c″ O d b a e	若空间两直线相交，它们的各同名投影也相交，且交点符合点的投影规律。
交叉	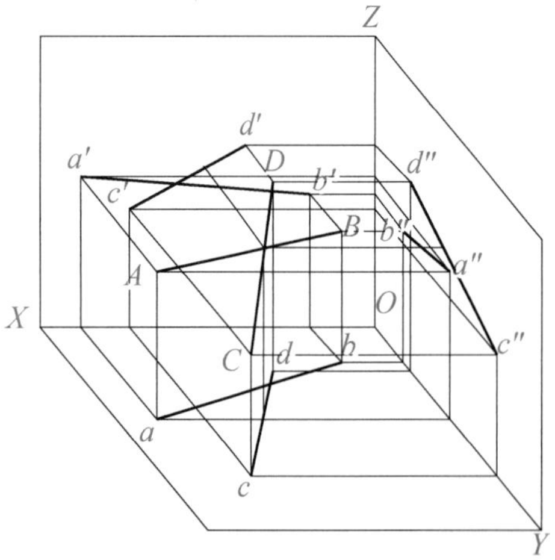 Z d′ a′ D d″ c′ b′ B b″ A a″ X O C d b c″ a c Y	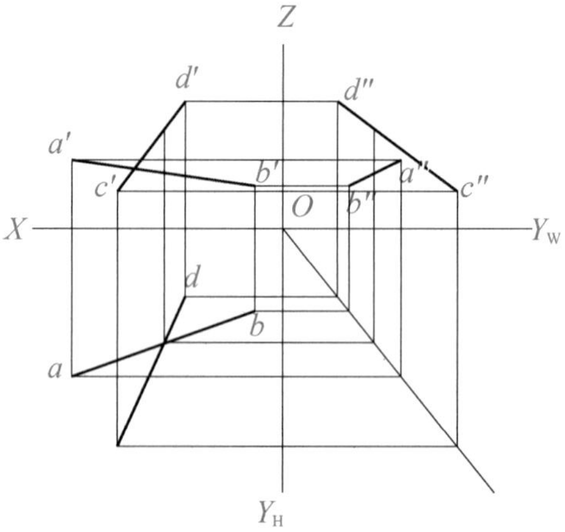 Z d′ d″ a′ a″ c′ b′ O b″ c″ X Y_W d b a Y_H	交叉直线同名投影可能相交，但交点不符合投影规律；可能平行，但三面投影不会全部平行。

头脑风暴 3-3：

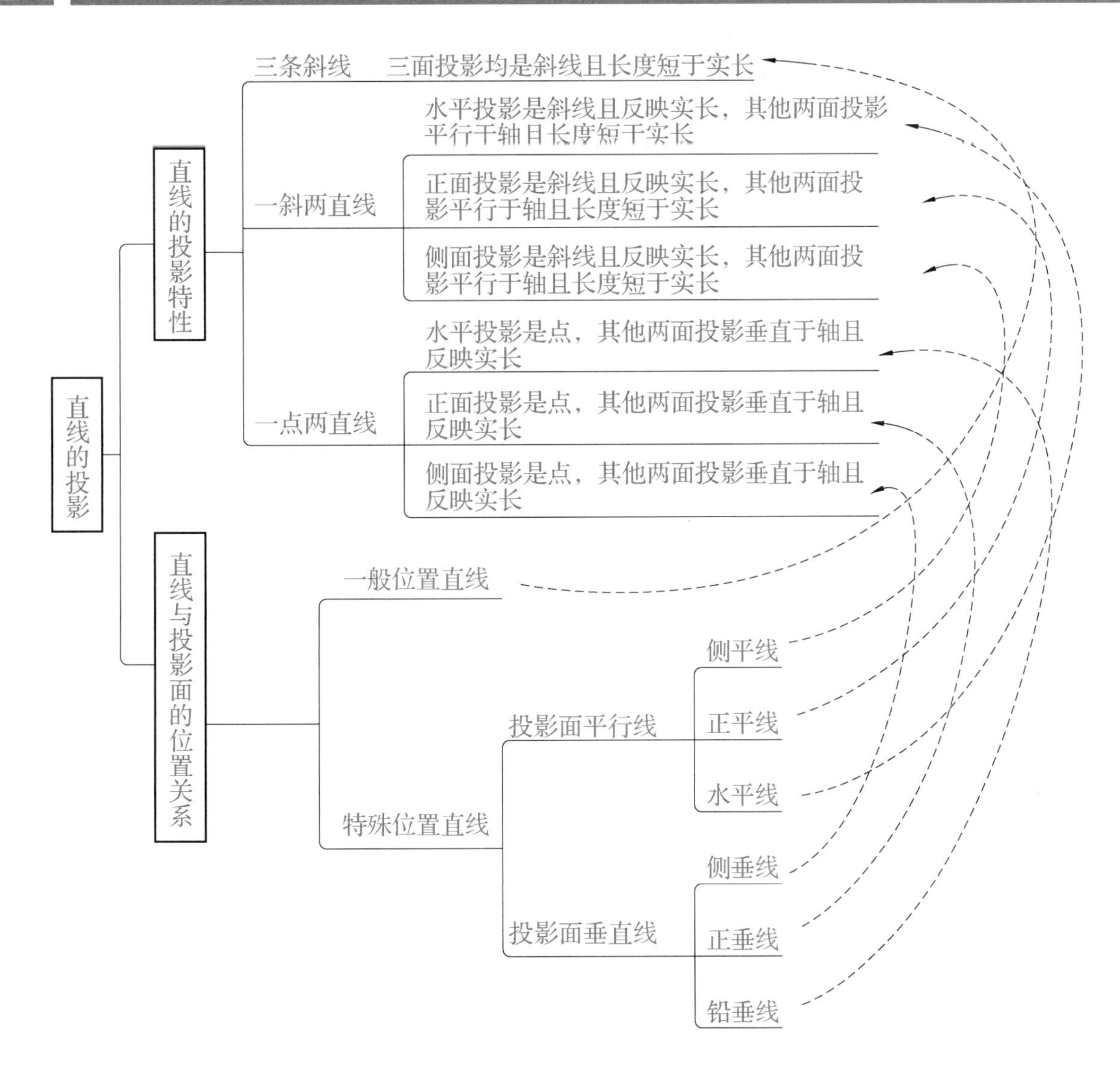

学习评价 3-3：

学习目标核验表（S 表示熟练掌握，J 表示基本掌握，X 表示需要帮助）

学习任务	学习内容	自我评价	学习反思
基础理论	知识点 1　直线与投影面的位置关系	S□　J□　X□	
	知识点 2　一般位置直线的投影	S□　J□　X□	
	知识点 3　投影面平行线	S□　J□　X□	
	知识点 4　投影面垂直线	S□　J□　X□	

续表

学习任务	学习内容	自我评价	学习反思
能力培养	1. 掌握直线的三面投影特性及规律	S□　J□　X□	
	2. 能够根据直线的空间位置判断直线与投影面的位置关系	S□　J□　X□	
	3. 能绘制直线的投影	S□　J□　X□	
	4. 能总结归纳直线的投影特性	S□　J□　X□	
	5. 能根据投影图判断直线与投影面的位置关系	S□　J□　X□	
拓展提升	1. 能判断点是否位于直线上	S□　J□　X□	
	2. 能作出直线上点的投影	S□　J□　X□	

★学习任务3-4　绘制平面的投影

知识点1　平面的表示方法

知识点2　平面与投影面的位置关系

知识点3　一般位置平面的投影

知识点4　投影面垂直面

知识点5　投影面平行面

学习目标3-4：

(1)掌握平面的三面投影特性及规律。

(2)能根据平面的空间位置判断平面与投影面的位置关系。

(3)能绘制平面的投影。

(4)能总结归纳平面的投影特性。

(5)能根据投影图判断平面与投影面的位置关系。

任务书3-4：

参照引导问题观看知识点教学视频，通过小组合作、搜索互联网相关信息以及学习活页教材中相关知识点，完成三级引导问题。在掌握平面的投影规律的基础上，通过绘制各种位置平面的投影及判断平面与投影面位置关系的练习，理解平面的投影特性，提高空间想象能力和分析能力，培养职业素养。学习过程中，认真记录学习目标核验表，并通过自我评价、小组互评和教师评价进行总结反思。

引导问题 3-4：

（★基础理论任务　★★能力培养任务　★★★拓展提升任务）

（1）★平面与投影面的相对位置可分为三种：________、________、________。

（2）★一般位置平面的投影特性是：平面与三个投影面都________，三面投影均________（反映、不反映）平面实形。

（3）★投影面平行面按照所平行的投影面分为________、________、________。

（4）★投影面垂直面按照所垂直的投影面分为________、________、________。

（5）★水平面________于 *H* 面，________于 *V* 面、*W* 面。（平行、垂直）

（6）★正垂面垂直于________面，与________面、________面倾斜。

（7）★★请在图 3.49 中正确连线：

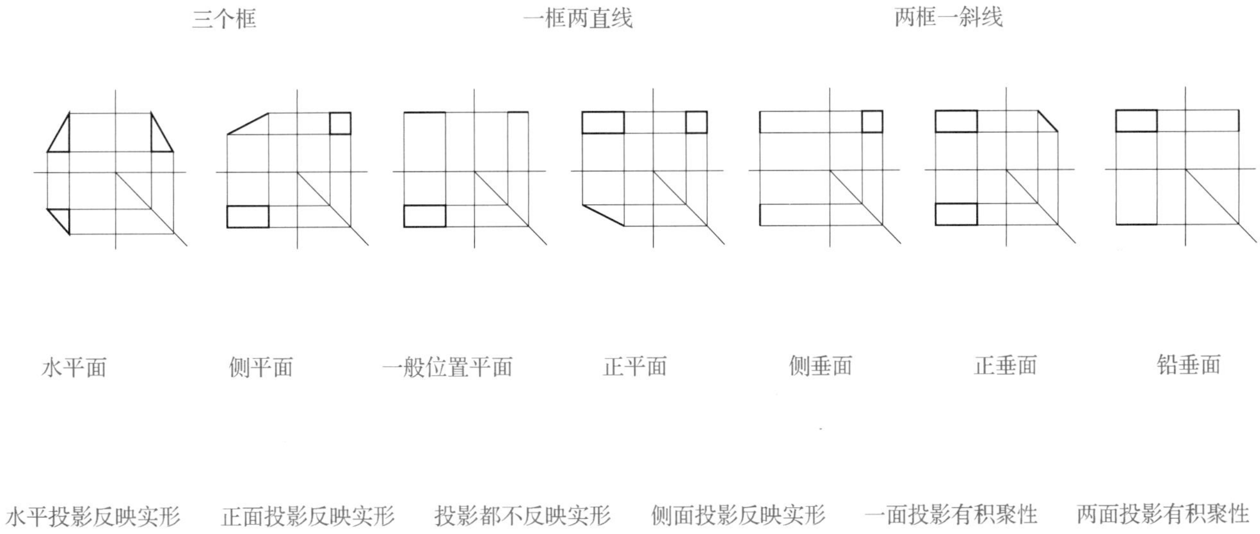

三个框　　一框两直线　　两框一斜线

水平面　　侧平面　　一般位置平面　　正平面　　侧垂面　　正垂面　　铅垂面

水平投影反映实形　　正面投影反映实形　　投影都不反映实形　　侧面投影反映实形　　一面投影有积聚性　　两面投影有积聚性

图 3.49　正确连线

（8）★★★如图 3.50 所示，通过学习向客户解释以下问题：

1）如果把 *GDF* 连起来，这是一个________平面。

2）这个小房子一共有________个面（包括底面），分别是什么平面？

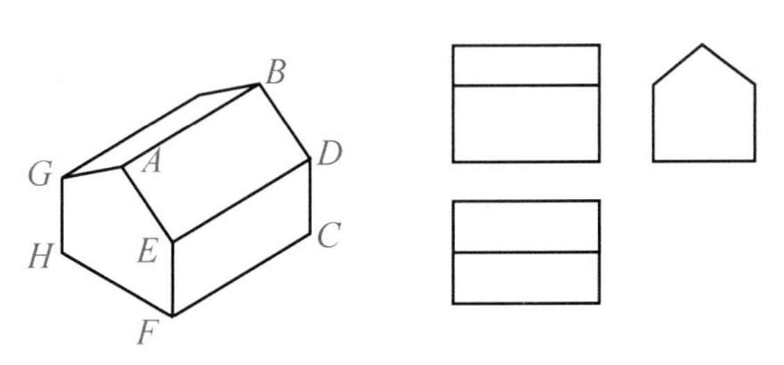

图 3.50　小房子立体图

(9)★★★如图 3.51 所示，根据立体图，在投影图上找出平面的三面投影并加深，指出其空间位置。

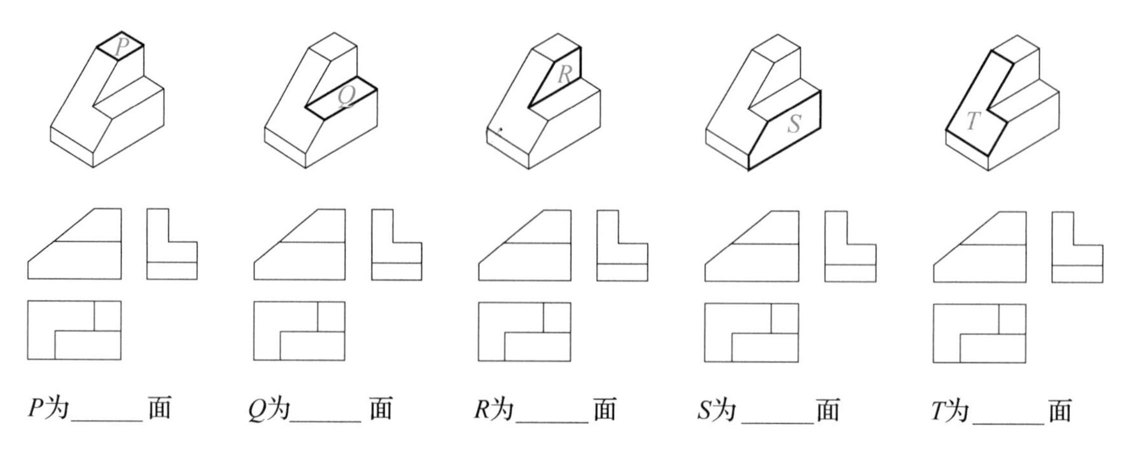

图 3.51　找出平面的三面投影

学习资料 3-4:

知识点 1　平面的表示方法

平面的空间位置可以用以下五种方法表示：

(1)不在同一直线上的三个点，如图 3.52(a)所示；

(2)一条直线及直线外一点，如图 3.52(b)所示；

(3)两条相交直线，如图 3.52(c)所示；

(4)两条平行直线，如图 3.52(d)所示；

(5)平面图形如三角形、平行四边形，如图 3.52(e)所示。

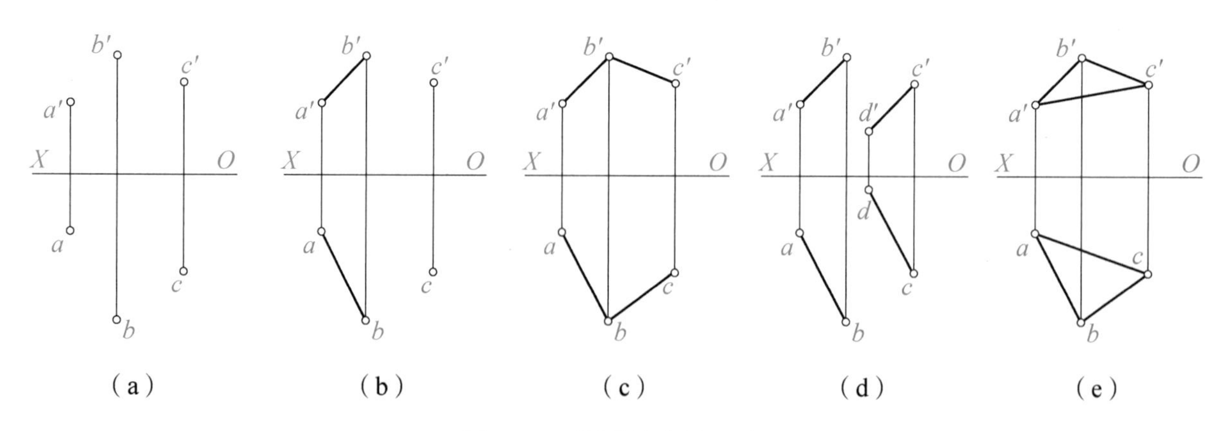

图 3.52　平面的表示方法

求作平面的投影，实质上也就是求作平面上点和线的投影。

知识点2　平面与投影面的位置关系

按照平面与投影面的位置关系，可以将三投影体系中的平面进行分类，如图3.53所示。

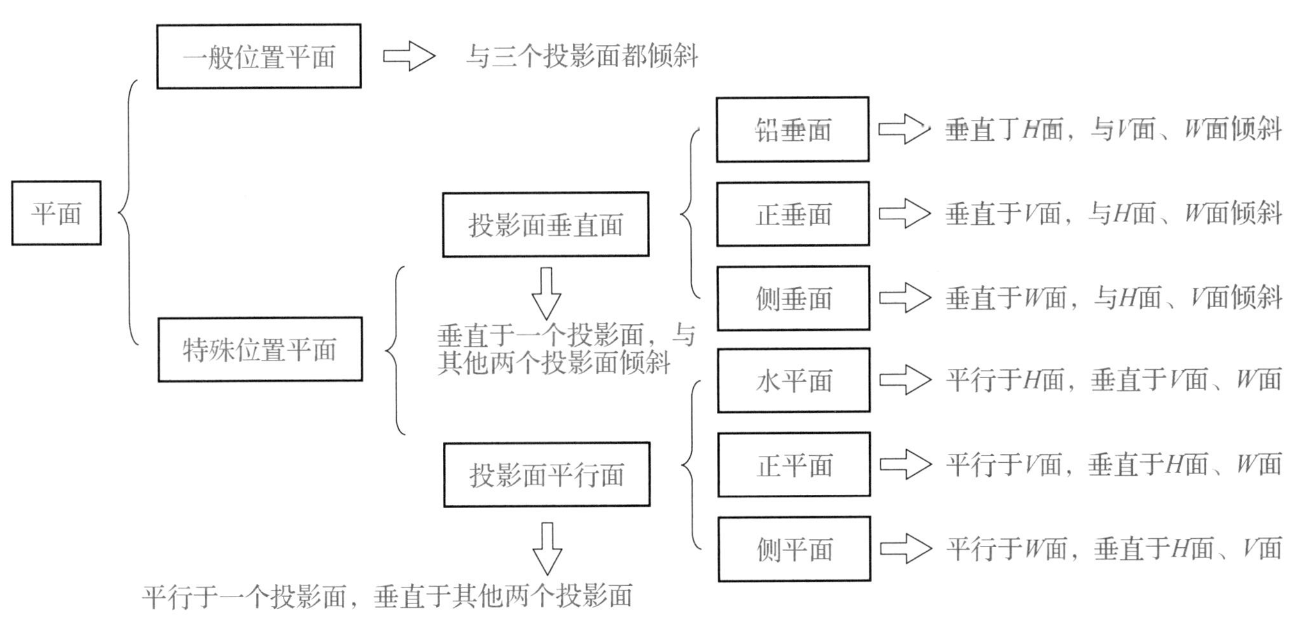

图3.53　平面与投影面的位置关系

知识点3　一般位置平面的投影

一般位置平面与三个投影面都倾斜，如图3.54所示。

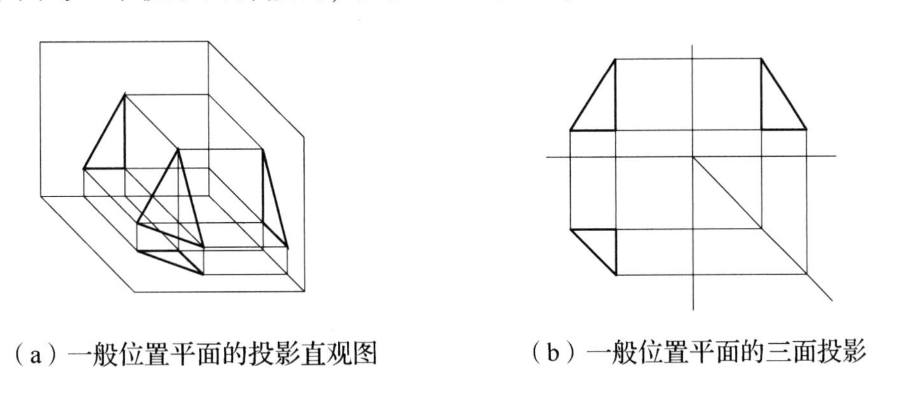

（a）一般位置平面的投影直观图　　（b）一般位置平面的三面投影

图3.54　一般位置平面的投影

一般位置平面的投影特性：

各面投影均为该平面图形的近似形，既不反映实形，也不反映平面与投影面倾角的大小。

知识点4　投影面垂直面

投影面垂直面垂直于一个投影面，与其他两个投影面倾斜。根据该平面所垂直的投影面，投影面垂直面可分为铅垂面、正垂面、侧垂面。投影面垂直面的投影图和投影特性见表3.6。

表 3.6　投影面垂直面的投影图和投影特性

名称	铅垂面（垂直于 H 面，与 V、W 面倾斜）	正垂面（垂直于 V 面，与 H、W 面倾斜）	侧垂面（垂直于 W 面，与 H、V 面倾斜）
直观图			
投影图			
投影特性	1. 水平投影积聚为斜线； 2. 正面投影、侧面投影为空间平面的类似形。	1. 正面投影积聚为斜线； 2. 水平投影、侧面投影为空间平面的类似形。	1. 侧面投影积聚为斜线； 2. 水平投影、正面投影为空间平面的类似形。
	两框一斜线： （1）在所垂直的投影面上的投影积聚为一条斜线； （2）其他两面投影为空间平面的类似形，但不反映实形。		
判别方法	当空间直线的投影为“两框一斜线”时，哪面投影为“斜线”，空间直线即为相应投影面垂直面。		

知识点 5　投影面平行面

投影面平行面平行于一个投影面，垂直于其他两个投影面。根据该平面所平行的投影面，投影面平行面可分为水平面、正平面、侧平面。投影面平行面的投影图和投影特性见表 3.7。

表 3.7　投影面平行面的投影图和投影特性

名称	水平面(平行于 H 面，垂直于 V、W 面)	正平面(平行于 V 面，垂直于 H、W 面)	侧平面(平行于 W 面，垂直于 H、V 面)
直观图			
投影图			
投影特性	1. 水平投影为平面图形，且反映平面的实形； 2. 正面投影、侧面投影各积聚为一条直线，且分别平行于 OX、OY_W 轴。	1. 正面投影为平面图形，且反映平面的实形； 2. 水平投影、侧面投影各积聚为一条直线，且分别平行于 OX、OZ 轴。	1. 侧面投影为平面图形，且反映平面的实形； 2. 水平投影、正面投影各积聚为一条直线，且分别平行于 OY_H、OZ 轴。
	一框两直线： (1)在所平行的投影面上的投影反映实形； (2)其他两面投影积聚为一条直线，且平行于相应投影轴。		
判别方法	当空间直线的投影为“一框两直线”时，哪面投影为“框”，空间直线即为相应投影面平行面。		

绘图实训(平面的投影)

(1)★★如图 3.55 所示，在投影图上用粗实线画出平面 $ABDE$ 的三面投影，并正确标注。$ABDE$ 是________平面。

(2)★★如图 3.56 所示，在投影图上用粗实线画出平面 $CDEF$ 的三面投影，并正确标注。$CDEF$ 是________平面。

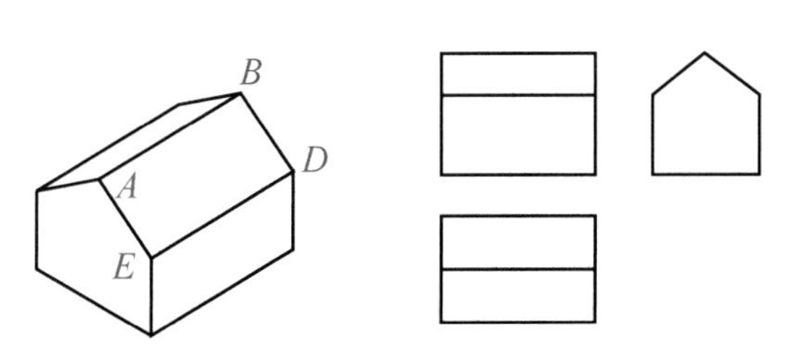

图 3.55　画出平面的三面投影(一)

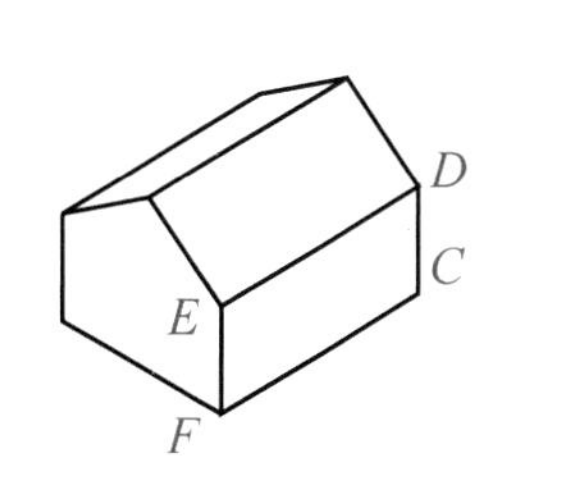

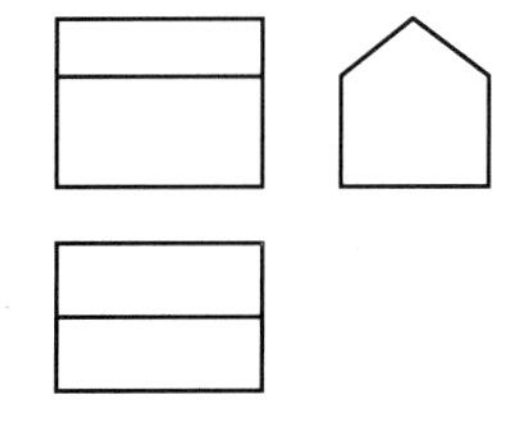

图 3.56　画出平面的三面投影(二)

(3) ★★如图 3.57 所示，在投影图上用粗实线画出平面 *AEFHG* 的三面投影，并正确标注。*AEFHG* 是________平面。

(4) ★★★如图 3.58 所示，已知点 *M* 为 *CF* 的中点，求作点 *N* 的三面投影。

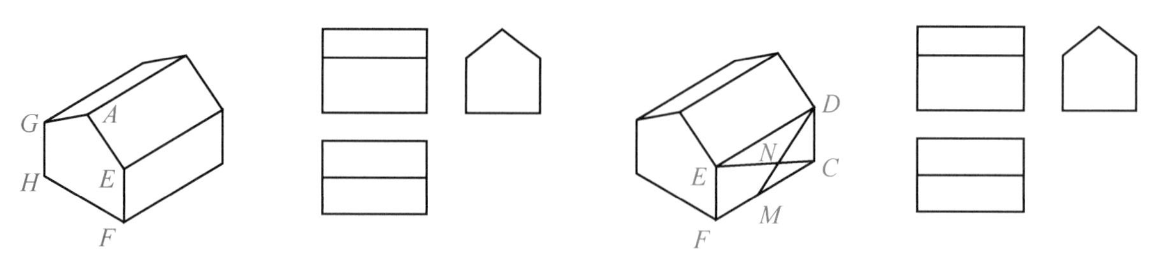

图 3.57　画出平面的三面投影(三)　　图 3.58　作点的三面投影

拓展知识:

拓展知识点 1　平面内的点

几何条件：若点在平面内的一条直线上，则点位于平面内。

投影特性：如果点的投影位于平面内的某一直线的同名投影上，且符合直线上的点的投影规律，则空间点位于平面内。

拓展知识点 2　平面内的直线

几何条件：

(1) 直线通过平面内的两个点；

(2) 直线通过平面内的一个点，且与平面内的某一直线平行。

投影特性：

(1) 直线的投影通过平面内两点的同名投影；

(2) 直线的投影通过平面内的一个点，且平行于平面内一直线的同名投影。

在图 3.59 中，点 *E* 位于平面内的直线 *BC* 上，则点 *E* 位于平面内；点 *A*、点 *E* 均位于平面内，则直线 *AE* 位于平面内；点 *D* 位于平面内的直线 *AE* 上，则点 *D* 位于平面内。

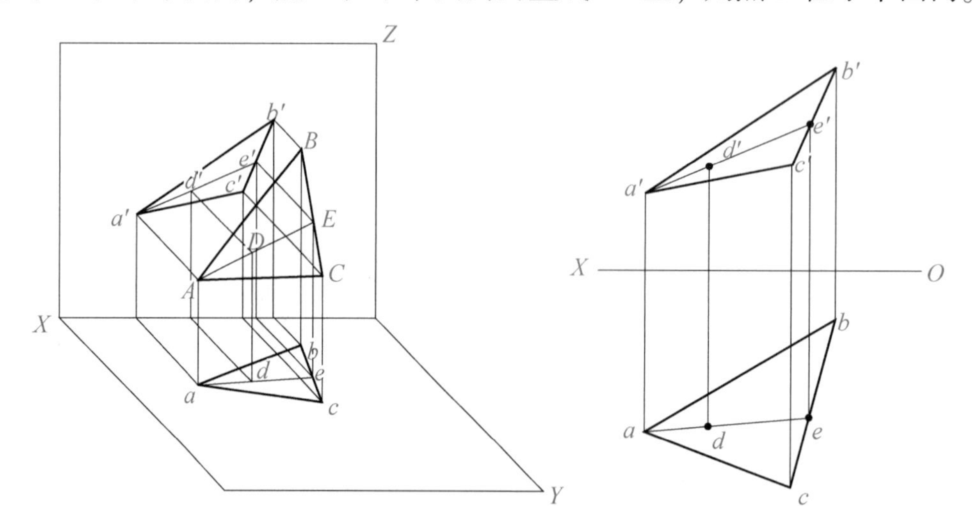

图 3.59　平面内的点和直线

头脑风暴 3-4：

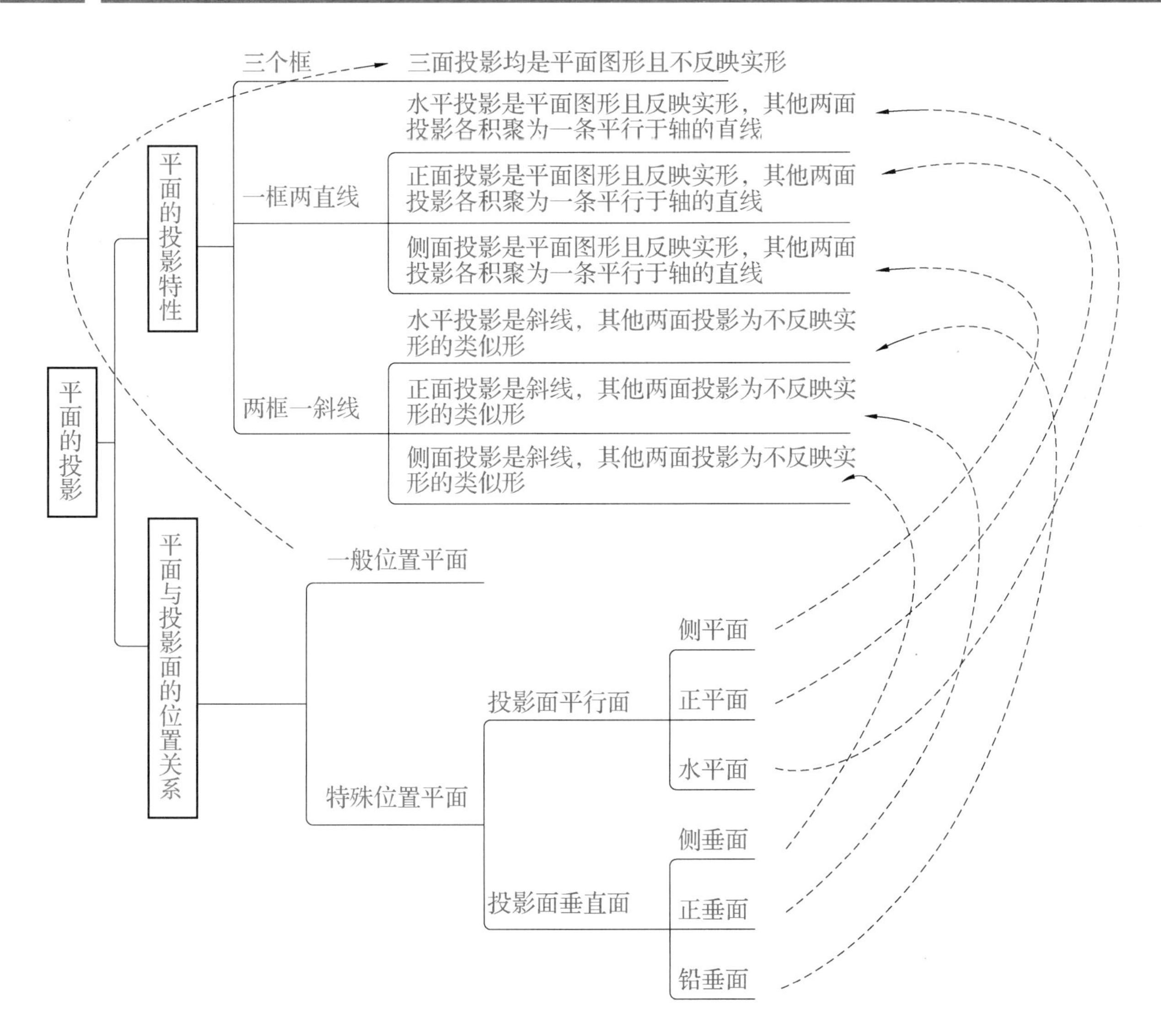

学习评价 3-4：

学习目标核验表(S 表示熟练掌握，J 表示基本掌握，X 表示需要帮助)

学习任务	学习内容	自我评价	学习反思
基础理论	知识点 1　平面的表示方法	S□　J□　X□	
	知识点 2　平面与投影面的位置关系	S□　J□　X□	
	知识点 3　一般位置平面的投影	S□　J□　X□	
	知识点 4　投影面垂直面	S□　J□　X□	
	知识点 5　投影面平行面	S□　J□　X□	

续表

学习任务	学习内容	自我评价	学习反思
能力培养	1. 掌握平面的三面投影特性及规律 2. 能根据平面的空间位置判断平面与投影面的位置关系 3. 能绘制平面的投影 4. 能总结归纳平面的投影特性 5. 能根据投影图判断平面与投影面的位置关系	S□ J□ X□ S□ J□ X□ S□ J□ X□ S□ J□ X□ S□ J□ X□	
拓展提升	能找出平面上点和直线的投影	S□ J□ X□	

★学习任务3-5　绘制简单形体的投影

知识点1　简单平面体的投影

知识点2　简单曲面体的投影

知识点3　简单形体投影图的绘制

学习目标3-5：

（1）能根据简单形体的直观图分析体内各直线与平面的投影特性。

（2）能绘制简单形体的投影。

（3）能总结归纳简单形体的投影特性。

任务书3-5：

参照引导问题观看知识点教学视频，通过小组合作、搜索互联网相关信息以及学习活页教材中相关知识点，完成三级引导问题。在掌握基本几何体投影理论的基础上，通过绘制基本几何体投影图的练习，进一步理解投影理论，逐步掌握绘制组合体投影图的方法，提高绘图能力，培养职业素养。学习过程中，认真记录学习目标核验表，并通过自我评价、小组互评和教师评价进行总结反思。

引导问题3-5：

（★基础理论任务　★★能力培养任务　★★★拓展提升任务）

（1）★常见的基本几何体可以分为________和________两大类。

（2）★平面体包括________、________和________，曲面体包括________、________、________和________。

（3）★直棱柱的一个投影为多边形，且反映底面实形，如三棱柱为________，四棱柱为________，六棱柱为________；其余两面投影为一个或若干个________。

（4）★正棱锥的一个投影为多边形，内有与多边形边数相同个数的三角形，如三棱锥为________个三角形，四棱锥为________个三角形，六棱锥为________个三角形；其余投影都是有公共顶点的若干个________。

（5）★正棱台的一个投影中有________个相似的多边形，内有与多边形边数相同个数的________形；另两个投影都为若干个________形。

（6）★★★图3.60所示为小房子立体图，通过学习回答问题并完成操作：

1）小房子是由几条线组成的？分别是什么线？

2）小房子是由几个面组成的？分别是什么面？

3）如果将小房子分成上下两部分，分别是什么形体？

4）请正确绘制小房子的正三面投影图。

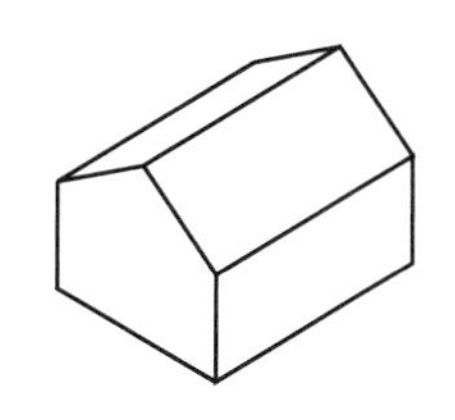

图3.60　小房子立体图

学习资料3-5：

知识点1　简单平面体的投影

点组成了线，线组成了面，面组成了体。因此，求作体的投影，实际上是求作体表面的点、线和面的投影。

任何复杂的形体都可以分解为具有简单几何形状的基本几何体。常见的基本几何体可以分为两大类：平面体和曲面体。由平面围成的基本几何体称为平面体，如棱柱、棱锥、棱台；由曲面或平面和曲面围成的基本几何体称为曲面体，如圆柱、圆锥、圆台、球等。建筑工程图中绝大部分的形体属于平面体。

简单平面体的投影特性见表3.8。

表 3.8　简单平面体的投影特性

<table>
<tr><th colspan="2">平面体</th><th>直观图</th><th>投影图</th><th>简单平面体的投影特性</th></tr>
<tr><td rowspan="3">棱柱</td><td>三棱柱</td><td> 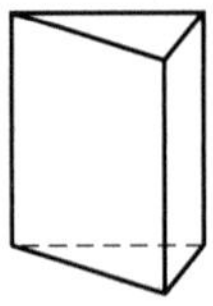</td><td> 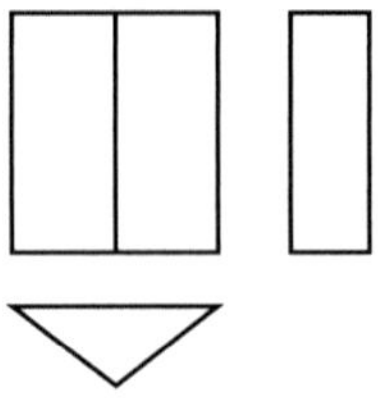</td><td rowspan="3">形体特征：
(1)有两个互相平行的全等多边形——底面；
(2)其余各面都是矩形——侧面；
(3)相邻侧面的公共边互相平行——侧棱。

投影特征：
一面投影为多边形，且反映底面实形；其他两面投影为一个或若干个矩形。</td></tr>
<tr><td>四棱柱</td><td> 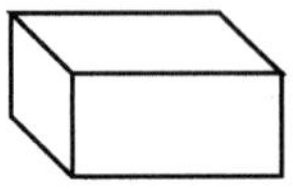</td><td> 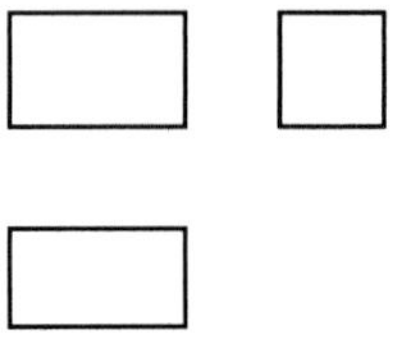</td></tr>
<tr><td>六棱柱</td><td> 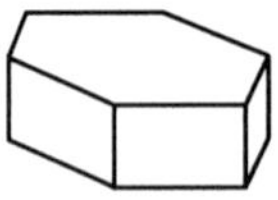</td><td> 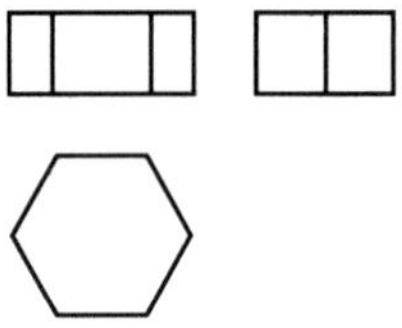</td></tr>
<tr><td rowspan="3">正棱锥</td><td>三棱锥</td><td> 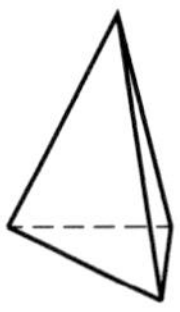</td><td> 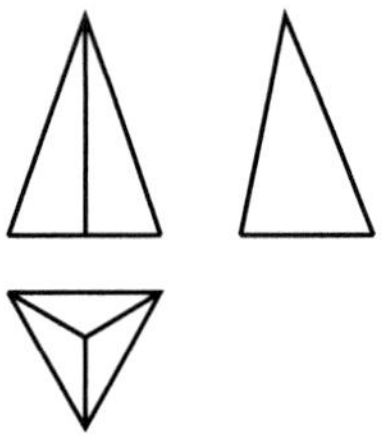</td><td rowspan="3">形体特征：
(1)有一个多边形——底面；
(2)其余各面是有公共顶点的三角形；
(3)过顶点作棱锥底面的垂线是棱锥的高，垂足在底面的中心上。

投影特征：
一面投影为多边形，内有与多边形边数相同个数的三角形；其他两面投影都是有公共顶点的若干个三角形。</td></tr>
<tr><td>四棱锥</td><td> 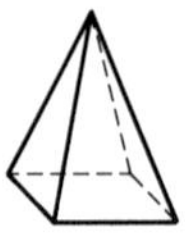</td><td> 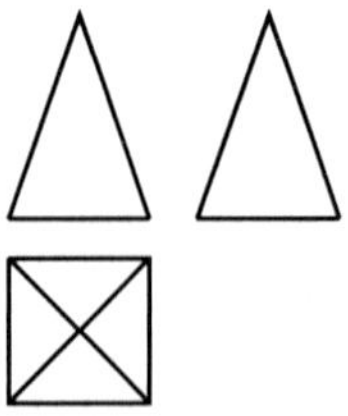</td></tr>
<tr><td>六棱锥</td><td> 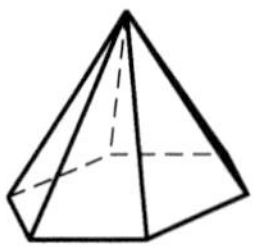</td><td> 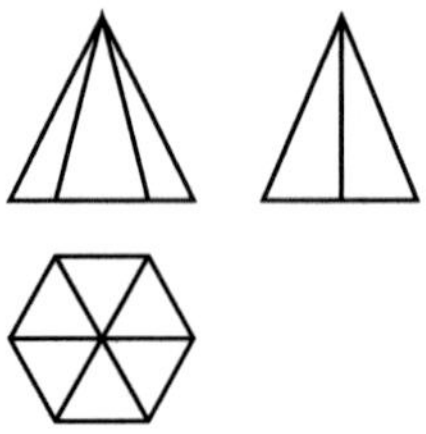</td></tr>
</table>

续表

平面体		直观图	投影图	简单平面体的投影特性
棱台	三棱台			形体特征： (1)有两个互相平行的相似多边形——底面； (2)其余各面是有公共顶点的梯形； (3)两底面中心的连线是正棱台的高。 投影特征： 一面投影中有两个相似的多边形，内有与多边形边数相同个数的梯形；其他两面投影都为若干个梯形。
	四棱台			
	六棱台			

知识点2　简单曲面体的投影

简单曲面体的投影特性见表3.9。

表3.9　简单曲面体的投影特性

曲面体	直观图	投影图	简单曲面体的投影特性
圆柱			形体特征： (1)有两个全等且平行的圆——底面； (2)圆柱面可看作是母线绕与它平行的轴线旋转而成； (3)所有素线相互平行。 投影特征： (1)一面投影为反映底面实形的圆； (2)其他两面投影为矩形。
圆锥			形体特征： (1)底面为圆； (2)圆锥面可看作是母线绕与它相交的轴线旋转而成； (3)所有素线相交于圆锥顶点。 投影特征： (1)一面投影为反映底面实形的圆； (2)其他两面投影为三角形。

续表

曲面体	直观图	投影图	简单曲面体的投影特性
圆台			形体特征： (1)上下底面为大小不等且平行的圆； (2)圆台面可看作是母线绕与它倾斜的轴线旋转而成的； (3)所有素线延长后交于一点。 投影特征： (1)一面投影为直径不等的同心圆； (2)其他两面投影为梯形。
球			形体特征： (1)球面可看作是母线圆绕轴线旋转而成； (2)所有素线均为直径与球径相等的圆。 投影特征： 三面投影均为直径与球径相等的圆。

知识点3　简单形体投影图的绘制

1. 绘制三棱柱的三面正投影图

绘制平面体的三面正投影图，首先要确定形体在三投影面体系中的位置(放置的原则是让形体的表面和棱线尽量平行或垂直于投影面)。绘制平面体的投影实际上就是绘制平面体底面和侧表面的投影，一般先画出反映底面实形的水平投影，再根据投影规律画出其他两面投影。

【例3.3】绘制三棱柱的三面正投影图。

分析：图3.61(a)所示的三棱柱的上、下两个底面相互平行，且为全等的三角形，三个侧面均为矩形。在三投影面体系中，使三棱柱两个底面与 *H* 面平行，一个侧面与 *V* 面平行。此时上、下底面为水平面，前两个侧面为铅垂面，后侧面为正平面。

作图：

(1)在 *H* 面绘制出反映底面实形的三角形，如图3.61(b)所示；

(2)根据“长对正”的原理和三棱柱的高度画出正面投影，如图3.61(c)所示；

(3)根据“高平齐、宽相等”画出侧面投影，如图3.61(d)所示；

(4)加深投影图，如图3.61(e)所示。

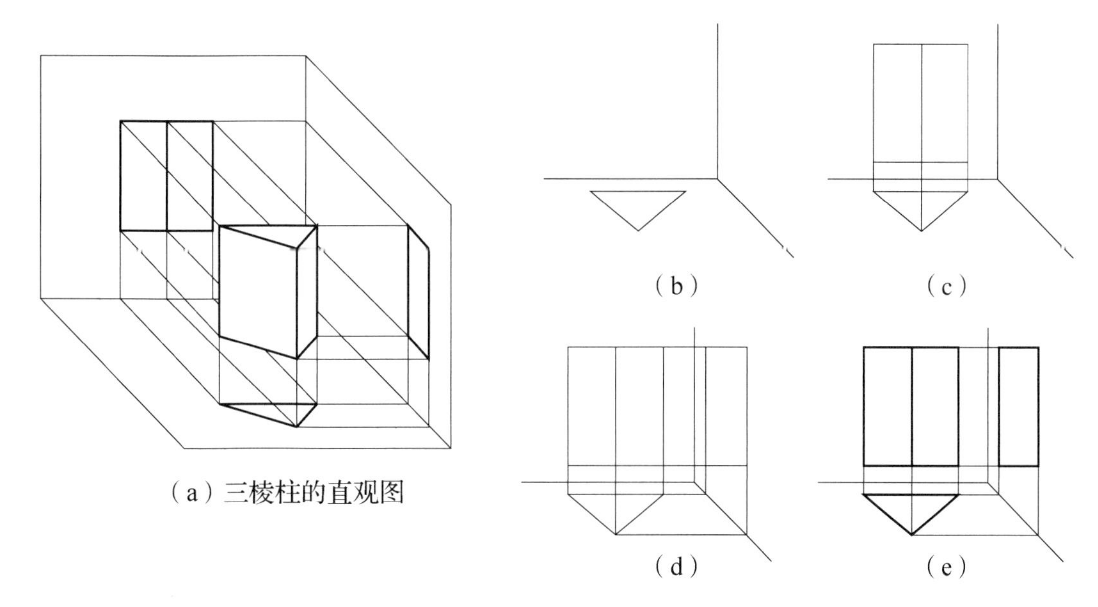

图 3.61　绘制三棱柱的三面正投影图

2. 绘制四棱柱的三面正投影图

【例 3.4】绘制四棱柱的三面正投影图。

分析：图 3.62(a)所示的四棱柱的上、下两个底面相互平行，且为全等的矩形，四个侧面均为矩形。在三投影面体系中，使四棱柱两个底面与 *H* 面平行，一个侧面与 *V* 面平行。此时两个底面为水平面，前、后侧面为正平面，左、右侧面为侧平面。

作图：

(1)在 *H* 面绘制出反映底面实形的矩形，如图 3.62(b)所示；

(2)根据“长对正”的原理和四棱柱的高度画出正面投影，如图 3.62(c)所示；

(3)根据“高平齐、宽相等”画出侧面投影，如图 3.62(d)所示；

(4)加深投影图，如图 3.62(e)所示。

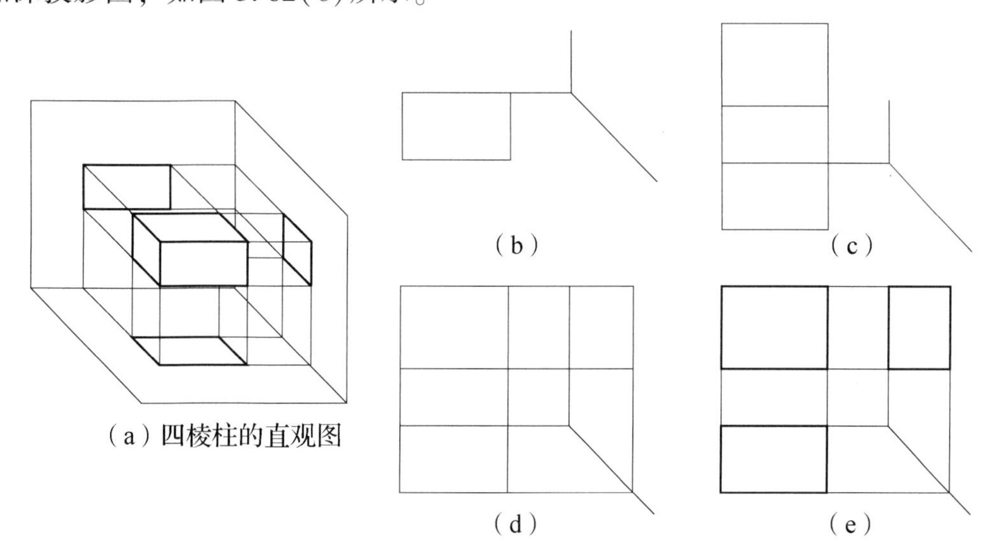

图 3.62　绘制四棱柱的三面正投影图

3. 绘制六棱柱的三面正投影图

*【**例 3.5**】绘制六棱柱的三面正投影图。

分析：图 3.63(a)所示的六棱柱的上下两个底面相互平行，且为全等的正六边形，六个侧面均为矩形。在三投影面体系中，使六棱柱两个底面与 H 面平行，一个侧面与 V 面平行。此时两个底面为水平面，前、后侧面为正平面，其他四个侧面为铅垂面。

作图：

(1)在 H 面绘制出反映底面实形的正六边形(绘制正六边形可参考圆内接正六边形画法，或利用三角板 60°角)，如图 3.63(b)所示；

(2)根据"长对正"的原理和六棱柱的高度画出正面投影，如图 3.63(c)所示；

(3)根据"高平齐、宽相等"画出侧面投影，如图 3.63(d)所示；

(4)加深投影图，如图 3.63(e)所示。

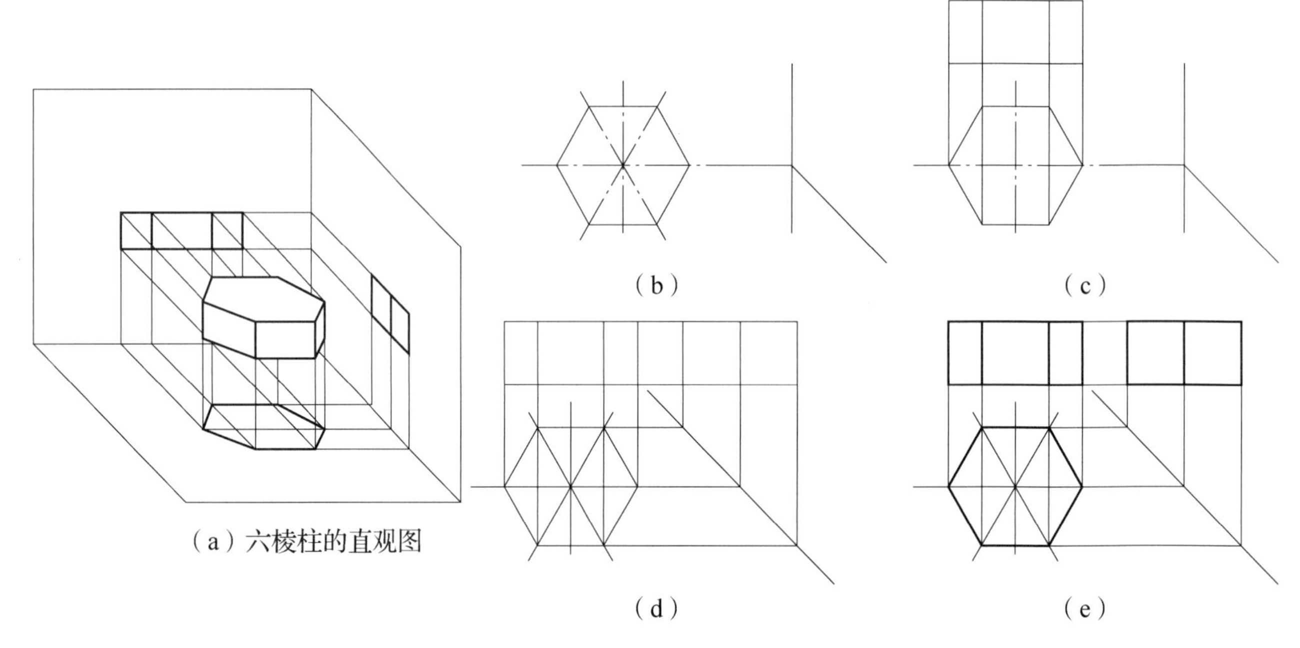

图 3.63　绘制六棱柱的三面正投影图

4. 绘制三棱锥的三面正投影图

【**例 3.6**】绘制三棱锥的三面正投影图。

分析：如图 3.64(a)所示，三棱锥为正棱锥，其底面和三个侧面均为三角形。在三面正投影体系中，使三棱锥底面与 V 面平行，一条底边垂直于 W 面。此时底面为水平面，后侧面为侧垂面，其他两个侧面为一般位置平面。

作图：

(1)在 H 面绘制出反映底面实形的正三角形并画出三条棱线的投影(注意：三条棱线的投

影均在底面三角形的顶点与对边中点的连线上)，如图 3.64(b)所示；

(2)根据“长对正”的原理和三棱锥的高度画出正面投影，如图 3.64(c)所示；

(3)根据“高平齐、宽相等”画出侧面投影，如图 3.64(d)所示；

(4)加深投影图，如图 3.64(e)所示。

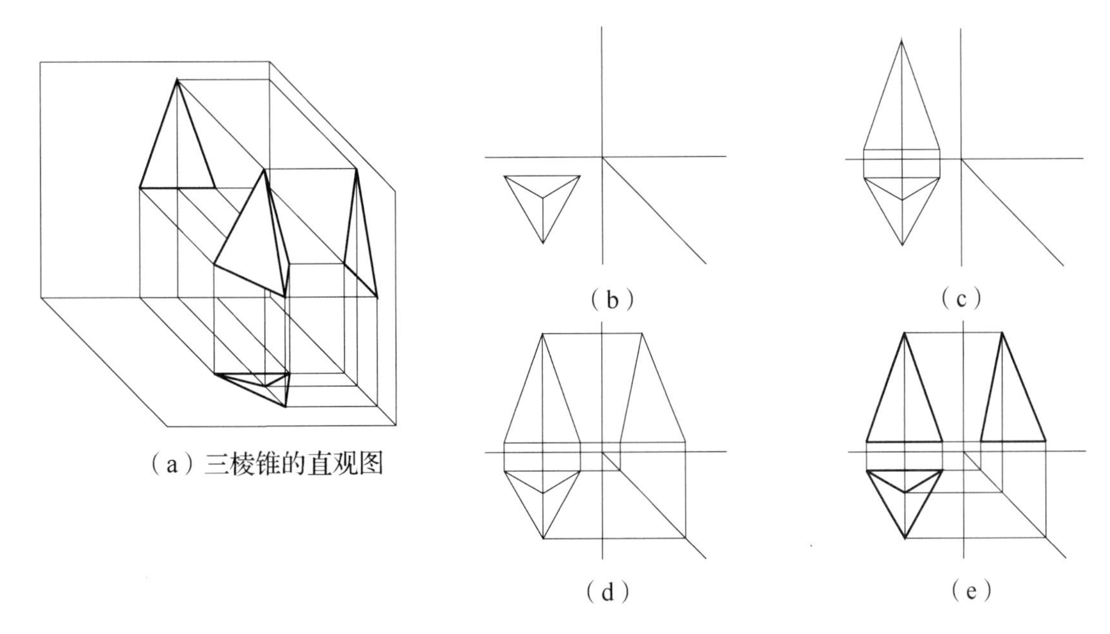

(a) 三棱锥的直观图　(b)　(c)　(d)　(e)

图 3.64　绘制三棱锥的三面投影图

5. 绘制三棱台的三面正投影图

*【例 3.7】绘制三棱台的三面投影图。

分析：如图 3.65(a)所示，三棱台为正棱台有两个互相平行且相似的底面，三个侧面均为梯形。在三投影面体系中，使三棱台底面与 H 面平行，一条底边垂直于 W 面。此时两个底面均为水平面，后侧面为正平面，其他两个侧面为一般位置平面。

作图：

(1)在 H 面绘制出反映上、下底面实形的正三角形及三条棱线。绘图时，可先画出三棱锥的投影，将三棱台顶面作为截平面对三棱锥进行切割(注意：三条棱线相交于一点，底面和顶面的三角形边线对应平行)，如图 3.65(b)所示；

(2)根据“长对正”的原理和三棱台的高度画出正面投影，如图 3.65(c)所示；

(3)根据“高平齐、宽相等”画出侧面投影，如图 3.65(d)所示；

(4)加深投影图，如图 3.65(e)所示。

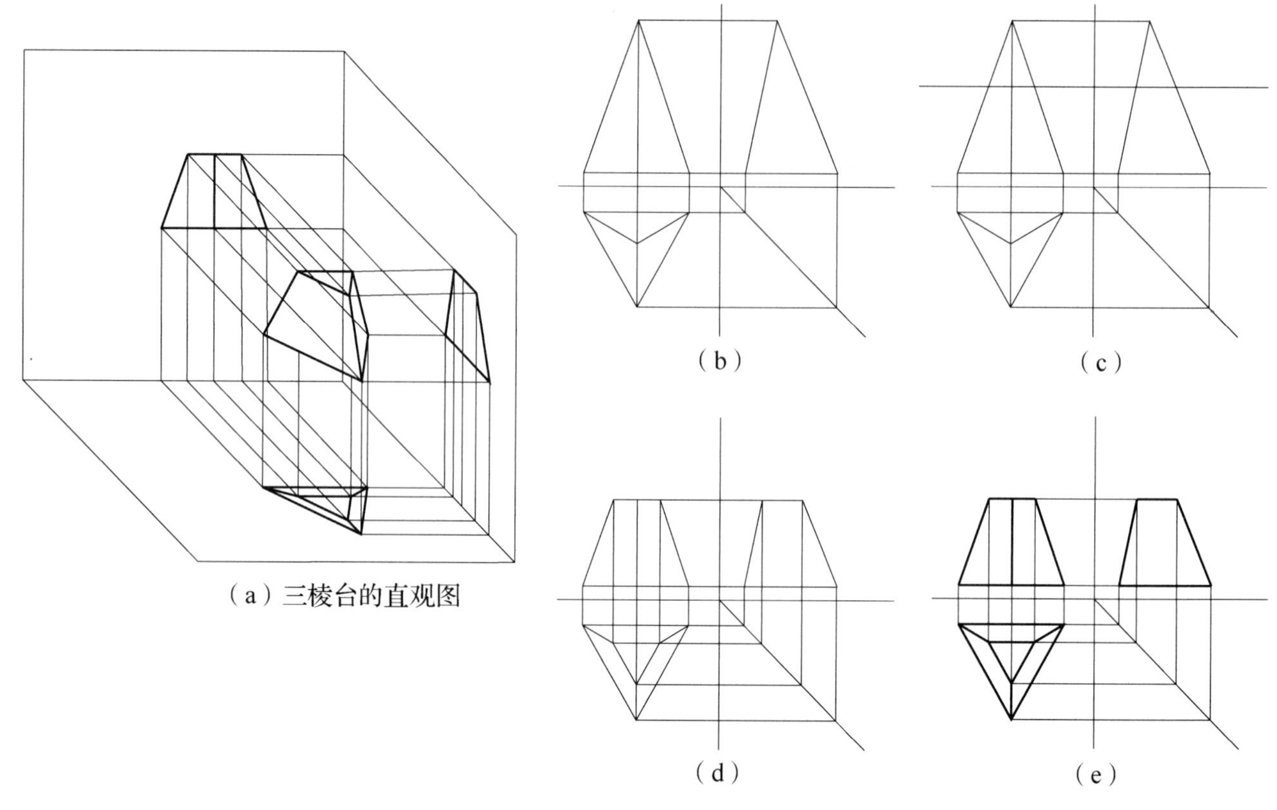

图 3.65 绘制三棱台的三面投影图

6. 绘制圆柱的三面正投影图

*【例 3.8】绘制圆柱的三面正投影图。

分析：如图 3.66(a)所示，圆柱由两个互相平行且全等的底面圆和圆柱面组成。在三面正投影体系中，使圆柱的两个底面与 H 面平行。此时两个底面均为水平面，圆柱面与 H 面垂直。

作图：

(1)在 H 面绘制出反映上、下底面实形的圆，如图 3.66(b)所示。

(2)根据“长对正”的原理和圆柱的高度画出正面投影，如图 3.66(c)所示。正面投影是一个矩形，它是由上、下底面有积聚性的投影和左、右素线的投影围成的。

(3)根据“高平齐、宽相等”画出侧面投影，如图 3.66(d)所示。侧面投影也是一个矩形，它是由上、下底面有积聚性的投影和前、后素线的投影围成的。

(4)加深投影图，如图 3.66(e)所示。

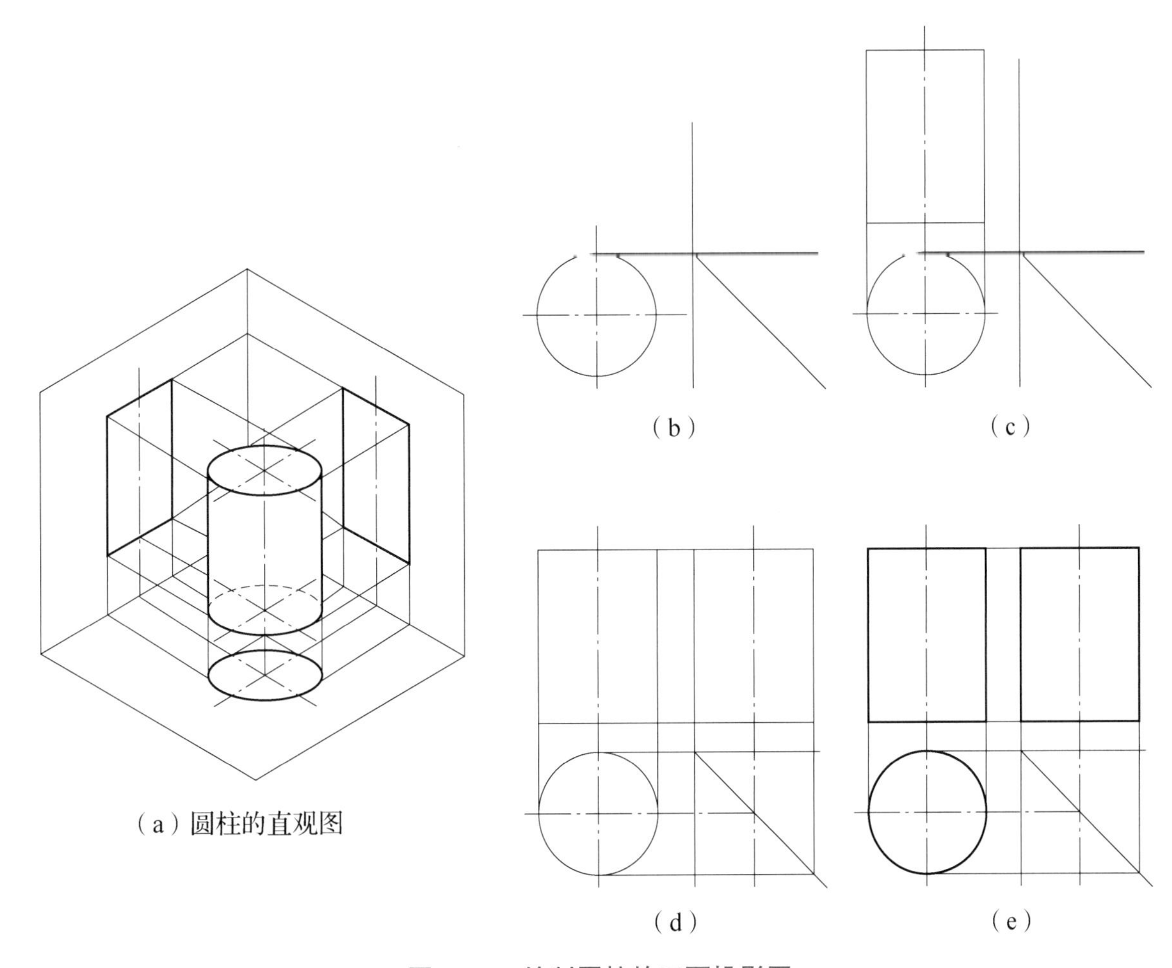

图 3.66 绘制圆柱的三面投影图

7. 绘制圆锥的三面正投影图

*【例 3.9】绘制圆锥的三面正投影图。

分析：如图 3.67(a)所示，圆锥由底面圆和圆锥面组成。在三面正投影体系中，使圆锥的底面与 H 面平行。此时底面为水平面，圆锥的中心轴线与 H 面垂直。

作图：

(1)在 H 面绘制出反映底面实形的圆，如图 3.67(b)所示。

(2)根据“长对正”的原理和圆锥的高度画出正面投影，如图 3.67(c)所示。正面投影是一个三角形，它是由底面有积聚性的投影和左、右素线的投影围成的。

(3)根据“高平齐、宽相等”画出侧面投影，如图 3.67(d)所示。侧面投影也是一个三角形，它是由底面有积聚性的投影和前、后素线的投影围成的。

(4)加深投影图，如图 3.67(e)所示。

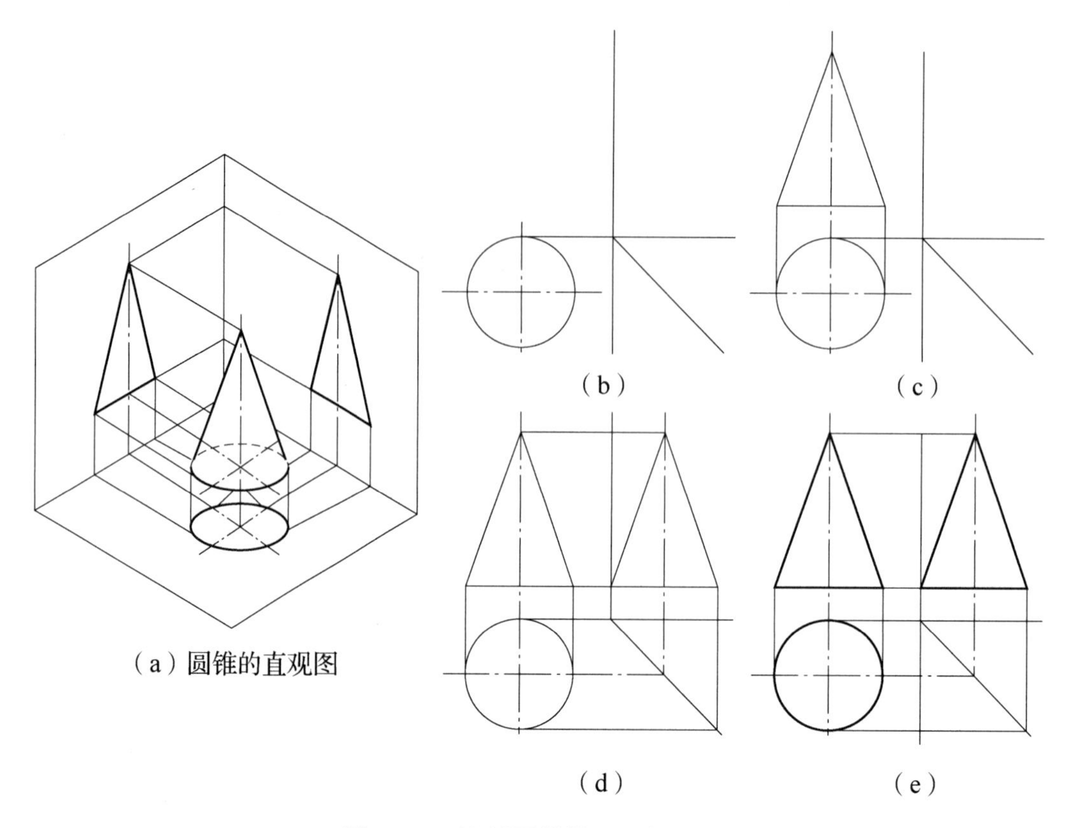

图 3. 67　绘制圆锥的三面投影图

绘图实训（简单形体的投影）

（1）★★根据图 3. 68 所示立体图绘制形体的三面正投影图。

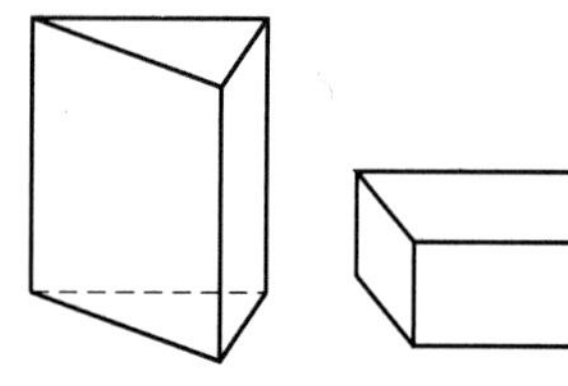
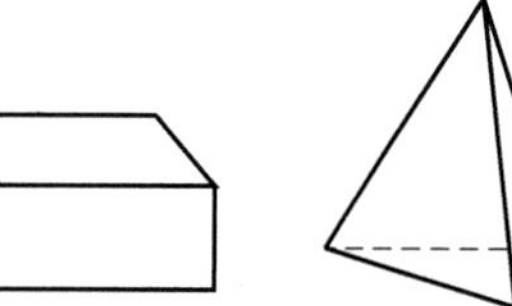
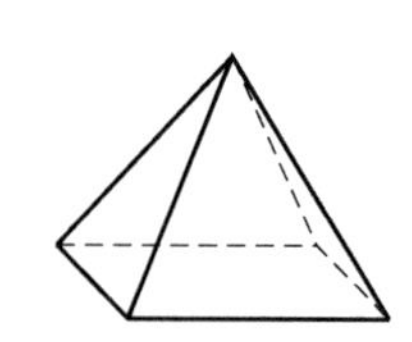
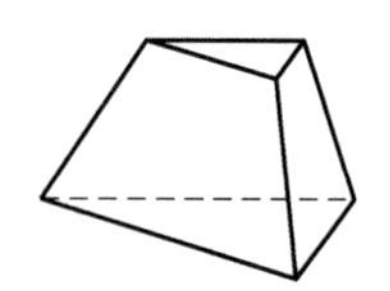

图 3. 68　绘制形体的三面正投影图（一）

（2）★★★根据图 3. 69 所示立体图绘制形体的三面正投影图。

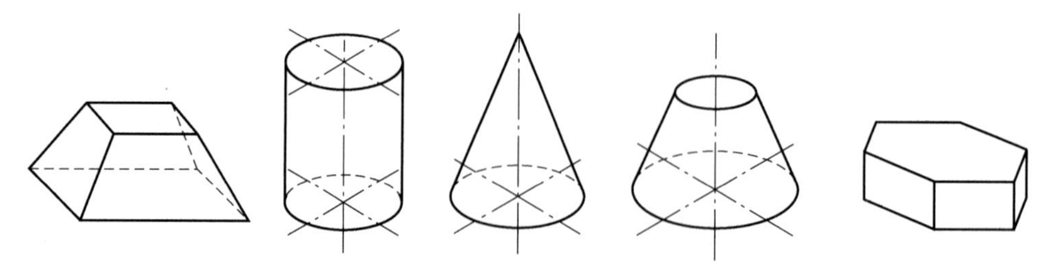

图 3. 69　绘制形体的三面正投影图（二）

拓展知识：

求形体表面上的点，应先分析点所在的位置，如点位于已知线上，则利用点的投影规律作图即可；如点所在平面位于特殊位置，可利用其有积聚性的投影作图；如点所在平面位于一般位置，可采用辅助线法，先作出点所在平面内直线的投影，再根据投影规律求出点的各面投影。如图3.70所示。

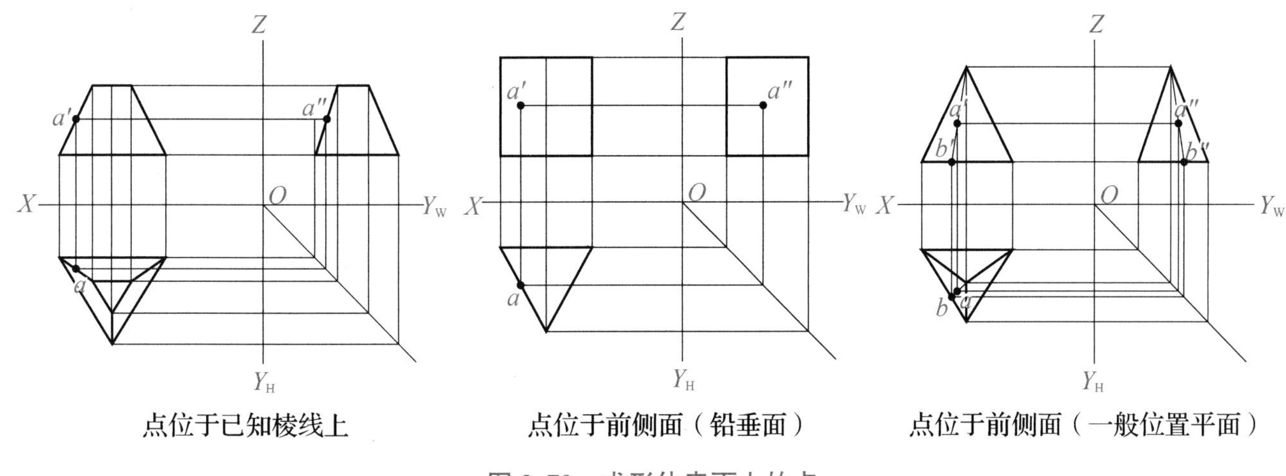

图3.70　求形体表面上的点

头脑风暴3-5：

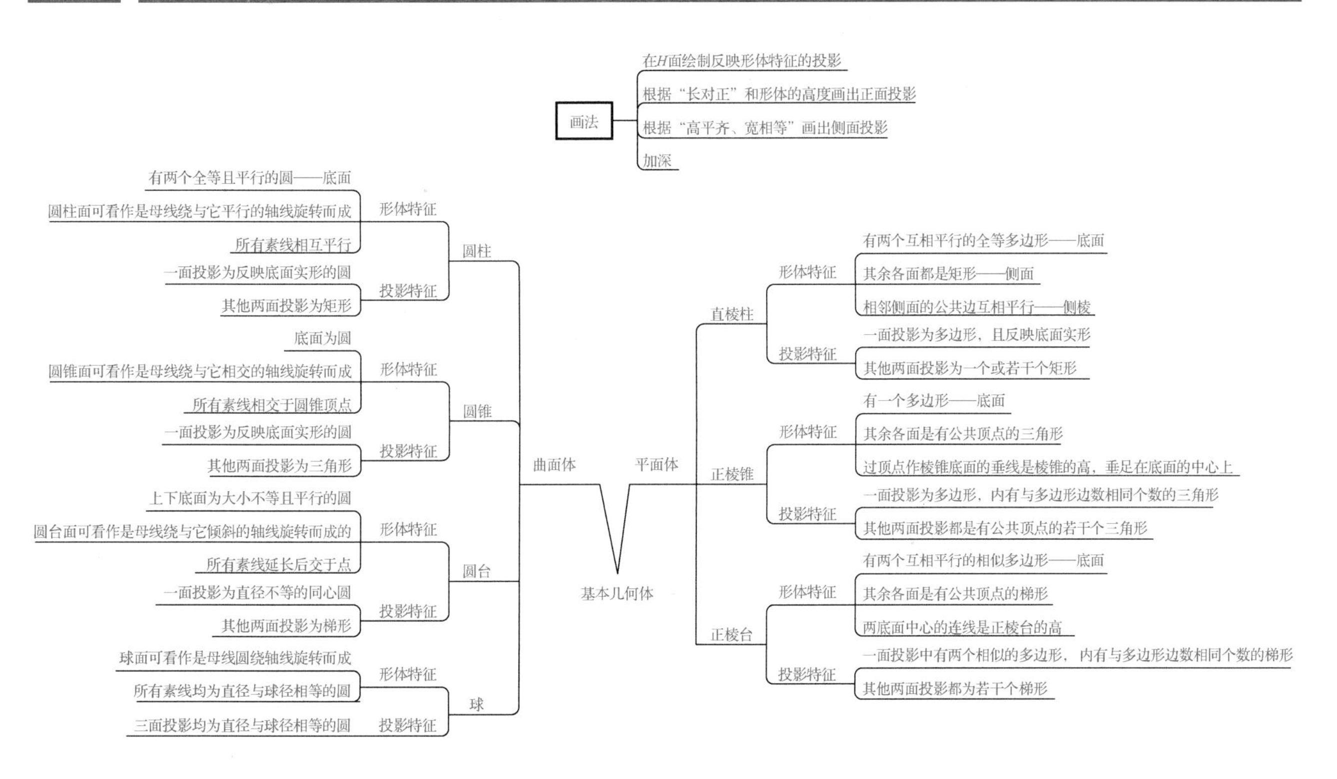

学习评价 3-5：

学习目标核验表（S 表示熟练掌握，J 表示基本掌握，X 表示需要帮助）

学习任务	学习内容	自我评价	学习反思
基础理论	知识点 1　简单平面体的投影 知识点 2　简单曲面体的投影 知识点 3　简单形体投影图的绘制	S□　J□　X□ S□　J□　X□ S□　J□　X□	
能力培养	1. 能根据简单形体的直观图分析体内各直线与平面的投影特性 2. 能绘制简单形体的投影	S□　J□　X□ S□　J□　X□	
拓展提升	能总结归纳简单形体的投影特性	S□　J□　X□	

★学习任务 3-6　绘制建筑形体的投影

知识点 1　建筑形体的形成方法

知识点 2　建筑形体投影的画图步骤

知识点 3　建筑形体投影图的识读

学习目标 3-6：

(1) 了解建筑形体的形成方法。

(2) 掌握形体分析的基本方法。

(3) 掌握简单建筑形体的投影图绘制方法，能绘制简单建筑形体的投影。

(4) 能利用形体分析法和线面分析法识读简单建筑形体投影图。

任务书 3-6：

参照引导问题观看知识点教学视频，通过小组合作、搜索互联网相关信息以及学习活页教材中相关知识点，完成三级引导问题。在学习建筑形体形成方法的基础上，通过绘图练习，进一步理解投影理论，掌握正确的绘图方法和步骤，提高识图和绘图能力，培养职业素养。学习过程中，认真记录学习目标核验表，并通过自我评价、小组互评和教师评价进行总结反思。

引导问题 3-6：

(★基础理论任务　★★能力培养任务　★★★拓展提升任务)

(1) ★建筑形体的形成方法包括________、________和________。

(2) ★识读形体投影一般采用________和________两种方法。

(3) ★建筑形体的画图步骤为________、________和________。

(4) ★★在图 3.71 中，根据立体图，在投影图上找出平面的三面投影并加深，指出其空间位置。

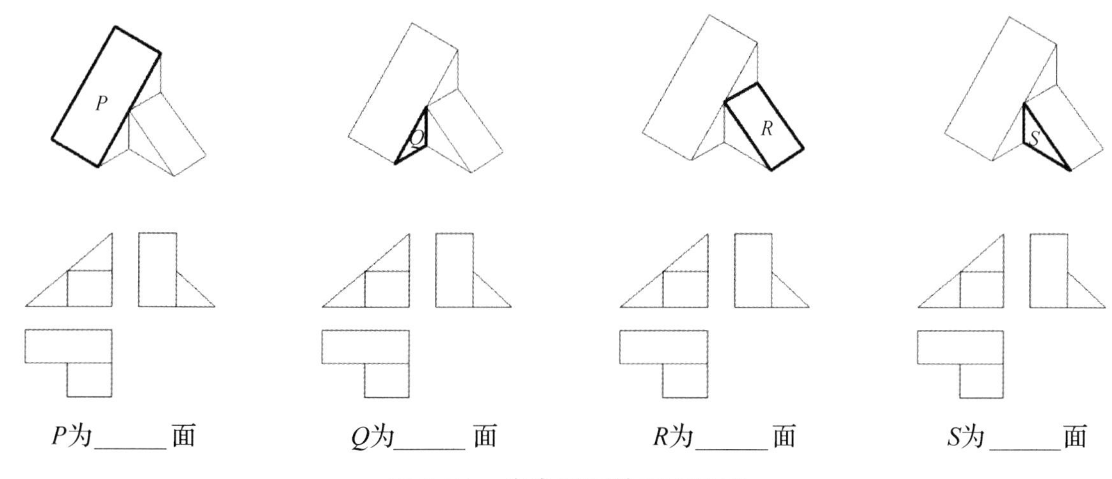

图 3.71　找出平面的三面投影

(5) ★★在图 3.72 中，根据两面投影，想象出不同形体，并画出第三面投影。

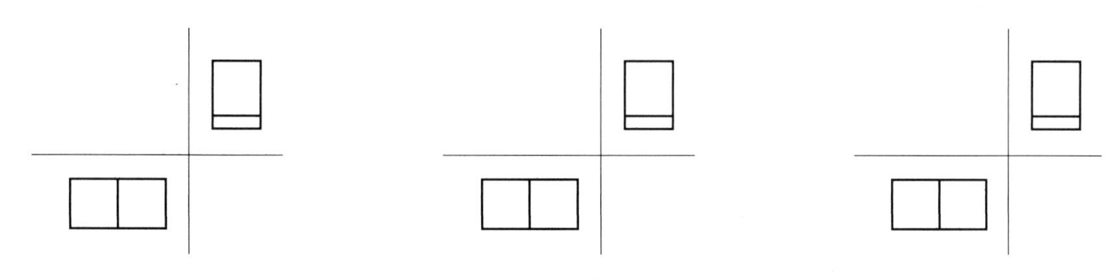

图 3.72　画出第三面投影

(6) ★★★图 3.73 所示为小房子立体图。通过学习回答问题并完成操作：

1) 小房子如何用叠加法进行形体分析？

2) 小房子如何用切割法进行形体分析？

3) 小房子的侧面需要画出三棱柱和四棱柱的交线吗？

4) 分别按叠加法和切割法准确绘制小房子的三面投影。

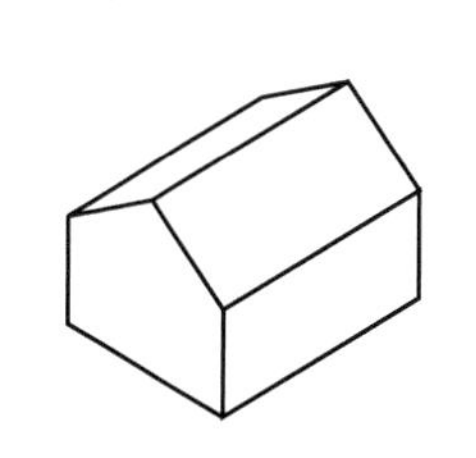

图 3.73　小房子立体图

学习资料3-6：

知识点1 建筑形体的形成方法

建筑物或构筑物及其构件都是由一些几何体组成的，如图3.74所示。

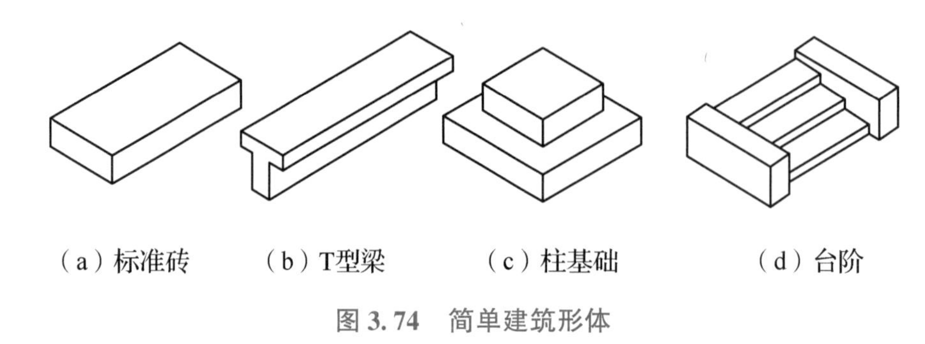

（a）标准砖　（b）T型梁　（c）柱基础　（d）台阶

图3.74 简单建筑形体

1. 叠加法

叠加法是由若干个基本几何体叠加形成建筑或其构件的方法，如图3.75所示。图3.75中的组合体均可以分解为两个基本几何体：形体A可以分解为两个不同的四棱柱，形体B可以分解为一个三棱柱和一个四棱柱，形体C可以分解为一个圆柱和一个四棱柱，形体D可以分解为两个不同直径的圆柱，形体E可以分解为一个四棱柱和一个圆柱。

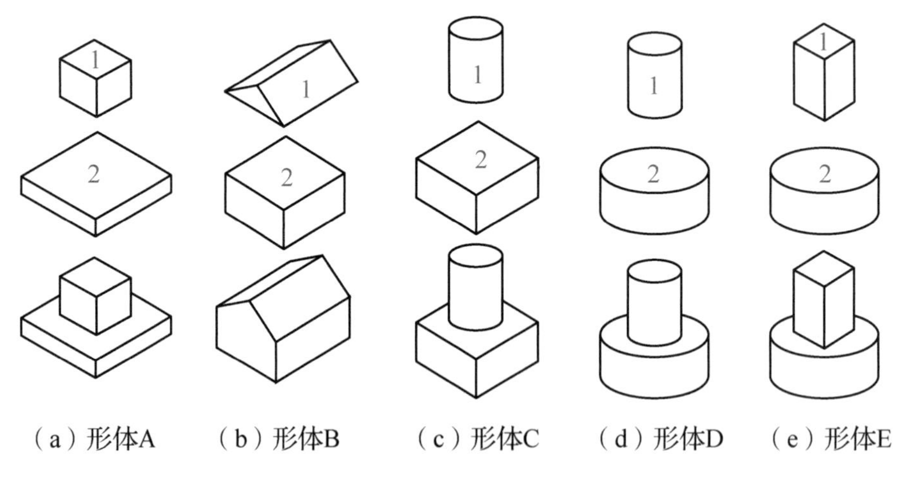

（a）形体A　（b）形体B　（c）形体C　（d）形体D　（e）形体E

图3.75 叠加法

2. 切割法

切割法是由基本体切去一部分或几部分后形成建筑或其构件的方法，如图3.76所示。图3.76中的组合体均可以看作是四棱柱经过切割以后得到的。形体F可以看作是一个四棱柱切去两个小四棱柱后得到的，形体G可以看作是一个四棱柱切去一个小三棱柱后得到的。

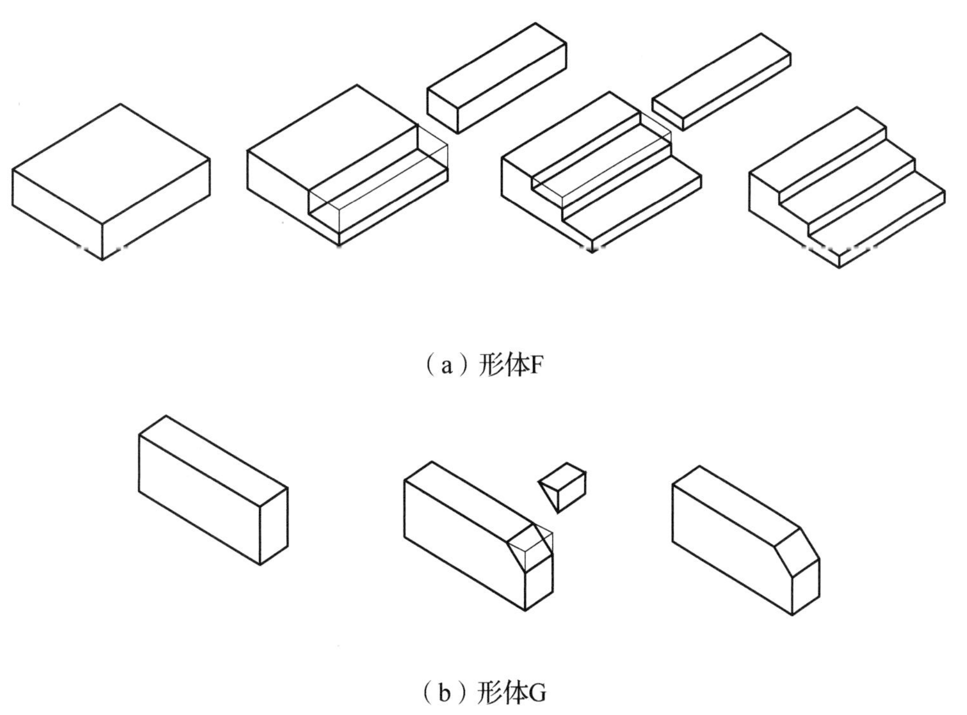

（a）形体F

（b）形体G

图 3.76　切割法

3. 混合法

混合法是在建筑形体形成过程中既有叠加又有切割的方法，如图 3.77 所示。图 3.77 中的形体可以看作是图 3.76 中形体 F 和 G 组合而成。

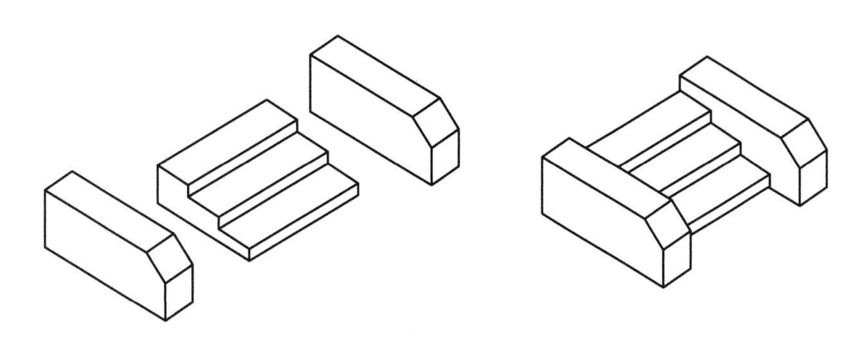

图 3.77　混合法

知识点 2　建筑形体投影的画图步骤

1. 形体分析

所谓的形体分析，是指分析建筑形体由哪些基本体采用什么形成方法形成。

如图 3.78 中的台阶，将其分解后可知，由两个立板(形体 G)和一个三级台阶(形体 F)组成。立板(形体 G)可以看作是由一个四棱柱切去一个小三棱柱后得到的，台阶(形体 F)可以看作是由一个四棱柱切去两个小四棱柱后得到的。

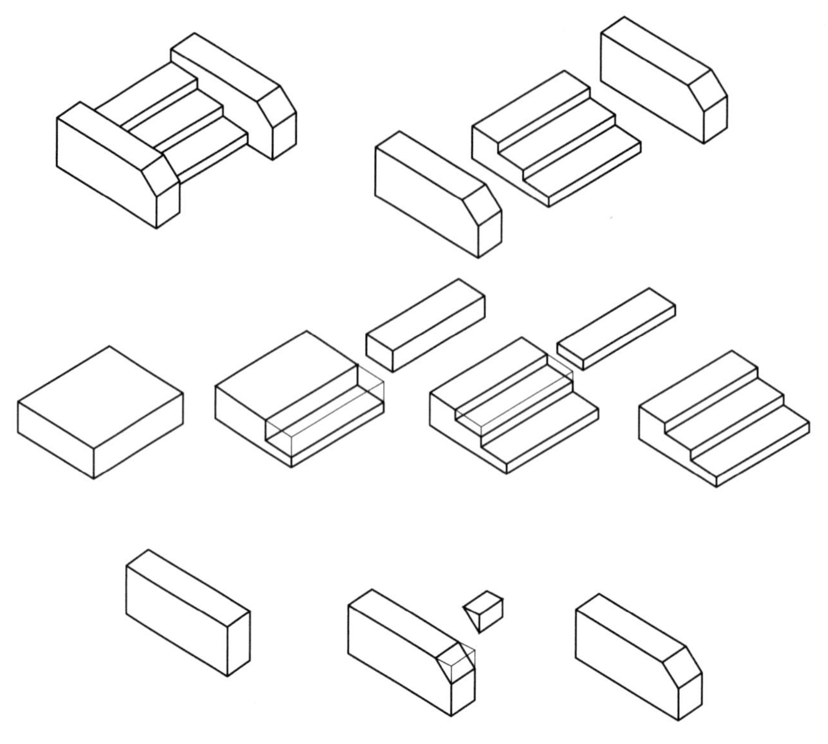

图 3.78　台阶的形体分析

2. 确定建筑形体在投影体系中的摆放位置

确定形体的摆放位置时应注意以下几点：

(1)将反映建筑物外貌特征的表面平行于正立投影面。

(2)让建筑形体处于工作状态，如梁应水平放置，柱子应竖直放置，台阶应正对识图人员，这样识图人员较易识图。

(3)尽量减少虚线，过多的虚线会导致不易识图。

3. 画投影图

【例 3.10】台阶的三面正投影图。

台阶的直观图及三面正投影图如图 3.79 所示。

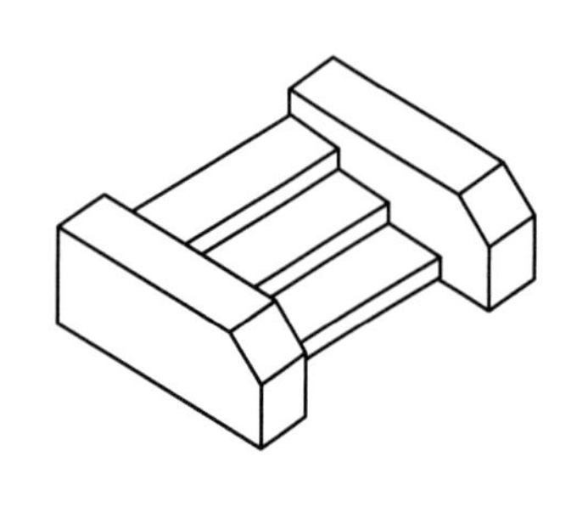

(a) 台阶的直观图

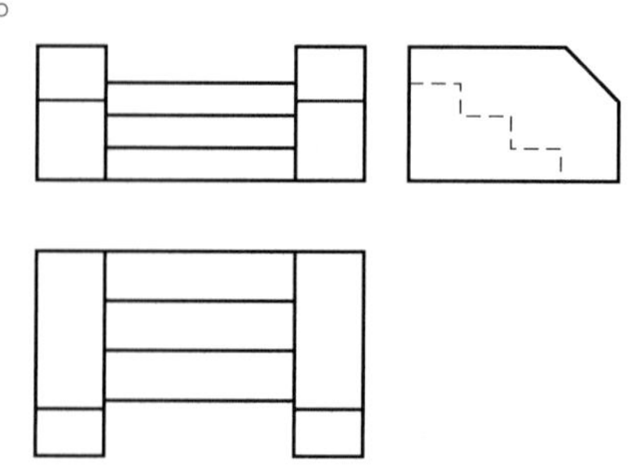

(b) 台阶的三面正投影图

图 3.79　台阶的直观图及三面正投影图

(1)按形体分析的结果，先画出左侧立板的投影。左侧立板由四棱柱切去一个小三棱柱后得到，如图3.80(a)、图3.80(b)所示。

(2)再画出右侧立板的投影。右侧立板与左侧立板形状完全相同，正面投影和水平投影与左侧立板距离为三级台阶的长度，侧面投影重合，如图3.80(c)所示。

(3)画出三级台阶的投影。三级台阶为四棱柱经过切割后得到。侧面投影由于被左侧立板遮挡，为虚线，如图3.80(d)、图3.80(e)所示。

(4)经检查无误后，按要求加深图线，如图3.80(f)所示。

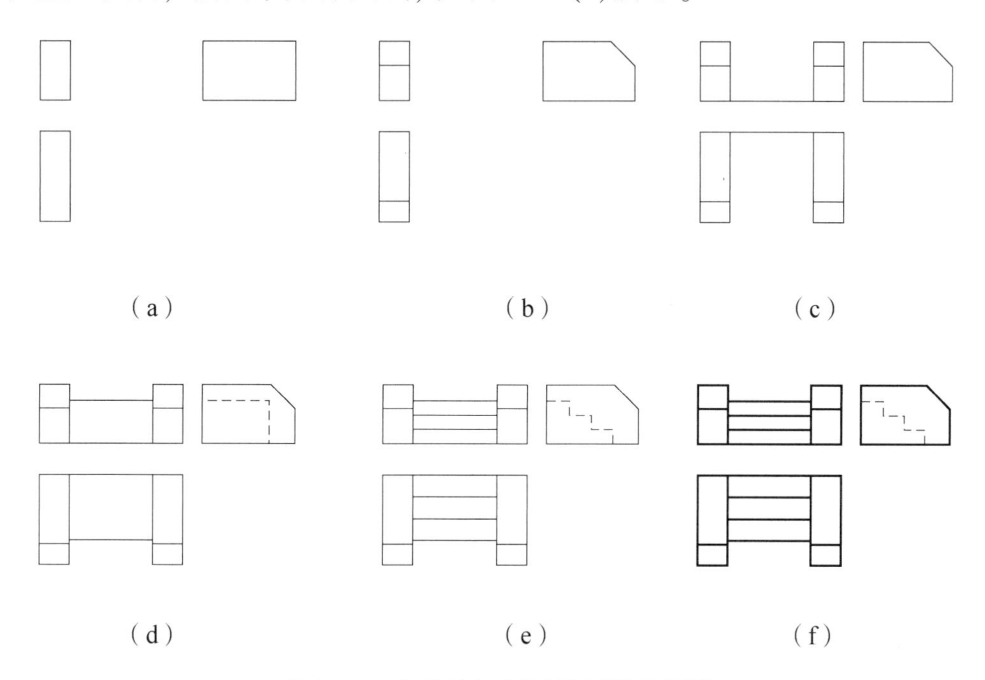

图3.80　台阶的三面正投影图的画法

知识点3　建筑形体投影图的识读

根据建筑形体投影图识读其形状，必须掌握下面的基本知识：

(1)掌握三面正投影图的投影规律，即“长对正、高平齐、宽相等”。

(2)掌握在三面正投影图中各基本体的相对位置，即上下关系、左右关系和前后关系。

(3)掌握基本体的投影特点，即棱柱、棱锥、圆柱、圆锥和球体这些基本体的投影特点。

(4)掌握点、线、面在三投影面体系中的投影规律。

(5)掌握建筑形体投影图的画法。

根据建筑形体投影图识读建筑形体形状，一般采用形体分析法和线面分析法两种。

1. 形体分析法

形体分析法就是以上面前三点为基础，根据基本体投影图的特点，将建筑形体投影图分解成若干个基本体的投影图，分析各基本体的形状，根据三面投影规律了解各基本体的相对位置，最后综合起来想出形体的整体形状。

图 3. 81 中，形体 A、形体 B、形体 C 水平投影、侧面投影相同而正面投影不同，形体的形状不同；图 3. 82 中，形体 D、形体 E、形体 F 正面投影和侧面投影相同而水平投影不同，形体的形状不同。

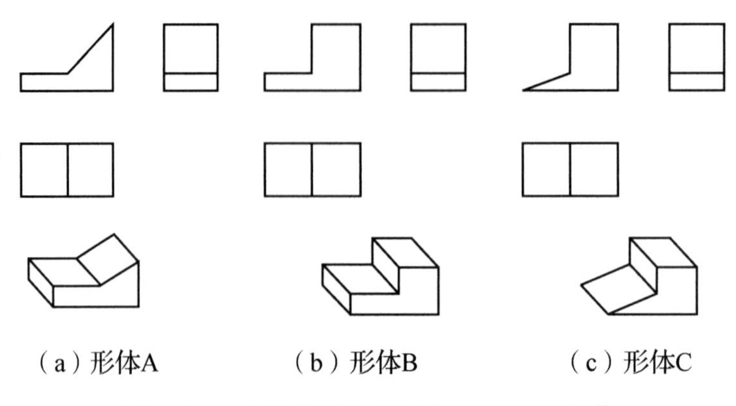

图 3. 81　水平投影和侧面投影相同的形体

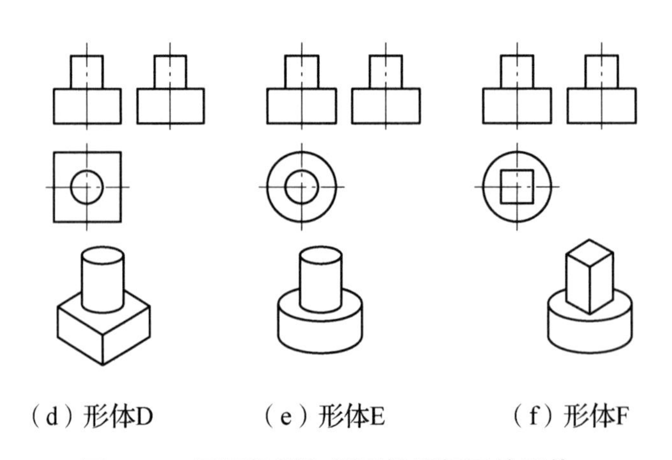

图 3. 82　正面投影和侧面投影相同的形体

下面以图 3. 83 为例具体分析形体投影图。

(1) 了解建筑形体的大致形状。

(2) 分解投影图。

根据基本体投影的特点，首先将三面正投影图中的一个投影进行分解。首先分解的投影，应使分解后的每一部分能具体反映基本体形状。

(3) 分析各基本体。

利用“长对正、高平齐、宽相等”的三面投影规律，分析分解后各投影的具体形状。

(4) 想整体。

利于三面正投影图中的上下、左右、前后关系，分析各基本体的相对位置。

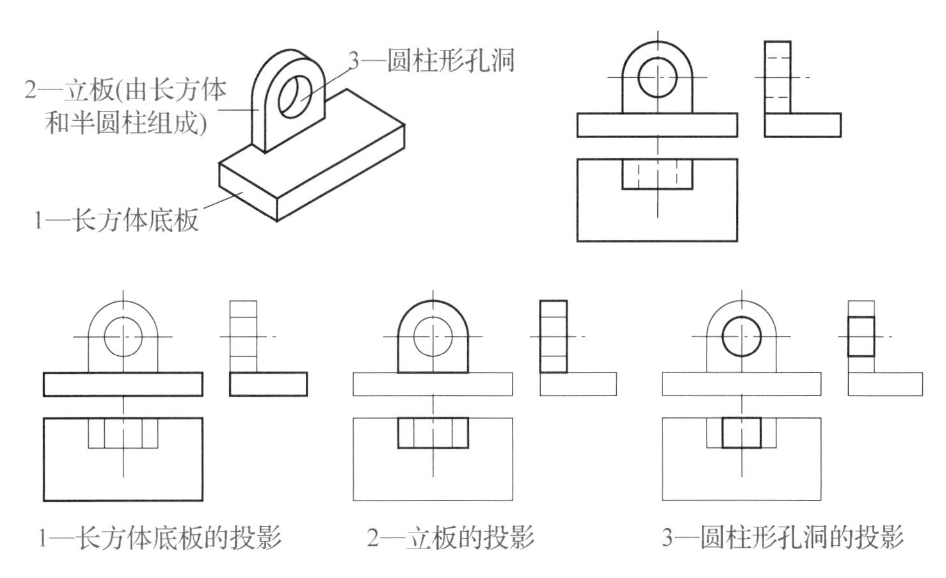

图 3.83　形体分析法分析形体投影图

2. 线面分析法

线面分析法就是以线、面的投影规律为基础，分析组成形体投影图的线段和线框的形状和相互位置，从而想象出形体的具体形状。

线面分析法是形体分析法的辅助手段。

如图 3.84 所示，利用线面分析法分析切割式形体的具体形状。

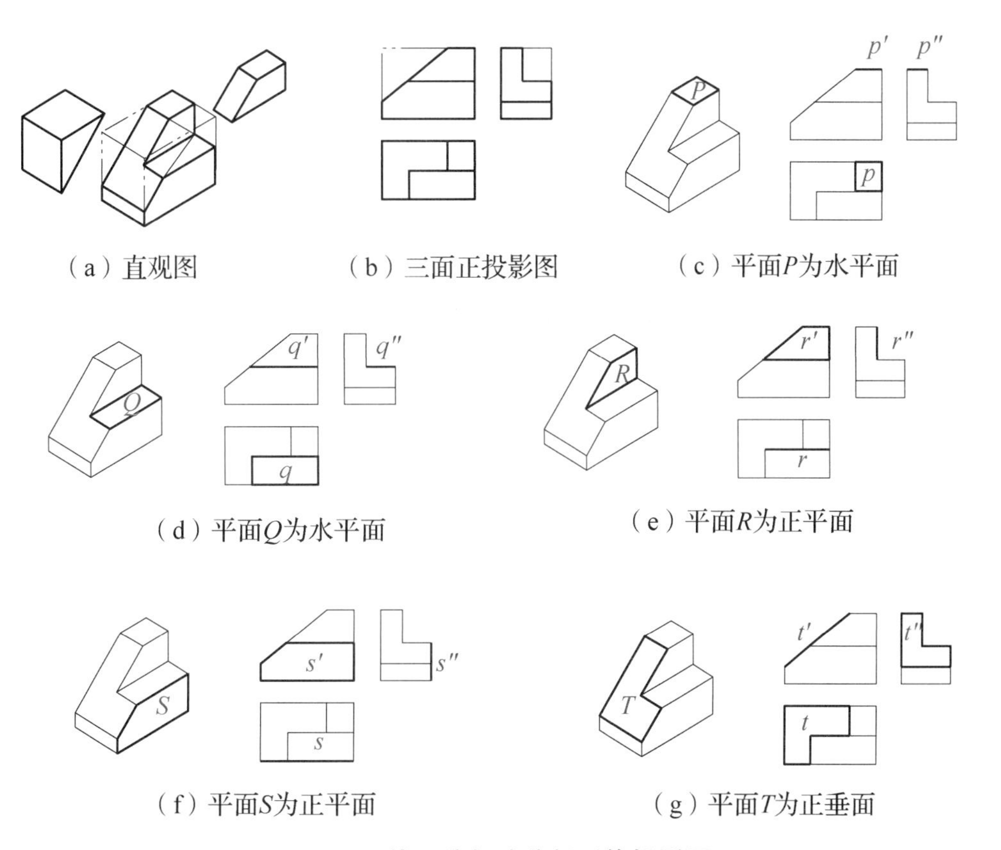

图 3.84　线面分析法分析形体投影图

绘图实训(组合体投影)

(1)★★根据图 3.85 所示立体图作出形体的三面正投影图。

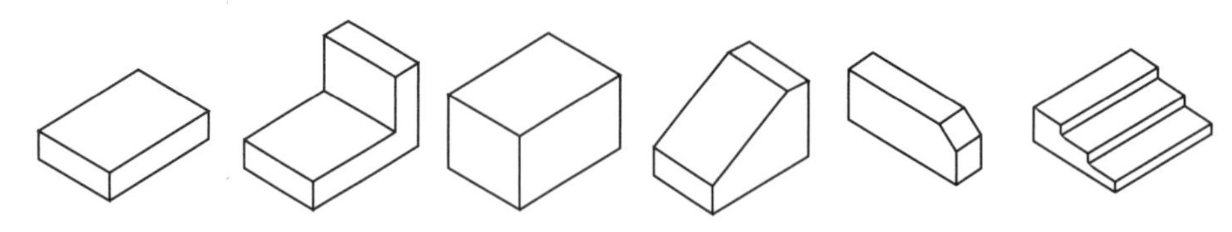

图 3.85　根据立体图作三面正投影图(一)

(2)★★★根据图 3.86 所示立体图作出形体的三面正投影图。

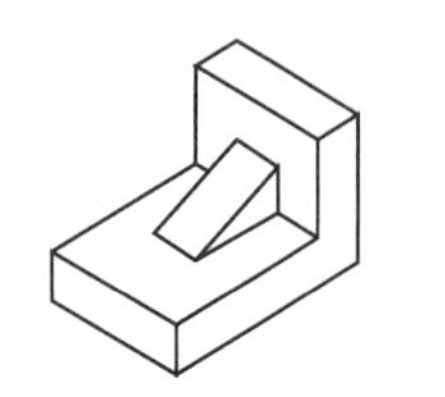
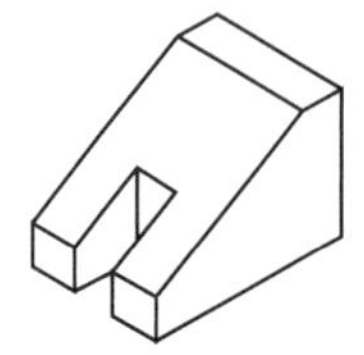
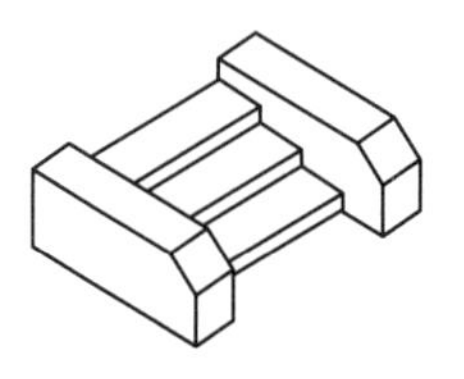
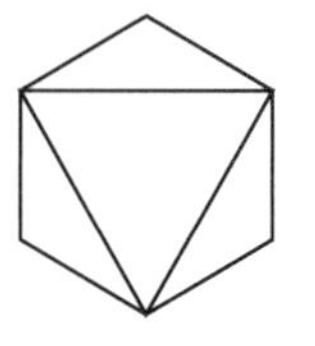

图 3.86　根据立体图作三面正投影图(二)

拓展知识:

如图 3.87 所示，两相交立体称为相贯体，其表面交线称为相贯线。求相贯线，应先进行形体分析，找出特殊点如最高、最低、最左、最右、最前、最后以及可见、不可见分界点等，然后求出一定数量的一般点，按一定顺序连接成相贯线。

(1)相贯线上的每个点都是相交两形体表面的共有点；

(2)相贯线一般为闭合线，仅当两形体具有重叠表面时，相贯线才不闭合。

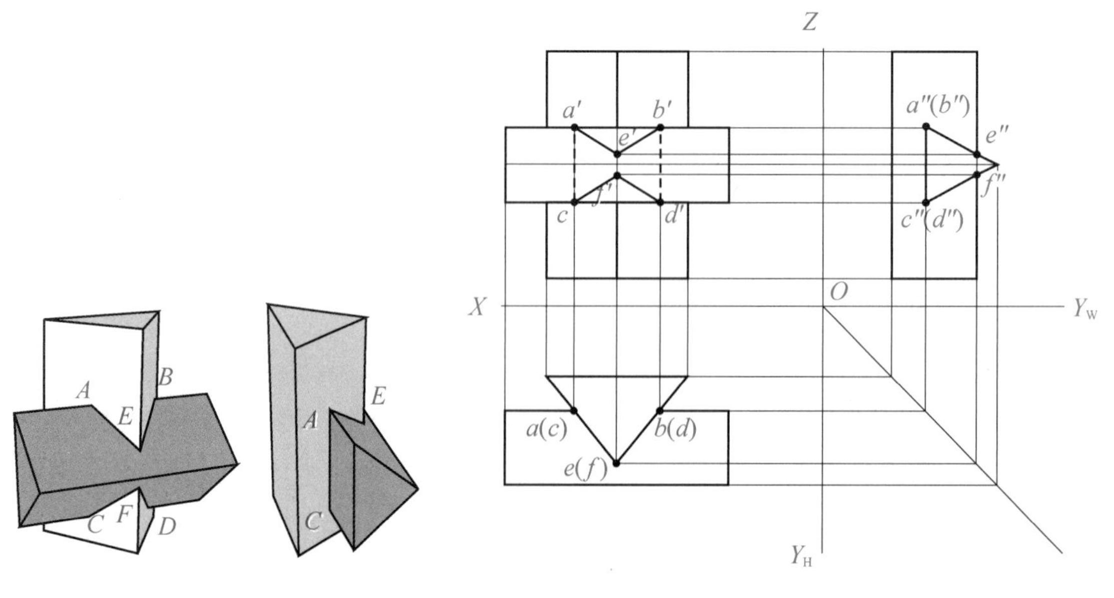

图 3.87　相贯体

头脑风暴 3-6：

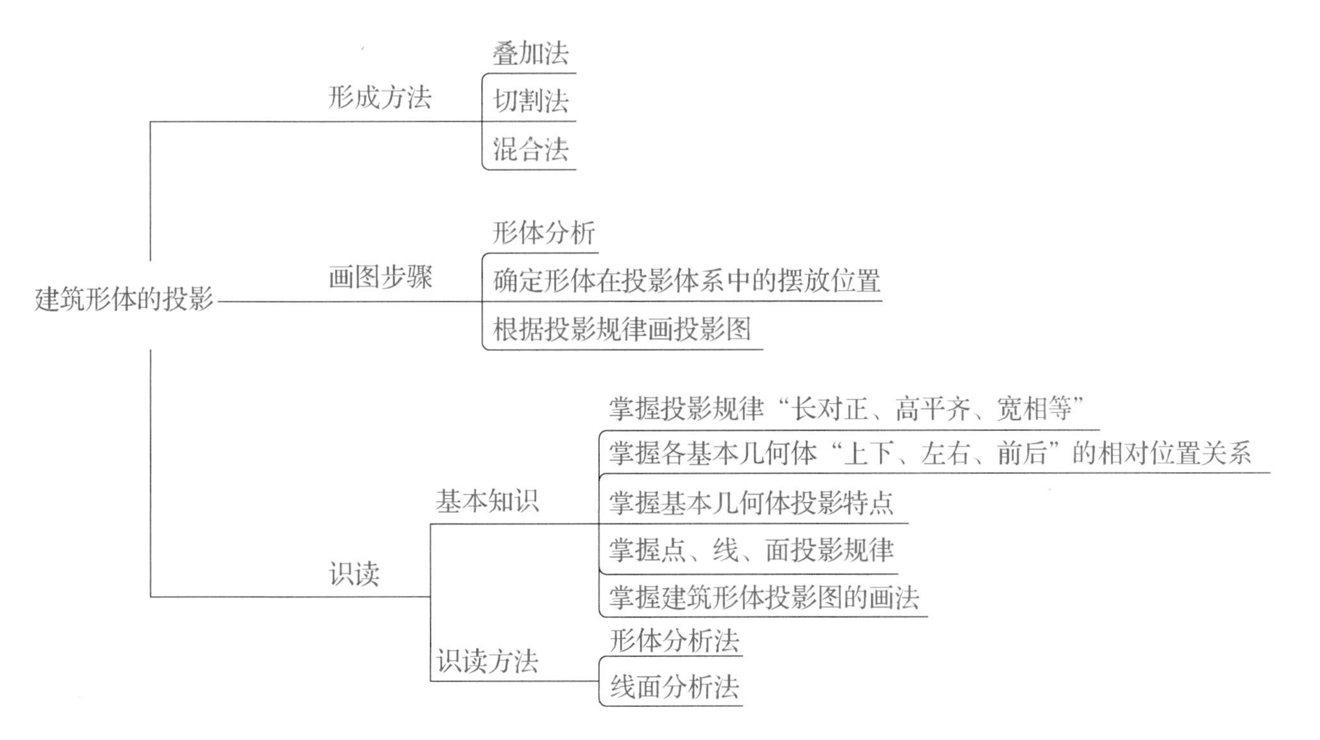

学习评价 3-6：

学习目标核验表（S 表示熟练掌握，J 表示基本掌握，X 表示需要帮助）

学习任务	学习内容	自我评价	学习反思
基础理论	知识点 1　建筑形体的形成方法	S□　J□　X□	
	知识点 2　建筑形体投影的画图步骤	S□　J□　X□	
	知识点 3　建筑形体投影图的识读	S□　J□　X□	
能力培养	1. 了解建筑形体的形成方法	S□　J□　X□	
	2. 掌握形体分析的基本方法	S□　J□　X□	
	3. 掌握简单建筑形体的投影图绘制方法，能绘制简单建筑形体的投影	S□　J□　X□	
	4. 能够利用形体分析法和线面分析法识读简单建筑形体投影图	S□　J□　X□ S□　J□　X□	
拓展提升	能够熟练识读较复杂形体并作出三面正投影图	S□　J□　X□	

★学习任务 3-7　计算机绘制建筑形体

知识点 1　AutoCAD 绘制基本几何体投影图

知识点 2　AutoCAD 绘制组合体投影图

学习目标 3-7：

（1）能够按照工作任务要求绘制点、线、面的三面正投影图。

（2）能够按照工作任务要求绘制基本几何体、组合体的三面正投影图。

任务书 3-7：

参照引导问题观看知识点教学视频，通过小组合作、搜索互联网相关信息以及学习活页教材中相关知识点，完成三级引导问题。在掌握 AutoCAD 软件基本命令的基础上，通过基本几何体和组合体投影图的绘图练习，提高计算机绘图能力，培养职业素养。学习过程中，认真记录学习目标核验表，并通过自我评价、小组互评和教师评价进行总结反思。

引导问题 3-7：

（★基础理论任务　★★能力培养任务　★★★拓展提升任务）

（1）★请填写命令图标名称。

A.  ________　B. 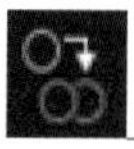 ________　C. ________　D. ________

（2）★请填写命令图标名称。

A.  ________　B.  ________　C.  ________　D. ________

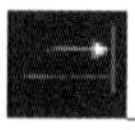

学习资料 3-7：

知识点 1　AutoCAD 绘制基本体投影图

【例 3.11】通过 AutoCAD 2021 绘制图 3.88 所示的基本几何体。

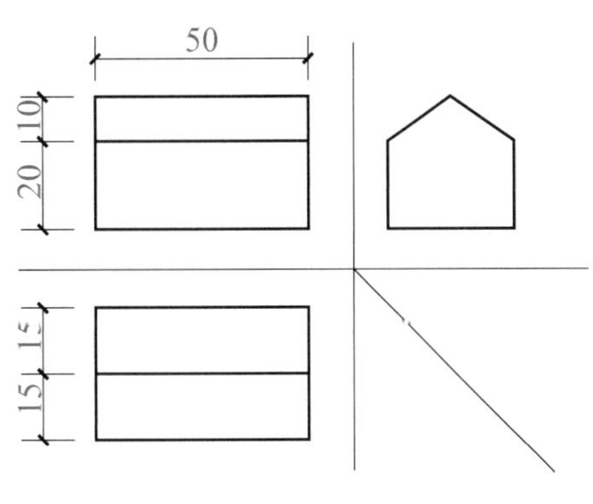

图 3.88 小房子三面正投影图

打开 AutoCAD 2021，单击“开始绘图”区域，进入绘图界面。

1. 设置绘图环境

单击“图层特性”按钮，打开“图层特性管理器”；新建两个图层，将图层名称分别改为“粗实线”和“细实线”；将“粗实线”线宽改为 0.35，并单击按钮将其设置为当前图层。

关闭“图层特性管理器”，单击激活界面下方“正交”按钮、“对象捕捉”按钮和“显示线宽”按钮。

2. 画图

(1)画立面图。选取“直线”命令，在绘图区任一点单击；鼠标右移，输入 50，按空格键；鼠标下移，输入 30，按空格键；鼠标左移，输入 50，按空格键；单击起点，按空格键。完成矩形外框绘制。

单击“复制”命令，选择矩形框的上边线，按空格键；在矩形外侧任意选择一点作为基点，鼠标下移，输入 10，按两次空格键。完成立面图的绘制。

(2)画辅助轴线。把“细实线”设为当前图层，单击“直线”命令，画相交的 *OX*、*OY* 轴(大小满足绘图要求即可)；单击直线命令，选择 *OX* 轴、*OY* 轴交叉点作为直线起点，输入“<-45”，按空格键；在合适的位置单击鼠标，按空格键，得到 45°辅助线。

(3)画平面图。把“粗实线”设为当前图层。根据“长对正”原理，选择正立面的长度为 50 的水平方向线，复制到平面；按空格键再次启动“复制”命令，选择刚才得到的直线，按空格键，选择任意点为基点，向下拖曳鼠标，输入 30，按两次空格键；分别用直线连接两条直线的起点和端点得到两条竖向直线；用直线连接两条竖向直线的中点。

(4)画左视图。根据“宽相等”原理，选择 45°的辅助线，在箭头处单击下拉按钮，选择“延伸”命令；单击平面图中长度为 50 的三条水平方向直线，画出水平投影到 45°线的投影线；单击“直线”命令，画出 45°线到侧面投影的投影线；根据“高平齐”原理，选择最右侧投影线，对立面图的水平直线执行“延伸”命令；连接屋面斜线。

单击“修剪”命令，在绘图区右击，然后单击左键(全局修剪)，删除多余的线，完成绘制。

知识点 2 AutoCAD 绘制组合体投影图

【例 3.12】通过 AutoCAD 2021 绘制图 3.89 所示组合体的投影图。

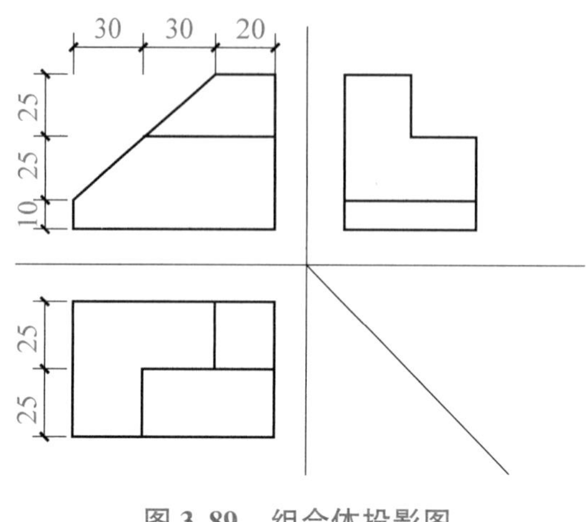

图 3.89 组合体投影图

1. 绘图环境设置

同知识点 1。

2. 画图

（1）画立面图。以粗实线为当前图层，单击“直线”命令，在绘图区选任意一点作为第一点向右画水平线，长 80；向上拖曳鼠标，画垂直线，长 60；以两条线为基础，在水平线左侧画向上的垂直线，长 10，在右侧垂直线上端画向左的水平线，长 20；绘制斜线，形成封闭图形；单击“直线”命令，以斜线的中点为起点，以右侧垂直线为终点，向右画直线，完成立面图的绘制。

（2）建立辅助轴线。按照知识点 1 绘制 *OX* 轴、*OY* 轴和 45°辅助线。

（3）画平面图。根据“长对正”，利用“复制”命令画出平面图中的水平直线；单击“偏移”命令，输入 50，出现矩形小方框后单击平面图中的水平直线，得到另一条水平直线；画出左右两侧垂直线，封闭图形；根据“长对正”，用“偏移”或“复制”命令及“修剪”命令，得到最终平面图。

（4）画左视图。利用知识点 1 所学知识及“修剪”命令和“删除”命令，完成左视图绘制。

绘图实训（正投影图）

（1）★★（小组合作探究）通过 AutoCAD 绘制投影轴。

（2）★★按图 3.90 所示例图绘制 CAD 图样。

图 3.90　绘制 CAD 图样

（3）★★★（小组合作探究）通过 AutoCAD 绘制点、一般位置直线、水平线、正垂面的投影。

头脑风暴 3-7：

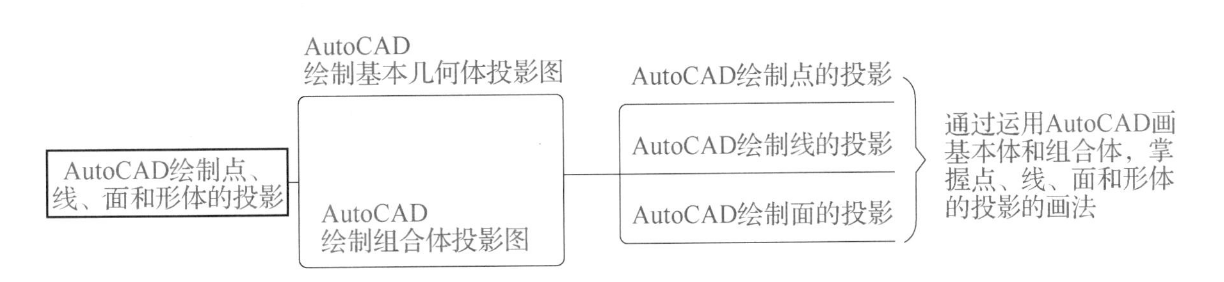

学习评价 3-7：

学习目标核验表（S 表示熟练掌握，J 表示基本掌握，X 表示需要帮助）

学习任务	学习内容	自我评价	学习反思
基础理论	知识点 1　AutoCAD 绘制基本几何体投影图	S□　J□　X□	
	知识点 2　AutoCAD 绘制组合体投影图	S□　J□　X□	
能力培养	1. 能够按照工作任务要求，绘制基本几何体的三面正投影图	S□　J□　X□	
	2. 能够按照工作任务要求，绘制组合体的三面正投影图	S□　J□　X□	
拓展提升	小组合作探究，绘制点、线、面的三面正投影图	S□　J□　X□	

学习情境 4

扫码查看
教学视频

建筑形体的图样表达方法

客户想了解小区的整体布局及房屋所处位置，可是建筑施工图表达得并不直观，希望作为设计师的你提供更加直观形象的图样。比如图 4.1 所示建筑小区效果图，这是用轴测投影的方法绘制的。客户看到这个图样就能看到小区的全貌，明确哪个位置更适合自己。

图 4.1　建筑小区效果图

然后，客户又提出想看一看建筑物的内部情况，希望能提供建筑物的剖面图，如图 4.2 所示。

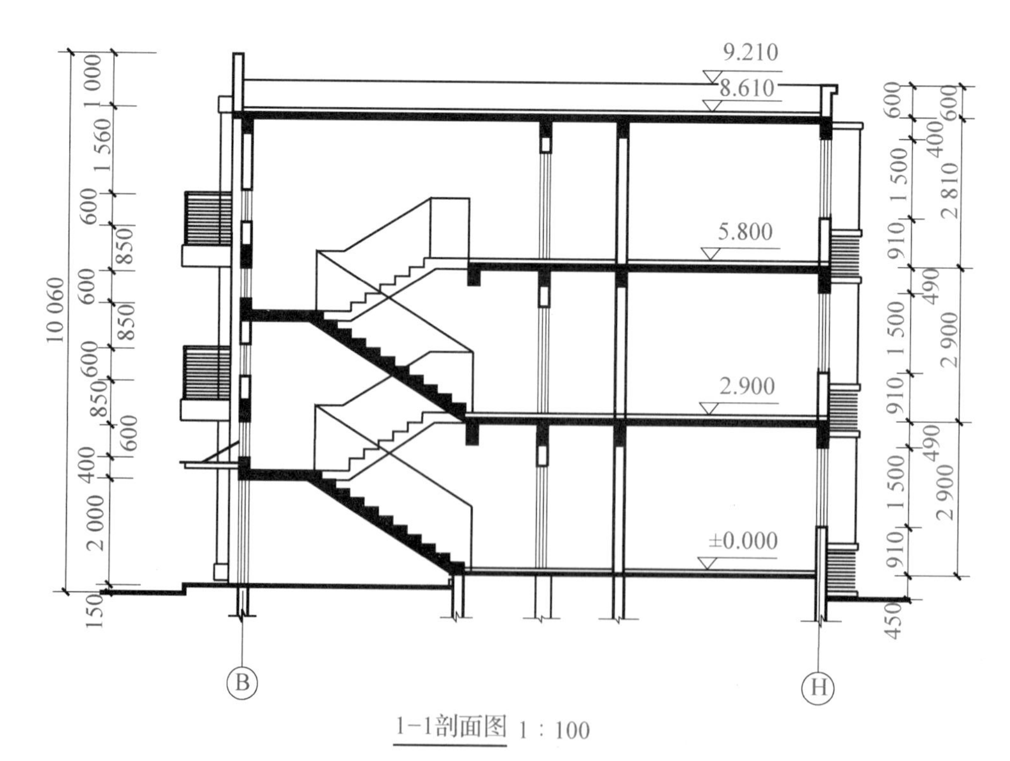

图 4.2　建筑剖面图

这些图样是根据什么方法绘制的呢？中国古代建筑图，基本上以平面图为主，重要的建筑也会绘出立面图或透视图。清代的“样式雷”世家，通过制作烫样，对建筑形式、色彩材料、尺寸进行全面标注，甚至能展现建筑内部情况。

学习情境 4 我们将通过分析建筑形体的各种常用图示方法了解轴测图，掌握剖面图与断面图的画法。正确识读建筑形体的尺寸标注，并通过完成绘图任务初步了解 AutoCAD 绘制基本几何体和组合体轴测图的方法。

★学习任务 4-1　绘制轴测图

知识点 1　轴测投影的形成

知识点 2　轴测投影的特性

知识点 3　轴测投影的分类

知识点 4　常用的轴测投影

知识点 5　轴测投影的画法

学习目标 4-1：

(1) 了解轴测投影的分类及形成方法。

(2) 掌握正等测轴测图的画法，能绘制简单形体的正等测轴测图。

(3) 掌握斜二测轴测图的画法，能绘制简单形体的斜二测轴测图。

任务书 4-1：

参照引导问题观看知识点教学视频，通过小组合作、搜索互联网相关信息以及学习活页教材中相关知识点，完成三级引导问题。在学习轴测投影基本理论的基础上，通过正等测和斜二测轴测图的绘图练习，进一步理解投影理论，掌握正确的绘图方法和步骤，提高识图和绘图能力，培养职业素养。学习过程中，认真记录学习目标核验表，并通过自我评价、小组互评和教师评价进行总结反思。

引导问题 4-1：

(★基础理论任务　★★能力培养任务　★★★拓展提升任务)

(1) ★轴测投影是将形体连同________，用________投影法投射在一个投影面上所得到的投影。

(2) ★★轴测投影图和正投影图比较，有什么优点？有什么缺点？

(3) ★轴测投影具有________、________、________的特性。

(4) ★轴测投影按投射线与投影面是否垂直可分为________、________两种。

(5) ★按三个轴向伸缩系数是否相等，轴测投影可分为________、________、________三种。

(6) ★正等测的轴间角均为________度，各轴向伸缩系数简化为________。

(7) ★斜二测的轴间角 $\angle X_1O_1Z_1$ = ________度，通常取 OX 轴和 OZ 轴的伸缩系数 = ________，OY 轴的伸缩系数 = ________。

(8) ★请判断图 4.3 所示图形是正轴测投影还是斜轴测投影。

(9) ★轴测图常用的作图方法有________、________、________、端面法等，多数情况下需要根据形体分析，将各种方法综合应用。

(10) ★★★探索互联网信息，了解“烫样”，学习其精益求精的工匠精神。

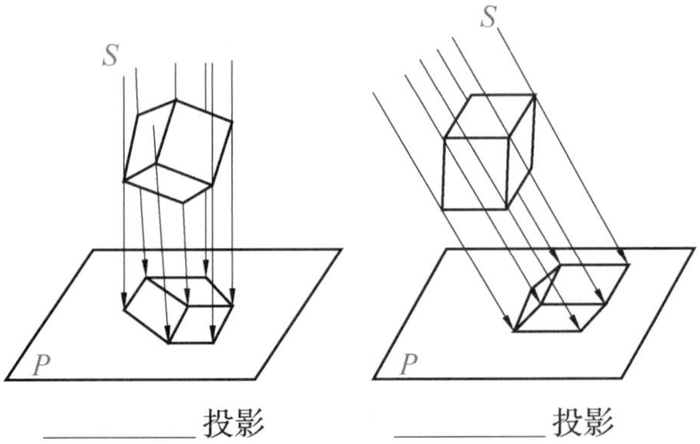

________投影　　________投影

图 4.3　判断轴测图类型

学习资料 4-1：

房屋建筑是形状和结构比较复杂的组合体，仅用三面投影图，往往无法清楚、完整、准确地表示其外部形状和内部结构。为了便于绘图和读图，《房屋建筑制图统一标准》(GB/T 50001—2017)规定了各种表达方法，如轴测投影、剖面图、断面图等，画图时可根据具体情况选用。

知识点 1　轴测投影的形成

正投影图广泛应用，但是缺乏立体感，不易识读，因此建筑工程图样中常采用轴测投影图作为辅助图样，如图 4.4 所示。轴测投影是一种具有立体感的图形。

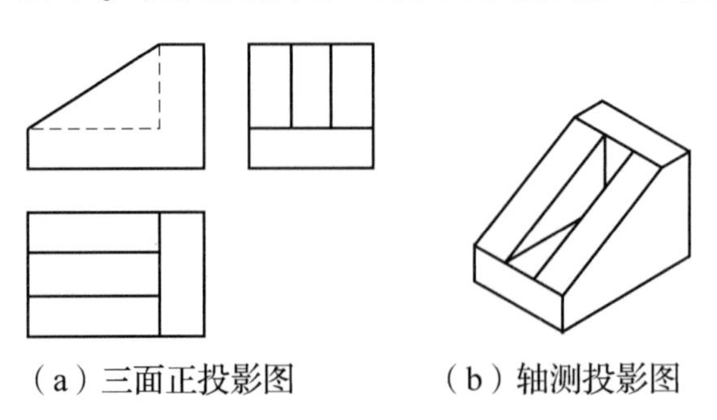

(a) 三面正投影图　　(b) 轴测投影图

图 4.4　形体的正投影图和轴测投影图

轴测投影是将形体连同确定其空间位置的直角坐标系，用平行投影法投射在一个投影面上所得到的投影。轴测投影图的形成如图 4.5 所示。

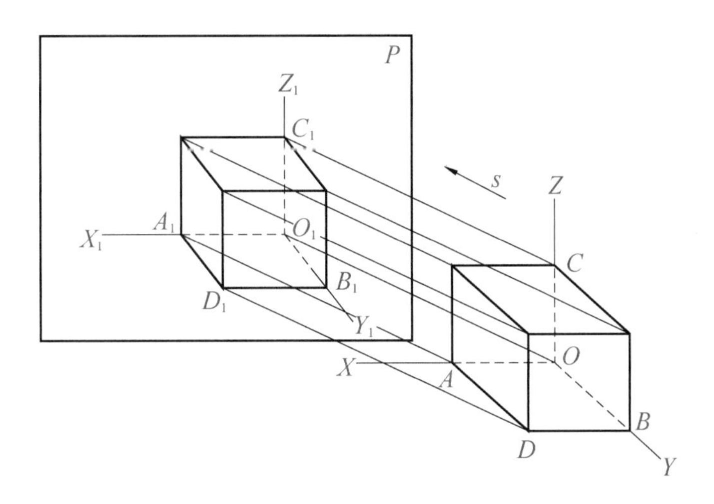

图 4.5　轴测投影图的形成

轴测投影的几个基本概念：

(1)轴测投影面：接受投影的平面称为轴测投影面。

(2)轴测轴：O_1X_1、O_1Y_1、O_1Z_1 分别为直角坐标轴 OX、OY、OZ 的轴测投影，称为轴测投影轴，简称轴测轴。

(3)轴向伸缩系数：轴测轴上的长度与相应坐标轴上长度的比值，称为轴向伸缩系数。OX 轴、OY 轴、OZ 轴的轴向伸缩系数分别用 p、q、r 表示，则 $p=\frac{O_1X_1}{OX}$，$q=\frac{O_1Y_1}{OY}$，$r=\frac{O_1Z_1}{OZ}$。

(4)轴间角：轴测轴之间的夹角 $\angle X_1O_1Y_1$、$\angle X_1O_1Z_1$、$\angle Y_1O_1Z_1$ 称为轴间角。

轴测投影图立体感好、直观性强，但与正投影图相比度量性差、绘图烦琐。通过画轴测投影图，可以提高空间想象能力，帮助识读三面正投影图。

知识点 2　轴测投影的特性

轴测投影具有平行投影的投影特性：

(1)平行性：凡空间互相平行的直线，其轴测投影仍互相平行。形体上与坐标轴平行的线段，其轴测投影仍平行于相应的轴测轴，其轴测投影长与原线段实长之比等于相应的轴向伸缩系数。

(2)度量性："轴测"是"沿轴向测量"的意思。凡形体上与三个坐标轴平行的直线尺寸，在轴测图中均可沿轴的方向测量。

(3)变形性：凡形体上与坐标轴不平行的直线，其投影会变形，不能在图上直接量取，而要先定出直线的两端点的位置，再画出该直线的轴测投影。

知识点 3　轴测投影的分类

轴测投影有两种分类方式：

1. 按投射线与投影面是否垂直分类

轴测投影按投射线与投影面是否垂直可分为两种，如图 4.6 所示。

(1)正轴测投影：投射线 S 垂直于轴测投影面 P，所得到的图形称为正轴测投影，简称为正轴测。

(2)斜轴测投影：投射线 S 倾斜于轴测投影面 P，所得到的图形称为斜轴测投影，简称为斜轴测。

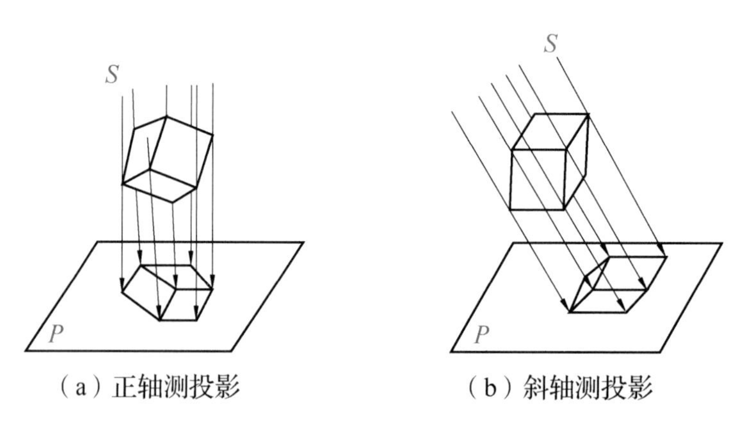

（a）正轴测投影　（b）斜轴测投影

图 4.6　轴测投影的分类

2. 按三个轴向伸缩系数是否相等分类

轴测投影按三个轴向伸缩系数是否相等可分为三种：

(1)等轴测投影：三个轴向伸缩系数均相等。

(2)二轴测投影：只有两个轴向伸缩系数相等。

(3)三轴测投影：三个轴向伸缩系数均不相等。

轴测投影的名称，可由两个分类名称合并而得，如：正轴测投影中的等轴测投影，即称为正等轴测投影，简称正等测；斜轴测投影中的二轴测投影称为斜二轴测投影，简称斜二测。

此外，在斜轴测投影中，若投影面平行于形体的正面或水平面，则可在名称前再加上“正面”或“水平”两字，如正面斜等测、水平斜二测。

知识点 4　常用的轴测投影

房屋建筑常用的轴测投影有：正等测、正二测、正面斜等测、正面斜二测、水平斜等测、水平斜二测等。其中，正等测和正面斜二测(简称斜二测)由于作图方便，在工程上应用较多。

1. 正等测

正等测的轴间角均为 120°，各轴向伸缩系数约等于 0.82。为了作图简便，常将轴向伸缩系数简化为 1，即形体上与坐标轴平行的线段，其轴测投影长与原线段实长相等，可从投影图中直接截取。用简化的轴向伸缩系数 1 画出的正等测图比用实际轴向伸缩系数 0.82 画出的正等测图放大 1.22 倍，但不影响图形效果。正等测的轴间角和轴向伸缩系数如图 4.7 所示。

2. 斜二测

以正立投影面为轴测投影面，使空间形体的 XOZ 坐标面平行于轴测投影面，得到的斜轴测投影称为正面斜轴测，如图 4.8 所示。

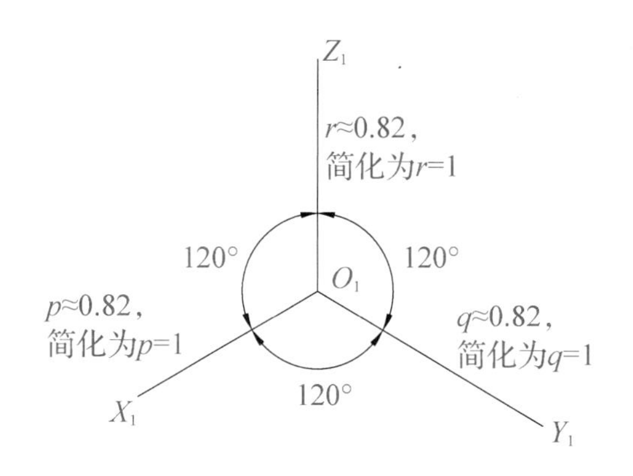

图 4.7　正等测的轴间角和轴向伸缩系数

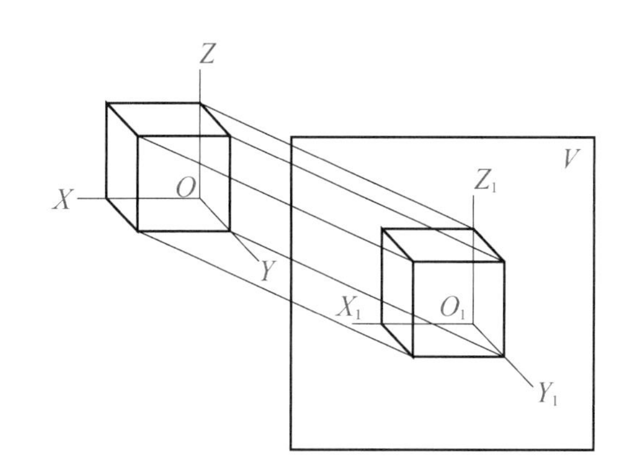

图 4.8　正面斜轴测的形成

由于坐标面 XOZ 平行于投影面，故 OX 轴、OZ 轴的伸缩系数 $p=r=1$，轴间角 $\angle X_1O_1Z_1=90°$。OY 轴的投影与伸缩系数由投射方向确定，通常取 OY 轴的伸缩系数 $q=0.5$；O_1Y_1 与水平线的夹角 45°（也可取 30°或 60°），可得到正面斜二测，如图 4.9 所示。

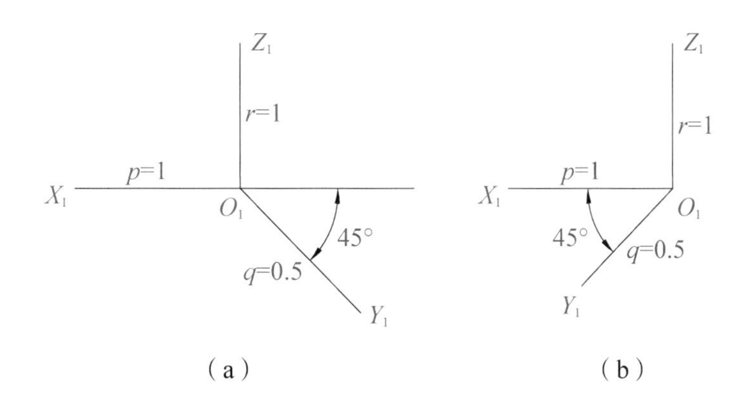

图 4.9　正面斜二测的轴间角和轴向伸缩系数

正等测和斜二测轴测投影图的比较见表 4. 1。

表 4.1　正等测和斜二测轴测投影图的比较

种类	作图方法	轴间角	轴向伸缩系数	例图
正等测	投射线垂直于轴测投影面，三个轴向伸缩系数都相等	Z_1, $r=1$, 120°, 120°, 120°, O_1, $p=1$, $q=1$, X_1, Y_1	$p=q=r\approx 0.82$，简化为 $p=q=r=1$	1, 1, 1
斜二测	轴测投影平行于正立投影面，投射方向倾斜于轴测投影面，有两个轴向伸缩系数相等	Z_1, $r=1$, $p=1$, O_1, X_1, 45°, $q=0.5$, Y_1	$p=r=1$，$q=0.5$	1, 0.5, 1

知识点 5　轴测投影的画法

绘制轴测投影，常用的作图方法有坐标法、切割法、叠加法、端面法等，多数情况下需要根据形体分析，将各种方法综合应用。

1. 坐标法

坐标法是根据顶点的空间坐标，画出各点的轴测投影，然后依次连接，完成形体的轴测投影。坐标法适用于简单的基本几何体，是绘制轴测投影的基本方法。

2. 切割法

切割法是按照形体的形成过程，先画出整体，再依次去掉被切除部分，从而完成形体的轴测投影。切割法适用于基本几何体切割而成的组合体。

3. 叠加法

叠加法就是按照形体的组合顺序，逐个画出每一基本几何体的轴测投影，从而完成整个形体的轴测投影。叠加法适用于多个基本几何体叠加而成的组合体。

4. 端面法

端面法是先绘制形体的一个特征端面，再画出其余轮廓线的作图方法。端面法适用于柱体等基本几何体。

绘制轴测投影的基本步骤为：

(1)根据形体的正投影进行形体分析，确定直角坐标轴的位置，坐标原点一般设在形体的角点或对称中心上。

(2)根据轴测图的类型确定轴测轴的方向，根据轴间角作轴测轴，一般将 O_1Z_1 轴画成铅垂方向。

(3)按各轴向伸缩系数确定形体上平行于坐标轴的线段的投影长度。

(4)用坐标法、切割法或叠加法等方法逐步完成形体的轴测投影。

【例 4.1】已知四棱柱的水平投影和正面投影，作四棱柱的正等测投影。

分析：该四棱柱是基本几何体，上下两个底面形状相同、互相平行；四条侧棱线垂直于底面且高度相同。因此，选择坐标法画图。

作图：

(1)确定坐标轴，并在正投影图上标明，原点 O 选在四棱柱下底面右后角，如图 4.10(a)所示。

(2)画轴测轴 O_1X_1、O_1Y_1、O_1Z_1，并根据下底面各点的坐标，在 O_1X_1、O_1Y_1 上截取 $O_1A_1=OA$、$O_1B_1=OB$，通过点 A_1、B_1 分别作 O_1X_1、O_1Y_1 的平行线，相交于点 C_1，确定出点 A、B、C 的轴测投影 A_1、B_1、C_1，如图 4.10(b)所示。

(3)分别经过点 A_1、B_1、C_1 向上作 O_1Z_1 轴的平行线作为棱线，如图 4.10(c)所示。

(4)截取棱线高，然后连接上底面各点，如图 4.10(d)所示。

(5)擦去作图线，整理加深可见轮廓线，完成全图，如图 4.10(e)所示。

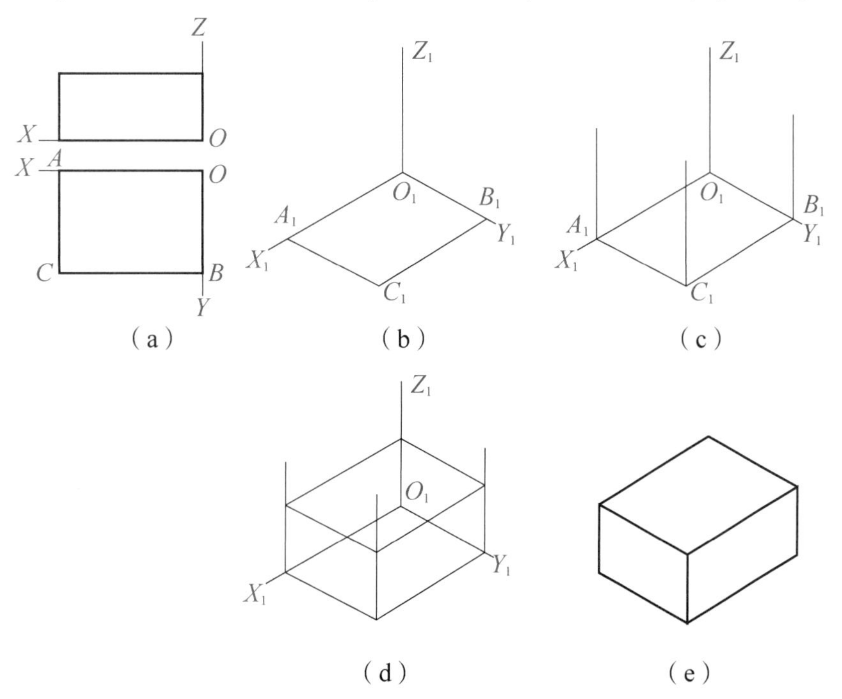

图 4.10　四棱柱的正等测投影

【例 4.2】已知形体的正投影，作形体的正等测投影。

分析：该形体是一个长方体被一个正垂面切割后，在左边又切了一个槽而成。因此，选择切割法画图。

作图：

(1)确定坐标轴，并在正投影图上标明，原点 O 选在下底面右后角，如图 4.11(a)所示。

(2)画轴测轴 O_1X_1、O_1Y_1、O_1Z_1，并用坐标法画出长方体的轴测投影，如图 4.11(b)所示。

(3)用正垂面切割，相应尺寸由已知正投影图上截取，作出切割后的轴测投影，如图 4.11(c)所示。

(4)擦除多余线条，减少图线干扰，如图 4.11(d)所示。

(5)继续在左侧切槽，相应尺寸由已知正投影图上截取，作出切槽后的轴测投影，如图 4.11(e)所示。

(6)擦去作图线，整理加深可见轮廓线，完成全图，如图 4.11(f)所示。

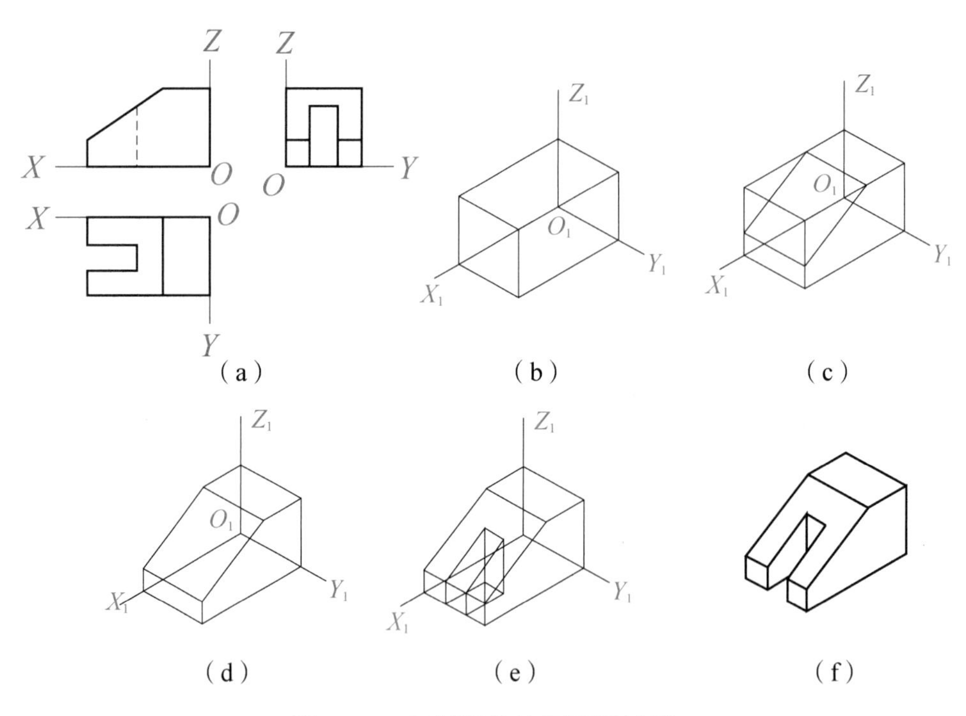

图 4.11　切割形体的正等测投影

【例 4.3】已知形体的正投影，作形体的正等测投影。

分析：该形体是由 3 个四棱柱上下叠加而成，按照叠加法逐个画出每一个四棱柱。画轴测图时，可以取底面或顶面为坐标面，也可以取两基本形体的结合面作为坐标面。

作图：

(1)确定坐标轴，并在正投影图上标明，原点 O 选在底部四棱柱底面的中心，如图 4.12(a)所示。

(2)画轴测轴，根据 x_1、y_1、z_1 按照【例 4.1】方法作出底部四棱柱的轴测图，如图 4.12(b)所示。

(3)将坐标原点移至底部四棱柱上表面的中心位置，根据 x_2、y_2 作出中间四棱柱底面的四个顶点，并根据 z_2 向上作出中间四棱柱的轴测图，如图 4.12(c)、图 4.12(d)所示。

(4)将坐标原点再移至中间四棱柱上表面的中心位置，根据 x_3、y_3 作出上部四棱柱底面的 4 个顶点，并根据 z_3 向上作出上部四棱柱的轴测图，如图 4.12(e)、图 4.12(f)所示。

(5)擦去多余的作图线，加深图线，完成该形体的正等测投影，如图 4.12(g)所示。

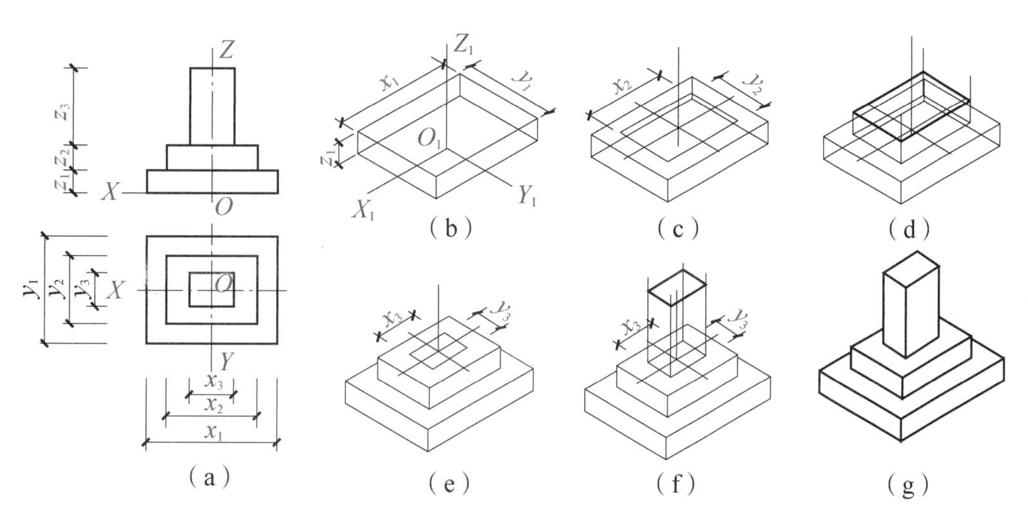

图 4.12　叠加形体的正等测投影

在正等测投影中，平行于坐标面的圆的投影都是椭圆。图 4.13 所示为分别平行于三个不同坐标面的直径相同的圆的正等测投影。平行于坐标面的圆的正等测投影常用四心圆法作近似绘制。

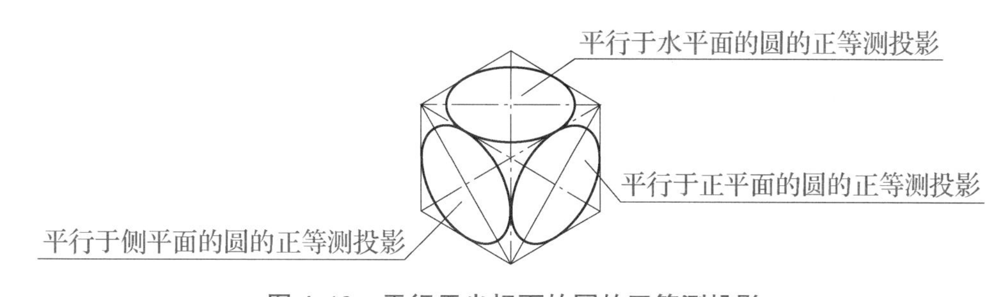

图 4.13　平行于坐标面的圆的正等测投影

【例 4.4】已知圆形投影，作圆形的正等测投影。

分析：圆平行于水平面，可以先作出圆的外切正方形的正等测投影，然后采用四心圆法作近似椭圆绘制出圆的正等测投影。

作图：

(1)确定坐标轴，并在正投影图上标明，原点 O 选在圆心，作出圆的外切正方形，如图

4.14(a)所示。

(2)作轴测轴 O_1X_1、O_1Y_1，用坐标法作出圆的外切正方形的正等测投影，如图 4.14(b)所示。

(3)连接 F_1A_1、F_1D_1 或 H_1B_1、H_1C_1 分别交长轴于 M_1、N_1，如图 4.14(c)所示。

(4) 分别以 F_1、H_1 为圆心，F_1A_1、H_1C_1 为半径作大圆弧$\overset{\frown}{A_1D_1}$和$\overset{\frown}{B_1C_1}$，如图 4.14(d)所示。

(5)分别以 M_1、N_1 为圆心，M_1A_1、N_1C_1 为半径作小圆弧$\overset{\frown}{B_1A_1}$和$\overset{\frown}{C_1D_1}$，如图 4.14(e)所示。大圆弧$\overset{\frown}{A_1D_1}$、$\overset{\frown}{B_1C_1}$和小圆弧$\overset{\frown}{B_1A_1}$、$\overset{\frown}{C_1D_1}$就组成了一个近似椭圆。

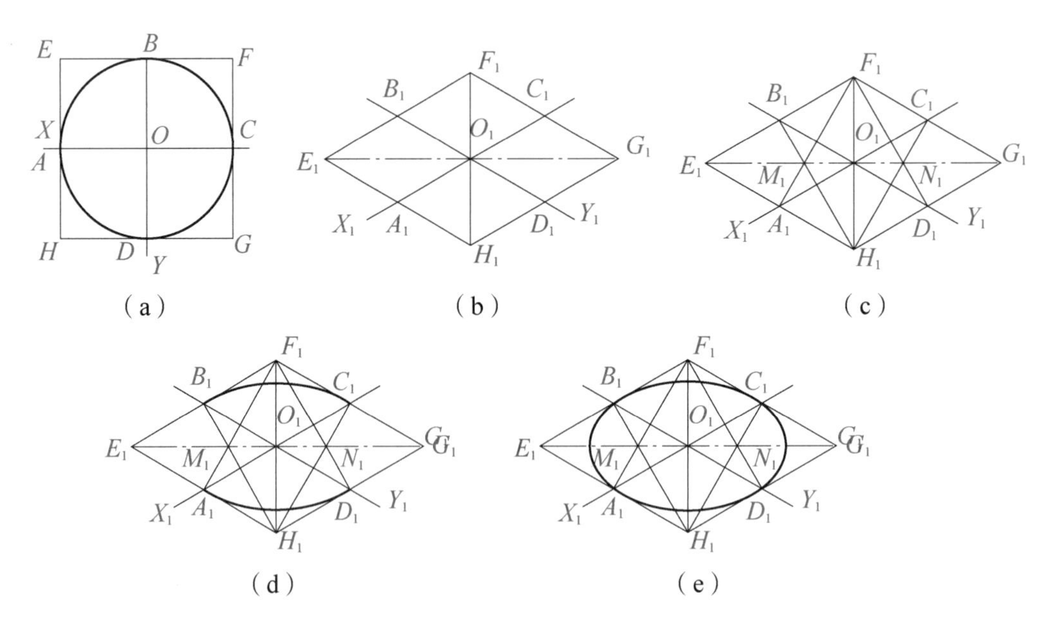

图 4.14　圆形的正等测投影

【例 4.5】已知踏步的水平投影和正面投影，作踏步的正面斜二测投影。

分析：该形体可视为一个柱状体。该柱状体两底面形状相同，为　形，因此采用端面法画图。

作图：

(1)确定坐标轴，并在正投影图上标明，原点 O 选在前表面的右下角，如图 4.15(a)所示。

(2)画轴测轴 O_1X_1、O_1Y_1、O_1Z_1，相应尺寸由已知正投影图上截取，用坐标法画出踏步前端面的轴测投影，如图 4.15(b)所示。

(3)从前端面的各顶点向后作出 O_1Y_1 轴的平行线作为宽度线，如图 4.15(c)所示。

(4)按 $q=0.5$ 确定踏步宽度并依次截取，连接后端面可见点，如图 4.15(d)所示。

(5)擦去作图线，整理加深可见轮廓线，完成全图，如图 4.15(e)所示。

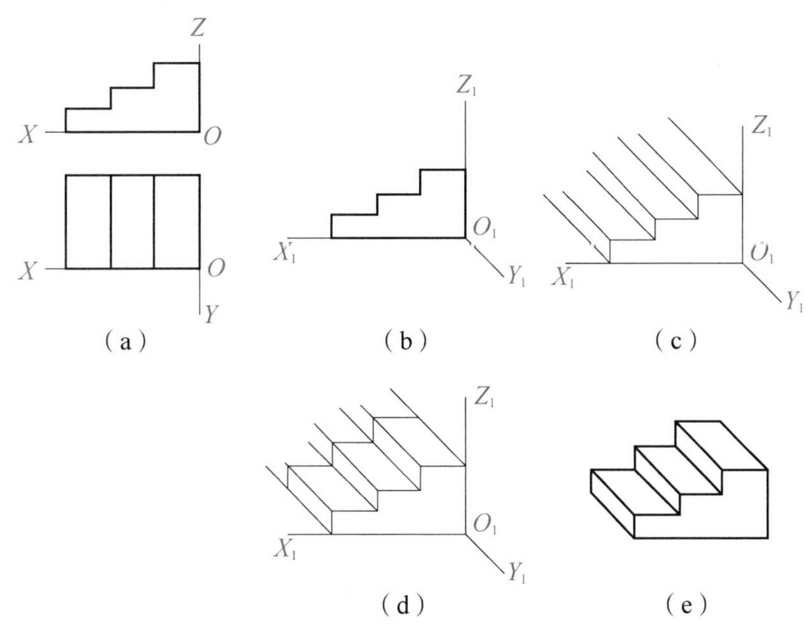

图 4.15　踏步的正面斜二测投影

绘图实训(轴测投影)

(1) ★★根据图 4.16 所示正投影图作出形体的正等测轴测图。

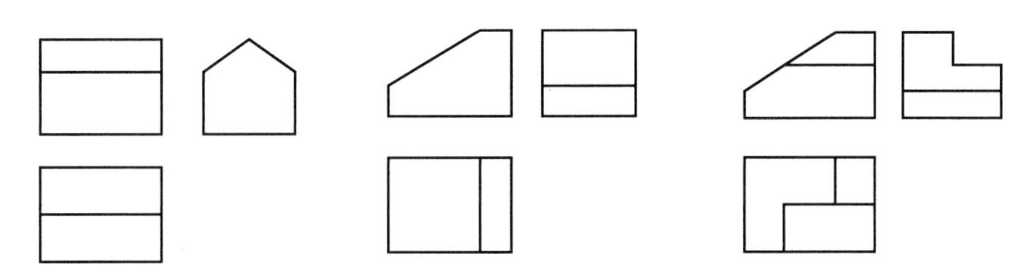

图 4.16　根据正投影图作正等测轴测图

(2) ★★根据图 4.17 所示正投影图作出形体的斜二测轴测图。

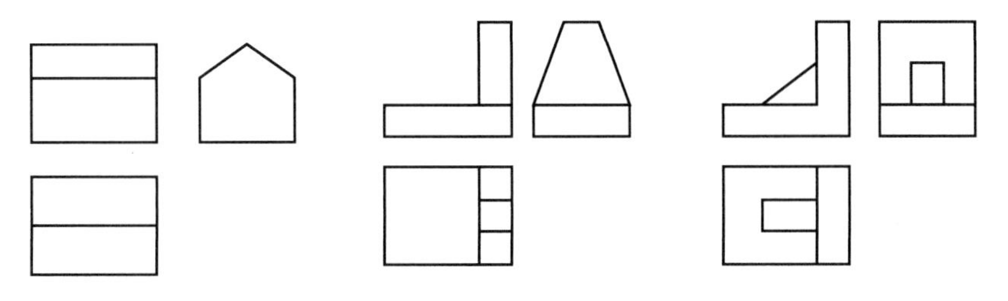

图 4.17　根据正投影图作斜二测轴测图

(3) ★★画水平圆的正等测轴测图。

(4) ★★★画圆柱和圆锥的正等测轴测图。

头脑风暴 4-1：

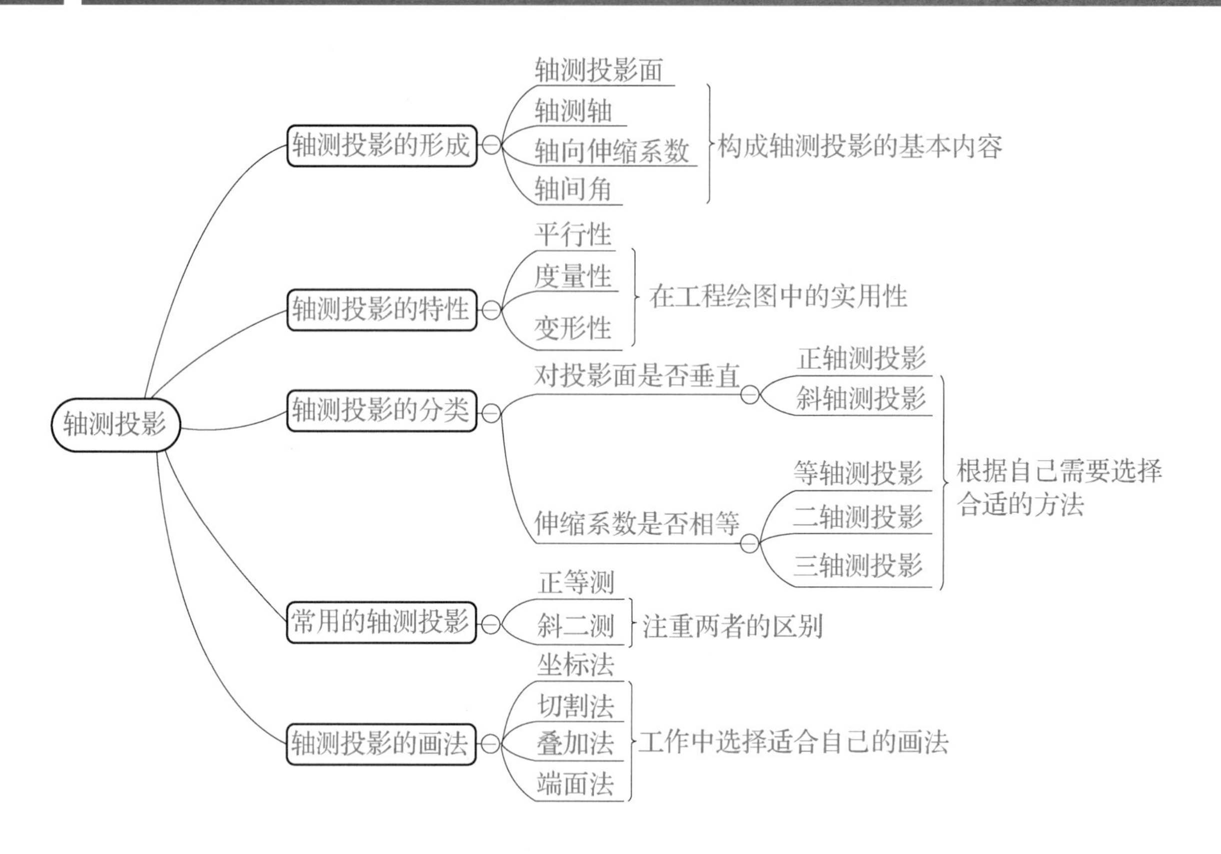

学习评价 4-1：

学习目标核验表（S 表示熟练掌握，J 表示基本掌握，X 表示需要帮助）

学习任务	学习内容	自我评价	学习反思
基础理论	知识点 1　轴测投影的形成 知识点 2　轴测投影的特性 知识点 3　轴测投影的分类 知识点 4　常用的轴测投影 知识点 5　轴测投影的画法	S□　J□　X□ S□　J□　X□ S□　J□　X□ S□　J□　X□ S□　J□　X□	
能力培养	1. 了解轴测投影的分类及形成方法 2. 掌握正等测轴测图的画法，能绘制简单形体的正等测轴测图 3. 掌握斜二测轴测图的画法，能绘制简单形体的斜二测轴测图	S□　J□　X□ S□　J□　X□ S□　J□　X□	
拓展提升	1. 形体正等测轴测图的画法 2. 形体斜二测轴测图的画法	S□　J□　X□ S□　J□　X□	

★学习任务 4-2　绘制剖面图

知识点 1　剖面图的形成
知识点 2　剖面图的标注
知识点 3　剖面图的线型
知识点 4　剖面图的分类
知识点 5　剖面图的画法

学习目标 4-2:

(1)了解剖面图的形成方法。
(2)掌握剖面图的标注、线型及分类方法，能准确绘制剖切符号。
(3)掌握剖面图的画法，能在教师指导下或视频引导下完成例图剖面图的绘制。

任务书 4-2:

参照引导问题观看知识点教学视频，通过小组合作、搜索互联网相关信息以及学习活页教材中相关知识点，完成三级引导问题。在掌握剖面图基本理论的基础上，通过识读及绘制剖面图的练习，理解剖面图的概念，提高识图与绘图能力，培养职业素养。学习过程中，认真记录学习目标核验表，并通过自我评价、小组互评和教师评价进行总结反思。

引导问题 4-2:

(★基础理论任务　★★能力培养任务　★★★拓展提升任务)

(1)★分别切胡萝卜和圆白菜，切之前想象一下切开面是什么样的。切开后看看切面是否和你想象的一样，试着根据自己的感受总结什么是剖面图。

(2)★剖切符号由________及________组成。

(3)★剖切位置线用两小段________线绘制，长度宜为________ mm。

(4)★投射方向线用________线绘制，长度宜为________ mm。

(5)★在剖面图中，被剖切面切到部分的轮廓线用________线绘制。

(6)★在剖面图中，轮廓线内画材料图例线，在不指明材料时，可以用等间距、同方向的45°________线来表示；剖切面没有切到、但沿投射方向可以看到的部分，用________线绘制。

(7)★剖面图分为________、________、________、________、旋转剖面图。

(8) ★半剖面图中的对称中心线用________线表示。

(9) ★半剖面图中，当对称中心线为竖直时，将外形投影绘在中心线________方，剖面图绘在中心线________方；当对称线为水平线时，将外形投影绘于中心线________方，剖面图绘在中心线________方。

(10) ★半剖面图中另半个投影图的虚线还需要画出吗？

(11) ★★在图 4.18 中指出剖切位置线与投射方向线。

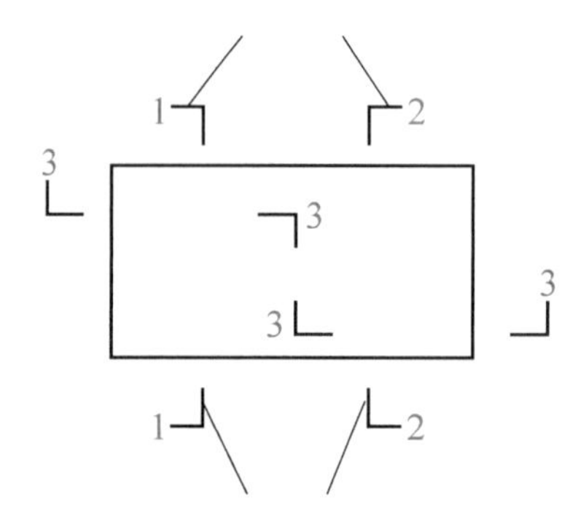

图 4.18　指出剖切位置线与投射方向线

学习资料 4-2：

在售楼部，有一种立体模型使我们可以清楚地看到每种户型的内部布局，如图 4.19 所示。可以看出，这种模型是将房屋用水平面剖切后，将屋顶部分拿走形成的。

图 4.19　户型模型

知识点 1　剖面图的形成

在形体的三面正投影图中，可见的轮廓线用实线表示，不可见的轮廓线用虚线表示，如图 4.20 所示。如果假想用一个剖切面在适当部位将形体剖开，移去剖切面与观察者之间的那部分形体，对剩余部分做正投影，并将剖切面与形体接触的部分画上剖面线或材料图例，这样得到的投影图称为剖面图，如图 4.21 所示。这时，形体看不见的部分变成了看得见的部分，减少了图中的虚线，使图更容易识读。

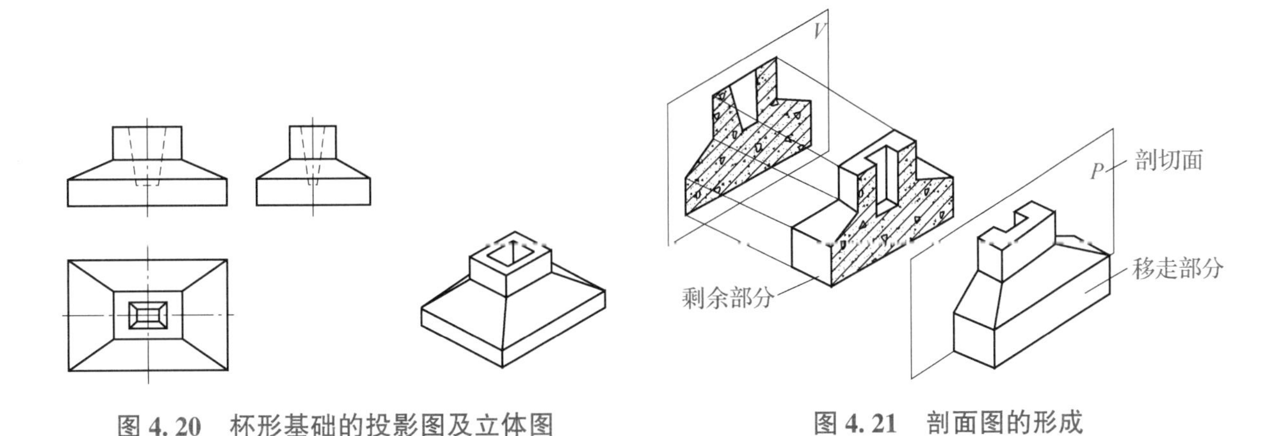

图 4.20　杯形基础的投影图及立体图　　　　图 4.21　剖面图的形成

知识点 2　剖面图的标注

用剖面图配合其他投影图表达物体时，要在投影图上将所画剖面图的剖切位置、投射方向和编号在图样中标注出来。制图标准规定，剖面图的标注由剖切符号和编号两部分组成。剖面图的标注如图 4.22 所示。

1. 剖切符号

剖面图的剖切符号由剖切位置线及投射方向线组成。

(1)剖切位置线：用直线表示剖切平面的位置，称为剖切位置线。在投影图中剖切位置线用两小段粗实线绘制，长度宜为 6~10mm；绘制时，剖切符号不应与图面上的其他图线相接(不穿越图形)。

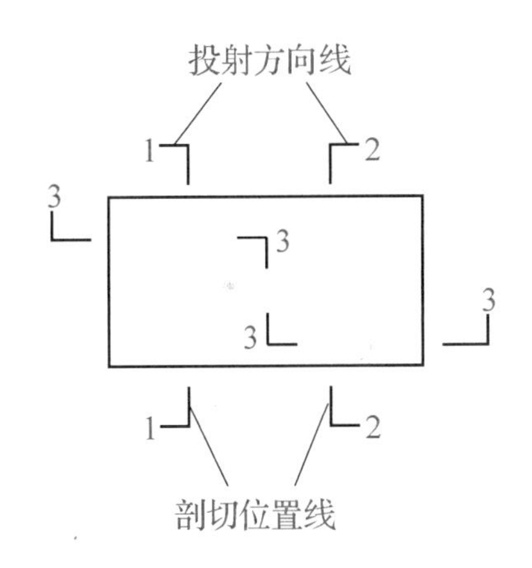

图 4.22　剖面图的标注

(2) 投射方向线：为了表明剖切后剩下部分形体的投射方向，在剖切位置线两端的同侧，各画一段短粗实线表示投影方向，如：画在剖切位置线的左边表示向左边投射。投射方向线应垂直于剖切位置线，长度应短于剖切位置线，宜为 4~6mm。

2. 编号

对复杂结构的形体，可能要同时剖切几次，为了区分清楚，对每一次剖切要进行编号。编号宜采用阿拉伯数字，按顺序由左至右、由下至上连排，并应注写在投射方向线的端部。需要转折的剖切位置线，应在转角的外侧加注与该符号相同的编号。

知识点 3　剖面图的线型

在剖面图中，除应画出剖切面切到部分的图形外，还应画出沿投射方向看到的部分。被剖切面切到部分的轮廓线用粗实线绘制；轮廓线内画材料图例线，在不指明材料时，可以用等间距、同方向的 45°细实线来表示；剖切面没有切到但沿投射方向可以看到的部分，用中实线绘制；不可见的线(虚线)一般不再画出。

知识点4　剖面图的分类

1. 全剖面图

假想用一个剖切平面将形体全部剖开所得到的剖面图，称为全剖面图，如图4.23所示。全剖面图适用于不对称形体，或者虽然对称但外形简单、内部比较复杂的物体。

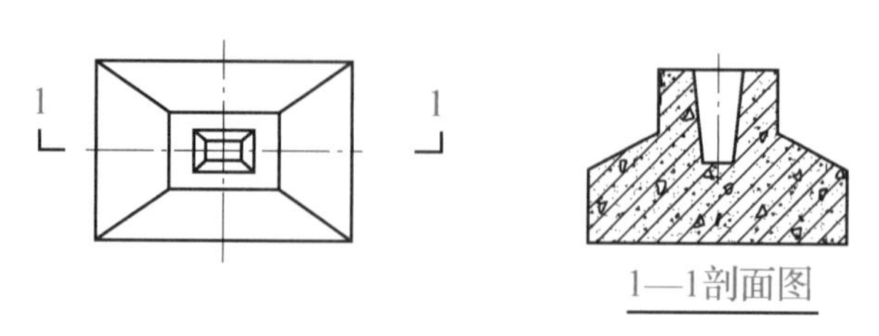

图4.23　全剖面图

2. 半剖面图

当建筑形体内外形状均左右对称或前后对称，外形又比较复杂时，可将其投影的一半画成表示物体外部形状的正投影，另一半画成表示内部结构的剖面图，以同时表示形体的外形和内部构造。这种投影图和剖面图各占一半的剖面图，称为半剖面图。

对称中心线用细点画线表示，当对称中心线为竖直时，将外形投影绘在中心线左方，剖面图绘在中心线右方；当对称中心线为水平线时，将外形投影绘于中心线上方，剖面图绘在中心线下方。如图4.24所示。

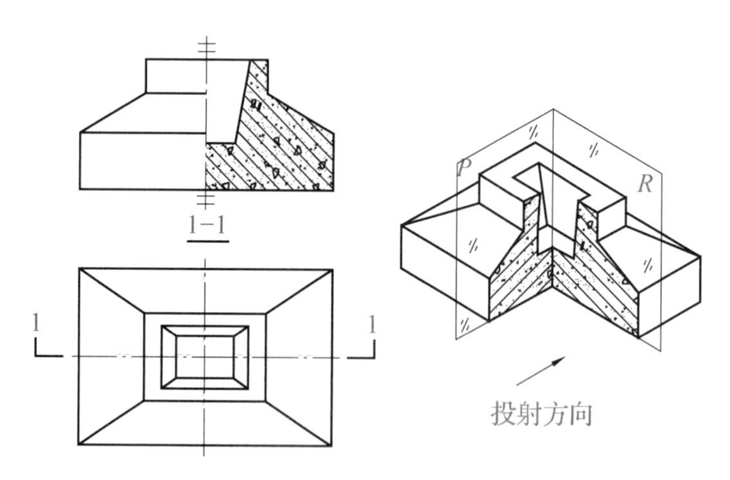

图4.24　半剖面图

由于剖切前投影图是对称的，剖切后在半个剖面图中已清楚表达了内部结构形状，所以在另半个投影图中，不可见的线(虚线)一般不再画出。

3. 局部剖面图

当建筑形体的外形比较复杂，完全剖开后就无法清楚表示它的外形时，可以保留原投影大部分，而只将局部画成剖面图。

局部剖面图只是物体整个形状投影图中的一部分，因此不标注剖切符号。但是，投影图与局部剖面之间，要用徒手画的波浪线(断开界线)分界，且波浪线不得与轮廓线重合，也不得超出轮廓线。

如图 4. 25 所示的杯形基础，可在其投影图的一角"剖开"，绘出钢筋配置情况。

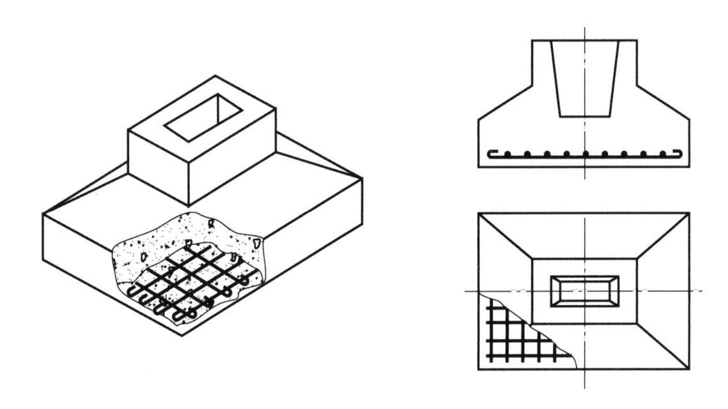

图 4. 25　局部剖面图

在工程图中，为了表示物体局部的构造层次，用分层剖切的方法画出各构造层次的剖面图，称局部分层剖切剖面图。这种剖面图多用于表达楼面、地面和屋面的构造，画图时应以波浪线将各层分开。如图 4. 26 所示。

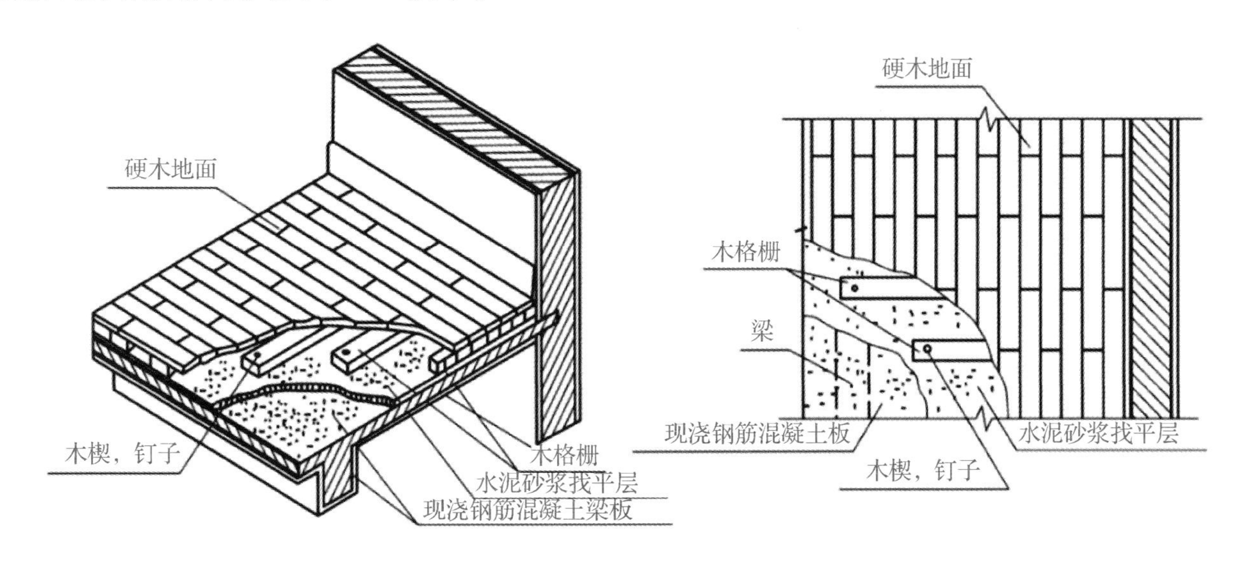

图 4. 26　局部分层剖切剖面图

4. 阶梯剖面图

一个剖切平面，若不能将形体上需要表达的内部构造一齐剖开，可用两个以上互相平行的剖切平面，沿着需要表达的位置将形体剖开，然后画出剖面图。这种剖切方法称为阶梯剖。

阶梯剖适用于用一个剖切平面不能同时剖切到所要表达的几处内部构造的建筑形体。

如图 4. 27 所示，这个物体在前后不同位置上有一个圆孔和长方孔。为了全面地表达其内部形状，可以假想用通过圆孔轴线和长方孔中心的两个互相平行的正平面剖切这个物体，移去两个剖切平面之前的部分，将后面剩余的部分向正投影面投射，便得到 1-1 剖面图。

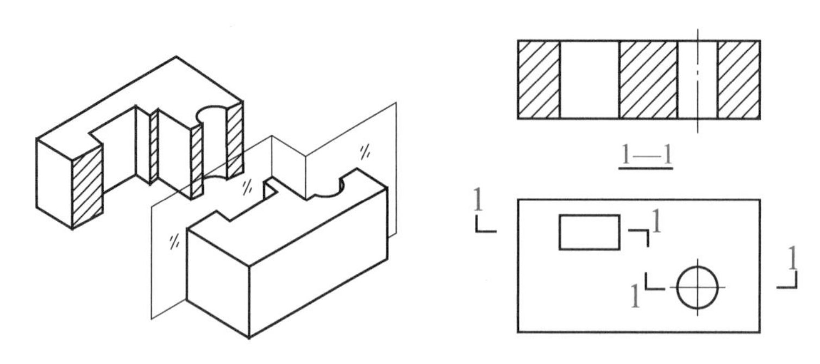

图 4. 27　阶梯剖面图

画阶梯剖时应该注意：由于剖切是假想的，所以阶梯形剖切平面的转折处，在剖面图上规定不应画出两剖切平面转折处的分界线。同时，在标注剖切符号时，应在两剖切平面转角的外侧加注与该符号相同的编号。

*5. 旋转剖面图

用两个以上相交的剖切平面剖切物体，这种剖切方法称为旋转剖。采用旋转剖时，其中一个剖切平面平行于一投影面，另一个剖切平面则与这个投影面倾斜。

将用平行于投影面的剖切平面剖开的部分直接向投影面投射；将用倾斜于投影面的剖切平面剖开的部分绕两剖切平面的交线旋转到平行于该投影面的位置，然后向该投影面投射，如图 4. 28 所示。旋转剖面图的图名后应加注“展开”二字。

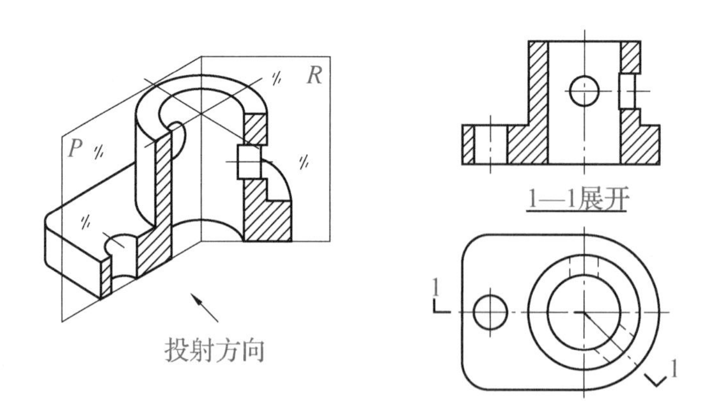

图 4. 28　旋转剖面图

知识点 5　剖面图的画法

1. 确定剖切位置

剖切平面一般平行于基本投影面，从而使断面的投影反映实形，并应尽量通过形体上的孔、洞、槽等，将形体内部表示清楚。形体在构造上有对称面的，剖切面一般应通过对称面。

2. 画剖面图

剖面图是假想移去形体在剖切面和观察者之间的部分，对留下的部分形体作投影图。因此，画其他投影图时，不应受到剖切的影响，仍然按完整的形体画出投影图。

3. 画材料图例

剖面图中剖切面与形体接触部分的投影必须画上表示材料类型的图例。如果没有指明材料图例，要用剖面线表示。剖面线用45°方向等间距的平行线表示，其线型为细实线。

4. 注写图名

在对应剖面图的下方，写上与该图相对应的剖切符号编号，作为该图的图名，如“1-1 剖面图”。同时，在图名的下方画上与之等长的粗实线。

绘图实训(剖面图)

(1)★★画出图4.29所示杯形基础的1-1剖面图。

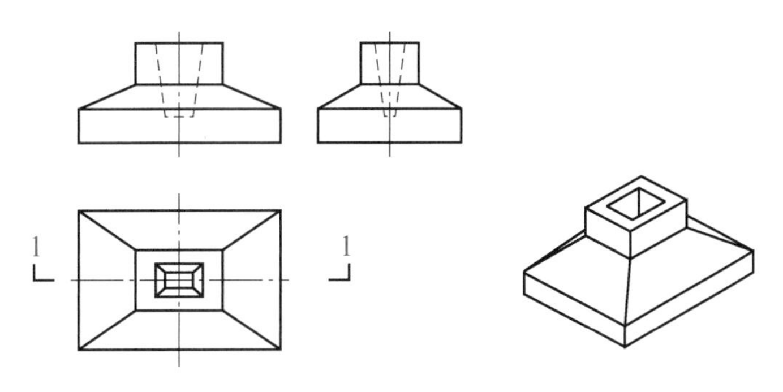

图4.29 画出杯形基础的剖面图

(2)★★请准确绘制图4.30所示各图的剖面图。

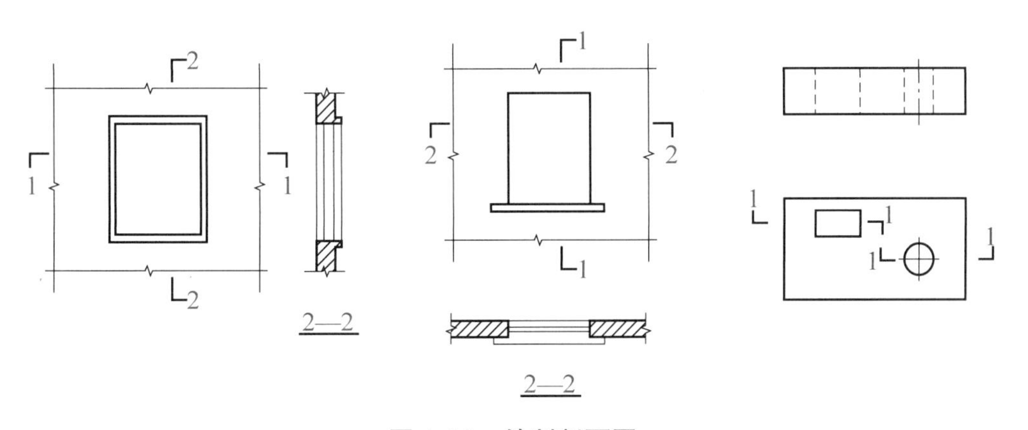

图4.30 绘制剖面图

(3) ★★★识读并抄绘图 4.31 所示的单层住宅建筑剖面图。

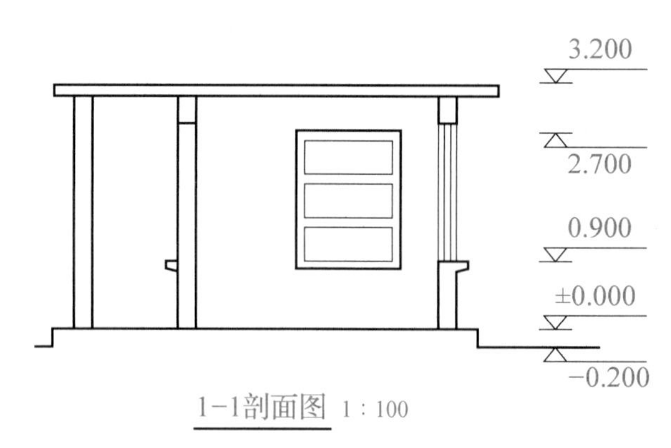

图 4.31 单层住宅建筑剖面图

头脑风暴 4-2:

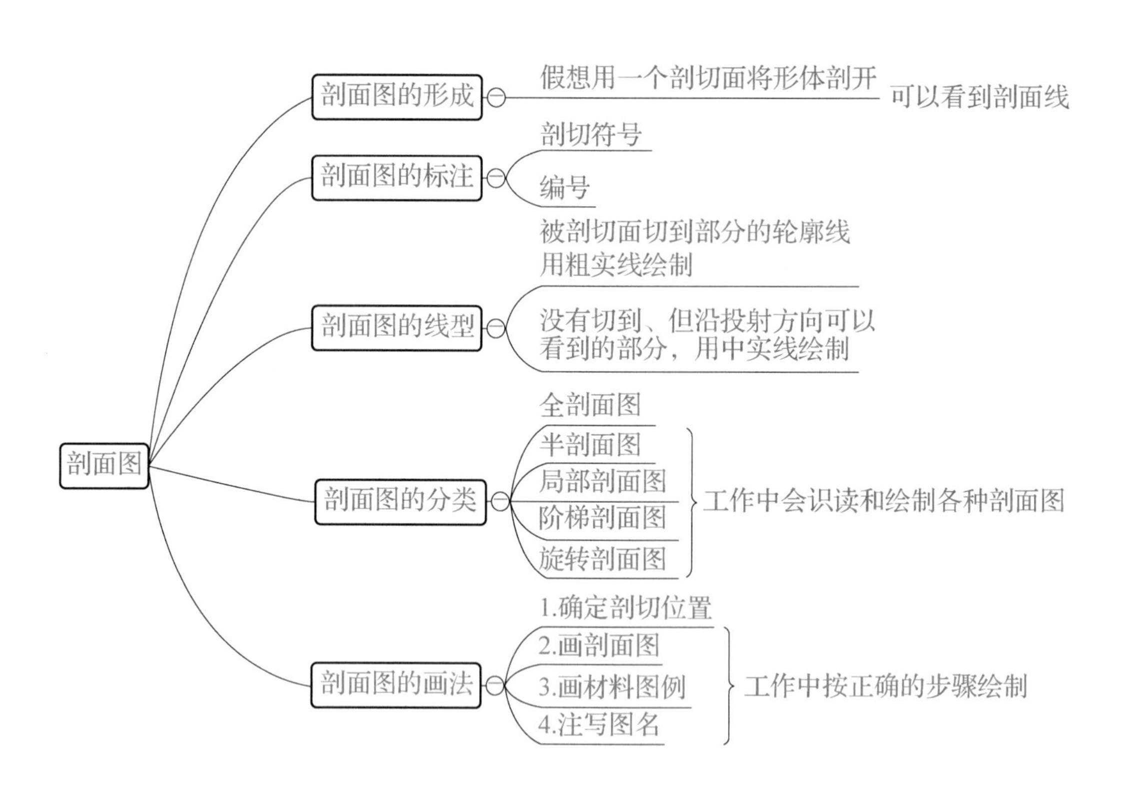

学习评价 4-2:

学习目标核验表(S 表示熟练掌握，J 表示基本掌握，X 表示需要帮助)

学习任务	学习内容	自我评价	学习反思
基础理论	知识点 1　剖面图的形成	S□　J□　X□	
	知识点 2　剖面图的标注	S□　J□　X□	
	知识点 3　剖面图的线型	S□　J□　X□	
	知识点 4　剖面图的分类	S□　J□　X□	
	知识点 5　剖面图的画法	S□　J□　X□	
能力培养	1. 能准确绘制剖切符号	S□　J□　X□	
	2. 能在教师指导下或视频引导下完成例图剖面图的绘制	S□　J□　X□	
拓展提升	能独立完成形体剖面图绘制	S□　J□　X□	

★学习任务 4-3　绘制断面图

知识点 1　断面图的形成

知识点 2　断面图的标注

知识点 3　剖面图和断面图的区别

知识点 4　断面图的分类

学习目标 4-3:

(1)了解断面图的形成方法。

(2)掌握断面图的标注、线型及分类方法，能准确绘制断面图剖切符号。

(3)掌握断面图的画法，能在教师指导下或视频引导下完成例图断面图的绘制。

(4)能准确区分和识读剖面图、断面图。

任务书 4-3:

参照引导问题观看知识点教学视频，通过小组合作、搜索互联网相关信息以及学习活页教材中相关知识点，完成三级引导问题。在掌握断面图基本理论的基础上，通过绘制断面图的练习，理解断面图的概念以及断面图和剖面图的区别，尝试独立进行建筑剖面图的识读和抄绘，提高识图和绘图能力，进而实现知识的跃迁和提升，培养职业素养。学习过程中，认真记录学习目标核验表，并通过自我评价、小组互评和教师评价进行总结反思。

引导问题 4-3：

（★基础理论任务　★★能力培养任务　★★★拓展提升任务）

（1）★断面图是怎么形成的？剖面图和断面图有什么异同？

（2）★断面图的标注由________和________两部分组成。

（3）★断面图的剖切位置线用两小段________线绘制，长度宜为________ mm。

（4）★断面图根据位置的不同，分为________断面图、________断面图、________断面图。

（5）★★在图 4. 32 中画出剖面图和断面图的剖切符号。

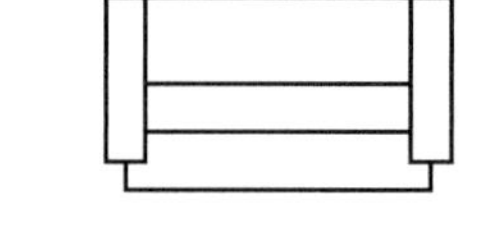

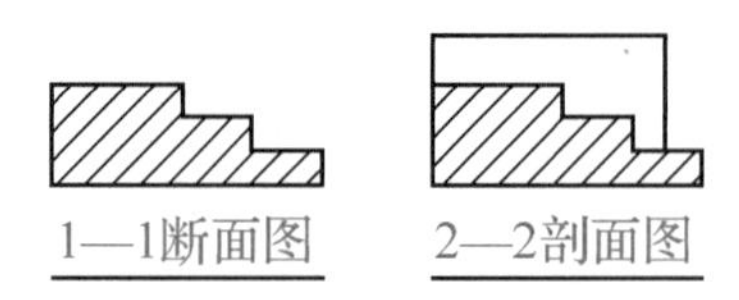

图 4. 32　画出剖面图和断面图的剖切符号

学习资料 4-3：

知识点 1　断面图的形成

假想用剖切平面将形体剖开后，仅将剖切面与形体接触部分即截断面向剖切面所平行的投影面作正投影，所得到的图形称为断面图，又称截面图，如图 4. 33 所示。

断面图主要用来表示形体某一局部截断面的形状。

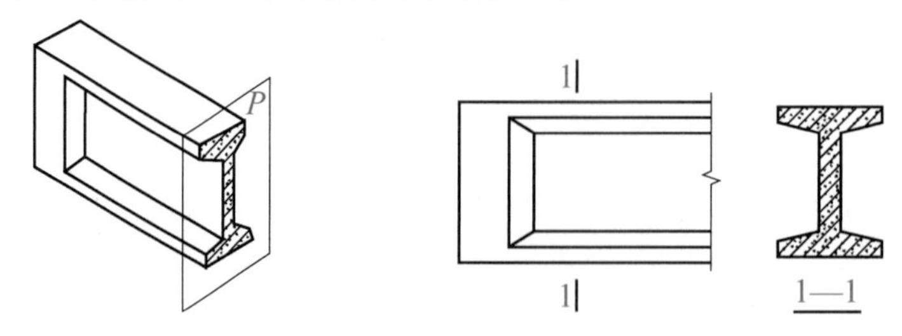

图 4. 33　断面图示例

知识点 2　断面图的标注

断面图的标注由剖切位置线和编号两部分组成，如图 4. 34 所示。

(1) 剖切位置线：断面图的剖切位置线同剖面图一样，用不穿越图形的两小段短粗实线表示，长度一般为 6~10mm。

(2) 编号：编号采用阿拉伯数字，按顺序由左至右、由下至上连排，用编号的注写位置来表示投射方向。如：编号写在剖切位置线下侧，表示向下投射；编号写在剖切位置线右方，表示向右投射。

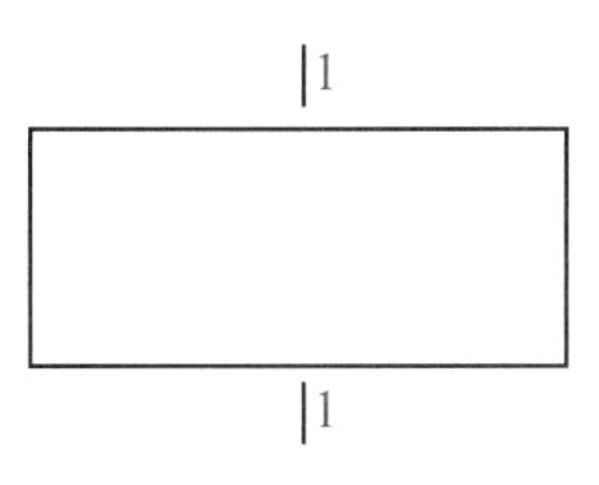

图 4. 34　断面图的标注

知识点 3　剖面图和断面图的区别

1. 投影主体不同

剖面图是形体被剖开后所留下部分的整体投影，是体的投影；而断面图只是对形体被剖开后的截断面做投影，是面的投影。

2. 图示内容不同

断面图只画出剖切到的截断面部分的图形，剖面图除画出断面图形外，还应画出沿投射方向未被切到但能看到部分的投影。剖面图中包含了断面图，而断面图属于剖面图中的一部分。

3. 剖切符号的标注不同

剖面图的剖切符号由剖切位置线及投射方向线和编号组成。

断面图剖切符号只画剖切位置线，不画投射方向线，用编号的注写位置来表示投射方向。

4. 图线线型不同

剖面图中被剖切面切到的轮廓线用粗实线绘制；轮廓线内画材料图例线，没有切到但沿投射方向可以看到的部分用中实线绘制。断面图中没有中实线。

图 4. 35 所示为一杆件的剖面图与断面图。

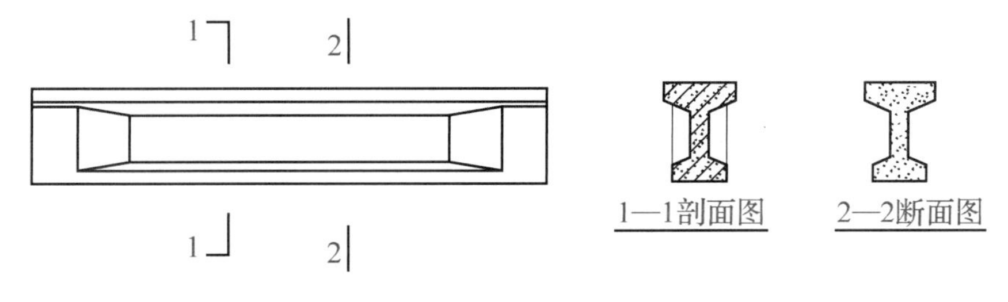

图 4. 35　杆件的剖面图与断面图

图 4. 36 所示为一踏步用剖切面剖开后向投影面投射得到的剖面图和断面图。

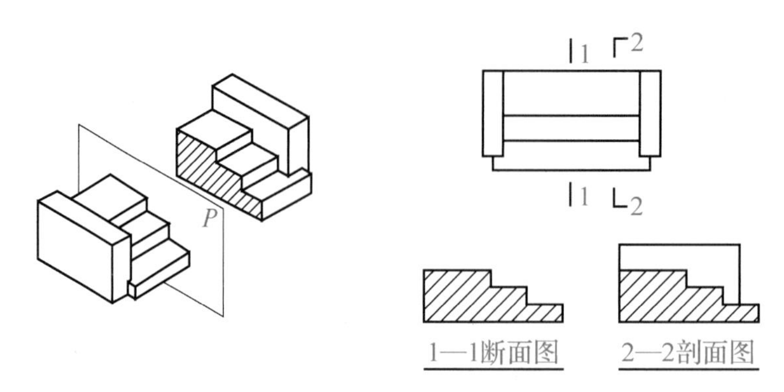

图 4. 36　踏步的剖面图与断面图

知识点 4　断面图的分类

断面图根据位置的不同，分为移出断面图、重合断面图、中断断面图。

1. 移出断面图

画在投影图之外的断面图称为移出断面图，如图 4. 37 所示。移出断面图应靠近投影图，并整齐地排列以便于识读。移出断面图尺寸较小时，断面可涂黑表示。断面图也可用较大的比例绘出，以利于标注尺寸和清晰地显示截断面的构造。

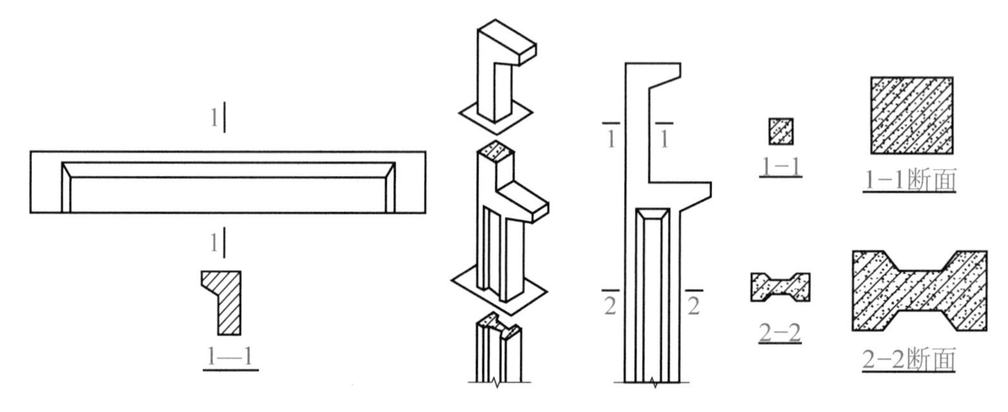

图 4. 37　移出断面图

2. 重合断面图

画在投影图中的断面图称为重合断面图，如图 4. 38 所示。重合断面的轮廓线用粗实线画出，并且不加任何标注，投影图上与断面图重合的轮廓线不应断开，仍应完整地画出。

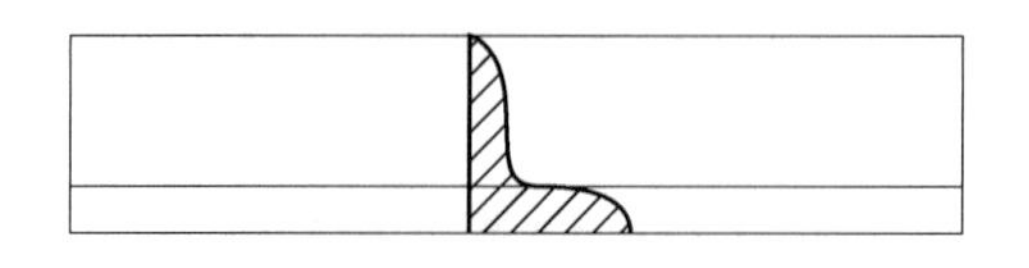

图 4. 38　杆件的重合断面图

重合断面图常用来表示墙壁立面装饰上的凹凸起伏状况［见图 4.39(a)］或屋顶结构的断面［见图 4.39(b)］。

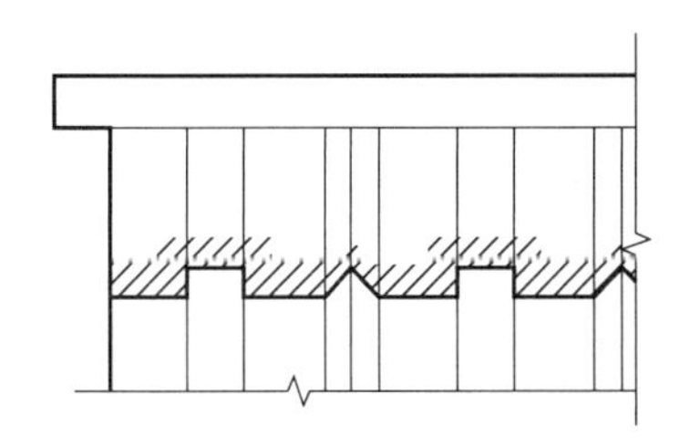

（a）墙壁立面装饰的重合断面图

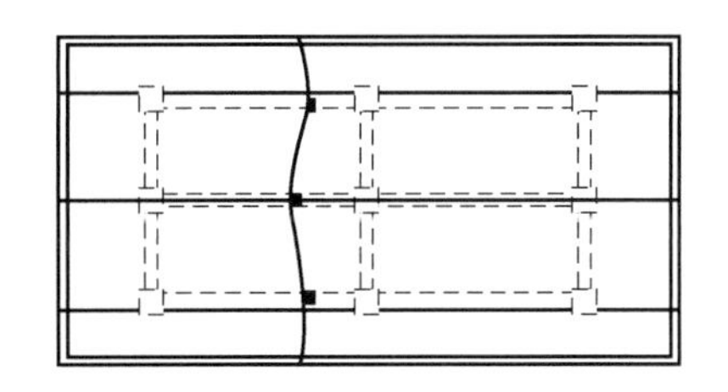

（b）屋顶结构的重合断面图

图 4.39　重合断面图

3. 中断断面图

中断断面图直接画在断开处，如图 4.40 所示。这种画法适用于表示较长而只有单一断面的杆件及型钢。

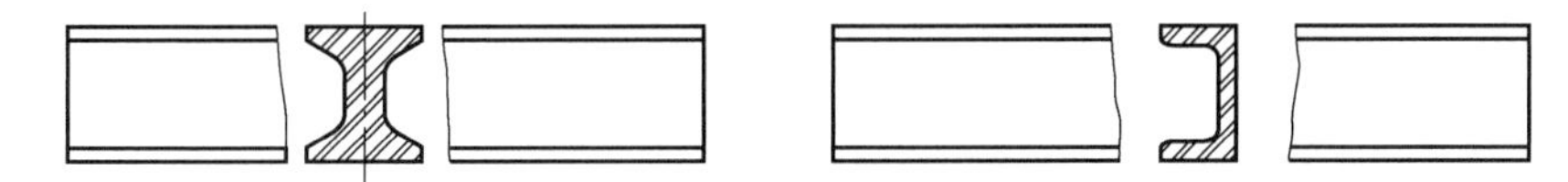

图 4.40　中断断面图

绘图实训(断面图)

(1) ★★请在图 4.41 中准确绘制移出断面图。

(2) ★★请在图 4.42 中分别绘制杆件的剖面图和断面图。

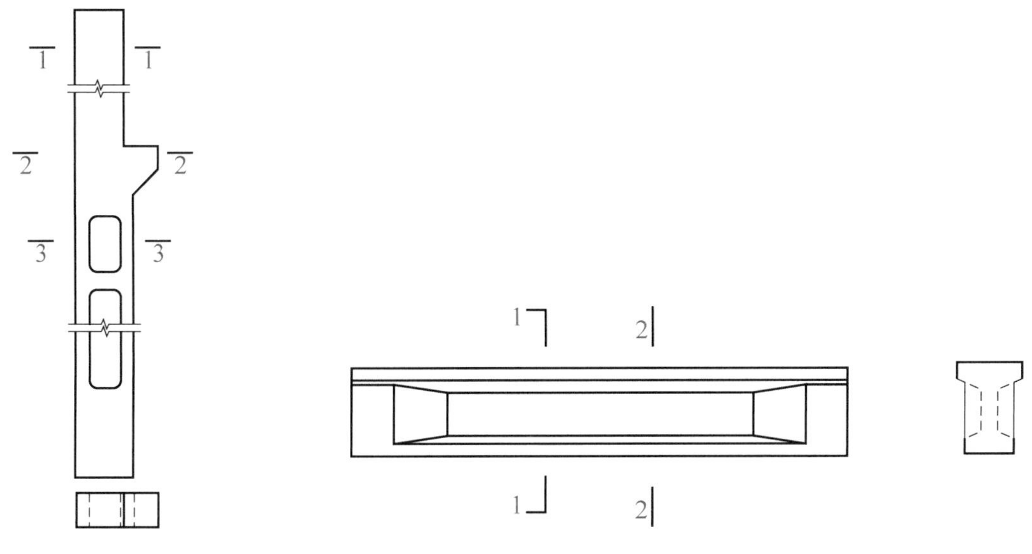

图 4.41　绘制移出断面图

图 4.42　绘制剖面图和断面图

头脑风暴 4-3：

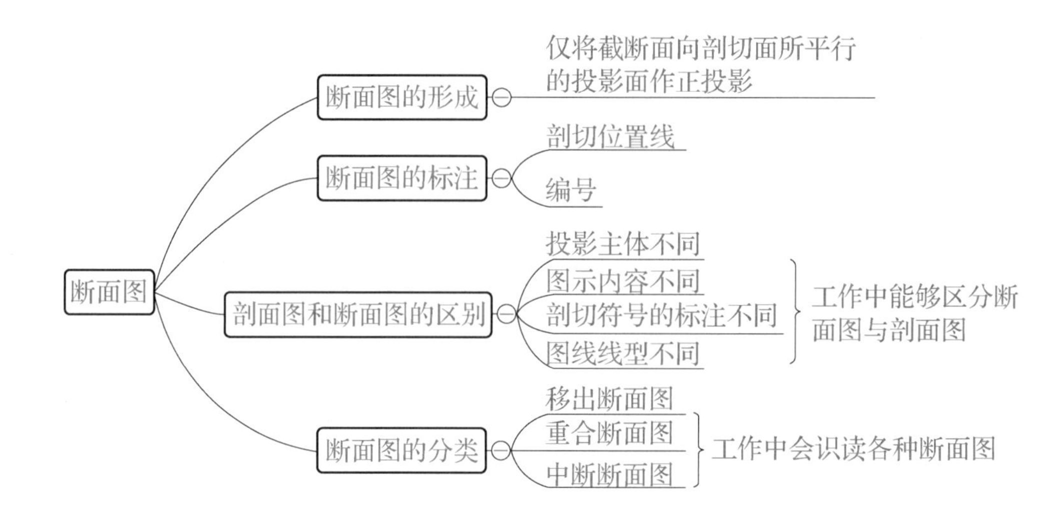

学习评价 4-3：

学习目标核验表（S 表示熟练掌握，J 表示基本掌握，X 表示需要帮助）

学习任务	学习内容	自我评价	学习反思
基础理论	知识点 1　断面图的形成	S□　J□　X□	
	知识点 2　断面图的标注	S□　J□　X□	
	知识点 3　剖面图和断面图的区别	S□　J□　X□	
	知识点 4　断面图的分类	S□　J□　X□	
能力培养	1. 能准确绘制断面剖切符号	S□　J□　X□	
	2. 能在教师指导下或视频引导下完成例图断面图的绘制	S□　J□　X□	
	3. 能准确区分和识读剖面图、断面图	S□　J□　X□	
拓展提升	能独立识读并抄绘单层住宅建筑剖面图	S□　J□　X□	

★学习任务 4-4　绘制并识读建筑形体尺寸

知识点 1　标注尺寸的种类

知识点 2　标注尺寸的步骤

知识点 3　标注尺寸的注意事项

学习目标 4-4：

(1) 了解建筑形体标注尺寸的种类。
(2) 掌握建筑形体标注尺寸的步骤和注意事项。
(3) 能够准确识读建筑形体的尺寸。

任务书 4-4：

参照引导问题观看知识点教学视频，通过小组合作、搜索互联网相关信息以及学习活页教材中相关知识点，完成三级引导问题。在掌握尺寸标注基本理论和方法的基础上，通过建筑形体尺寸标注的反复练习，掌握识读建筑图尺寸标注的方法，进而能够准确标注建筑形体尺寸，提高识图和绘图能力，培养职业素养。学习过程中，认真记录学习目标核验表，并通过自我评价、小组互评和教师评价进行总结反思。

引导问题 4-4：

(★基础理论任务　★★能力培养任务　★★★拓展提升任务)

(1) ★建筑形体投影图应标注的尺寸包括________、________、________三种。
(2) ★定形尺寸是指____。
(3) ★定位尺寸是指____。
(4) ★总体尺寸是指____。
(5) ★标注尺寸的步骤：1 ________ 2 ________ 3 ________ 4 ________。
(6) ★简述标注尺寸的注意事项。

学习资料 4-4：

知识点 1　标注尺寸的种类

建筑形体投影图必须标注相应的实际尺寸，以明确表示形体的大小和各部分的相对位置关系。建筑形体投影图应标注的尺寸包括定形尺寸、定位尺寸和总体尺寸三种。

1. 定形尺寸

定形尺寸是指确定组成建筑形体的各基本体形状、大小的尺寸。

基本几何体形状简单，只要注出它的长度、宽度、高度或直径、半径等，就可以确定它的大小。尺寸一般注写在反映该形体特征的投影上，并尽可能集中标注在一两个投影的下方和右方。如图 4.43 所示。

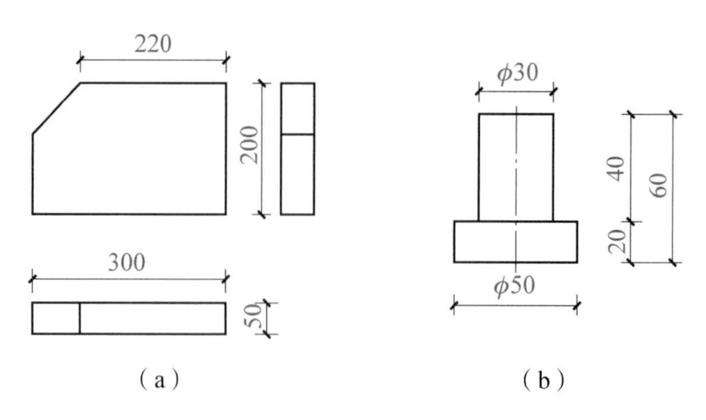

图 4.43　定形尺寸标注示例

2. 定位尺寸

定位尺寸是确定各基本几何体在建筑形体中相对位置的尺寸，如图 4.44 所示。

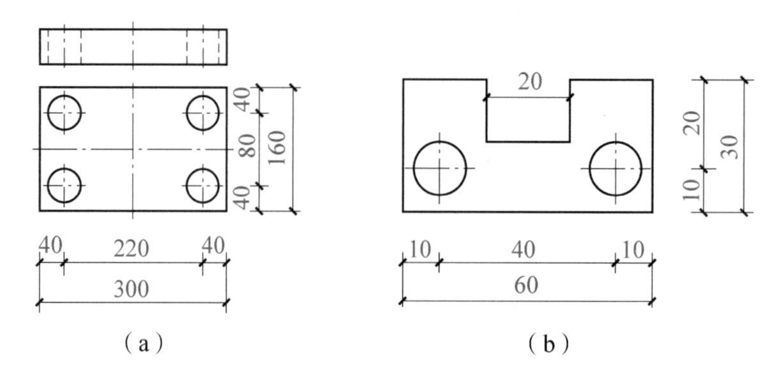

图 4.44　定位尺寸和总体尺寸标注示例

3. 总体尺寸

总体尺寸是确定形体外形总长度、总宽度、总高度的尺寸，如图 4.44 所示。

知识点 2　标注尺寸的步骤

如图 4.45 所示，以标注踏步的尺寸为例，首先进行形体分析：踏步可以看成是由底部四棱柱、上部四棱柱和梯形棱柱组成的。

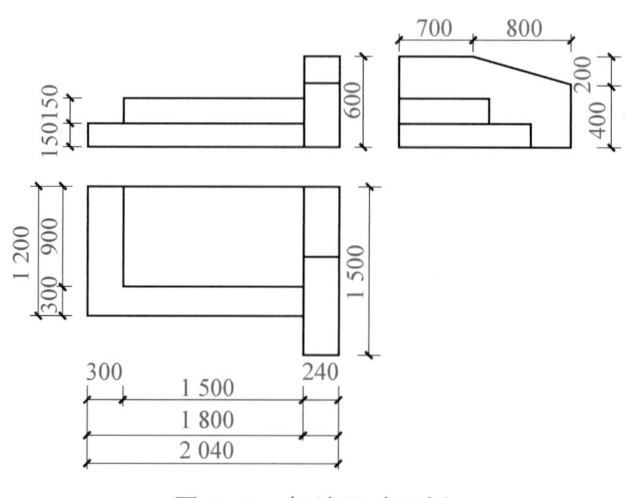

图 4.45　标注尺寸示例

(1)标注定形尺寸。

(2)标注定位尺寸。

(3)标注总体尺寸。

(4)尺寸检查复核。

检查有无尺寸被遗漏，数字是否端正且正确无误。同一张图幅内数字大小应一致。每一方向细部尺寸的总和应等于该方向的总尺寸。

比较简单的视图，可以先完整地标注各个基本几何体的定形尺寸，然后标注各基本几何体的定位尺寸，最后标注总尺寸；比较复杂的视图，可以先标注一个基本几何体的定形尺寸，然后标注第二个基本几何体与第一个基本几何体的定位尺寸，再标注第二个基本几何体的定形尺寸……直到标注完最后一个基本几何体的尺寸为止，最后标注形体的总体尺寸。

知识点3　标注尺寸的注意事项

尺寸是施工的重要依据，标注尺寸时必须做到：注写正确、完整清晰、符合标准。除遵照国标的有关规定外，还要注意以下几点：

1. 尺寸标注必须正确完整

尺寸标注必须符合国家标准，其基本要求是正确性和完整性。形体的每一部分都必须标注确定的大小，各部分的位置关系应准确确定，各部分尺寸不能互相矛盾。

2. 尺寸标注分布合理

尺寸一般应布置在图形轮廓线之外，不宜与图线、文字及符号相交，但又要靠近被标注的基本形体。对某些细部尺寸，允许标注在图形内。

同一基本几何体的定形、定位尺寸应尽量标在最能表达形体特征的投影图上。尺寸线的排列要整齐，应从被注图形的轮廓线由近至远整齐排列。小尺寸线离轮廓线近，在内；大尺寸线应离轮廓线远些，在外。尺寸线间的距离应相等。

绘图实训(尺寸标注)

(1)★★请在图4.46中正确标注形体尺寸。

(2)★★请在图4.47中正确标注形体尺寸。

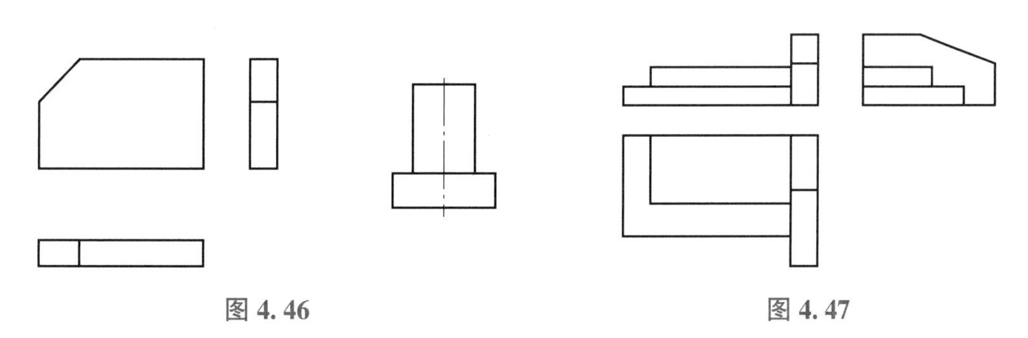

图4.46　　　　图4.47

(3)★★★完成4.48所示单层住宅建筑平面图尺寸标注(尺寸参照图2.4)。

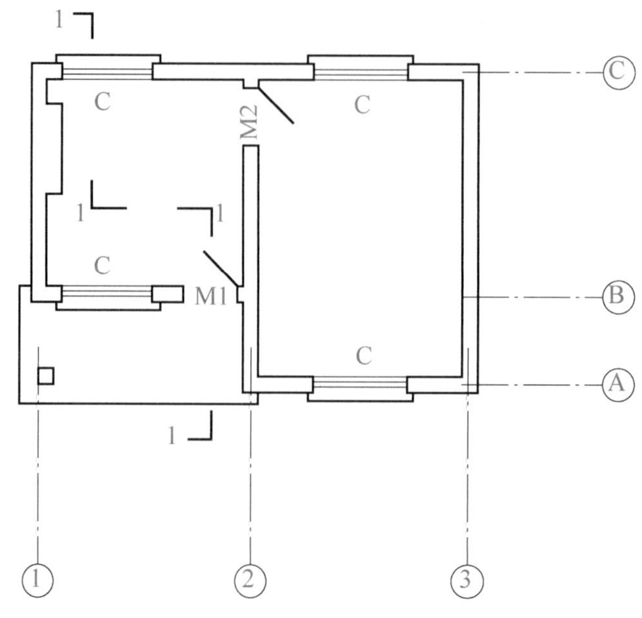

图4.48　单层住宅建筑平面图尺寸标注

头脑风暴4-4:

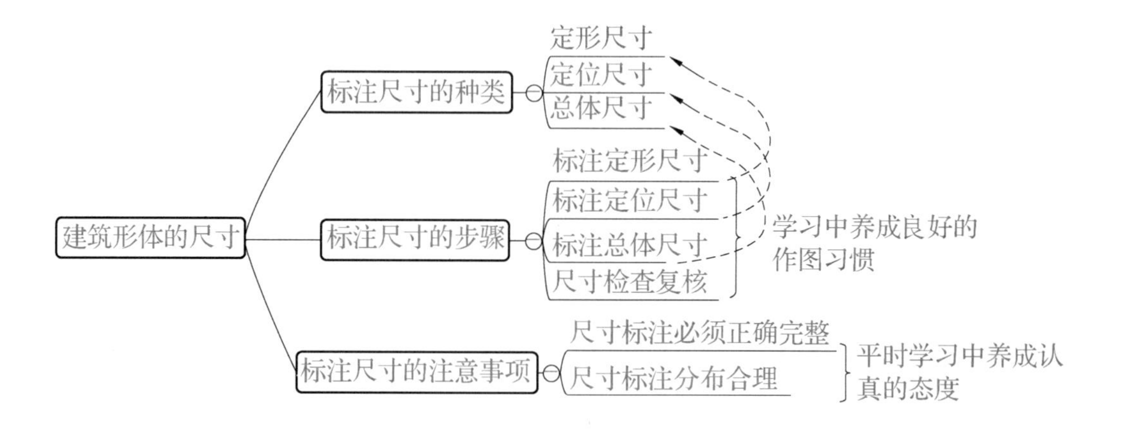

学习评价4-4:

学习目标核验表(S表示熟练掌握，J表示基本掌握，X表示需要帮助)

学习任务	学习内容	自我评价	学习反思
基础理论	知识点1　标注尺寸的种类	S□　J□　X□	
	知识点2　标注尺寸的步骤	S□　J□　X□	
	知识点3　标注尺寸的注意事项	S□　J□　X□	

续表

学习任务	学习内容	自我评价	学习反思
能力培养	1. 能够准确识读建筑形体的尺寸 2. 能够在视频引导下或教师指导下准确标注简单建筑形体的尺寸	S□　J□　X□ S□　J□　X□	
拓展提升	能够独立识读并标注简单建筑工程图尺寸	S□　J□　X□	

★学习任务 4-5　计算机绘制轴测图

知识点 1　AutoCAD 绘图软件绘制基本几何体轴测图

知识点 2　AutoCAD 绘图软件绘制组合体轴测图

学习目标 4-5：

(1) 能够按照给出图形应用 AutoCAD 绘图软件绘制基本几何体轴测图。

(2) 能够按照给出图形应用 AutoCAD 绘图软件绘制组合体轴测图。

任务书 4-5：

参照引导问题观看知识点教学视频，通过小组合作、搜索互联网相关信息以及学习活页教材中相关知识点，完成三级引导问题。在掌握 AutoCAD 绘图软件基本操作方法的基础上，通过绘制基本几何体和组合体轴测图的练习，提高计算机绘图能力，培养职业素养。学习过程中，认真记录学习目标核验表，并通过自我评价、小组互评和教师评价进行总结反思。

引导问题 4-5：

(★基础理论任务　★★能力培养任务　★★★拓展提升任务)

(1) ★AutoCAD 绘图中我们将形体正轴测投影的三个可见平面作为画线、找点等操作的基本平面，并称它们为轴测平面，根据其位置的不同，分别称为________平面、________平面和顶等轴测平面。

(2) ★一个立方体在轴测图中的可见边与水平线夹角分别是________、90°和 120°。

(3) ★简述 AutoCAD 绘图前需要设置哪些内容。

学习资料 4-5：

知识点 1　AutoCAD 绘图软件绘制基本几何体轴测图

形体的正轴测投影有三个可见平面。为了便于绘图，我们将这三个面作为画线、找点等操作的基本平面，称为轴测平面。根据其位置不同，分别称为左等轴测平面、右等轴测平面和顶等轴测平面。激活轴测模式后，就可以分别在这三个面间进行切换。

下面我们将应用 AutoCAD 2021 绘制宽 5mm、长 10mm、高 10mm 的长方体，如图 4.49 所示。

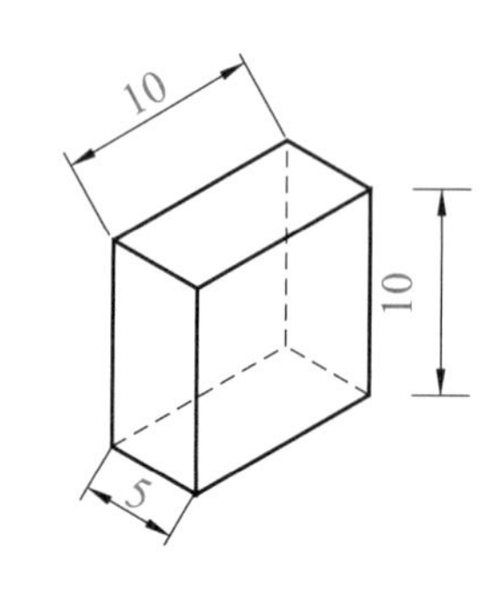

图 4.49　基本几何体轴测图

1. 绘图前的准备工作

打开 AutoCAD，单击“图层特性”，打开“图层特性管理器”；单击“新建图层”，将名称改为“虚线”，颜色改为黄色。

改变线型：单击“选择线型”，单击“加载”按钮，找到“DASHED”，单击“确定”；选择“DASHED”线型，单击“确定”，完成虚线图层编辑；单击 0 图层，单击“新建”(此步骤的目的是以 0 图层为基础新建图层，这样 0 图层的设置都会自动复制下来)，得到新图层，将名称改为“实线”，之后关闭图层。

虚线显示设置：单击“线型”下拉列表，单击“其他”，打开线型管理器对话框；单击“显示细节”；把全局比例因子改为 0.1，确定修改(绘图中如果不能显示虚线，先检查线型设置是否正确，然后尝试把比例因子改成其他数值，直到显示虚线为止)。选择“捕捉设置”；打开“草图设置”对话框，在“捕捉和栅格”中选择“等轴测捕捉”，单击确定，得到“左等轴测平面”，在下方箭头位置单击，激活“正交”；在上方箭头位置单击，把“实线”作为当前图层。

2. 画图

选取“直线”命令，随意单击屏幕绘图区一点后，鼠标向上拖曳，出现蓝色数字框，输入 10 后按回车键；鼠标向右拖曳，输入 5 后按回车键；鼠标向下拖曳，输入 10 后按回车键；鼠标向左拖曳，单击起点，按回车键；按“F5”键，转换画图界面到“顶等轴测平面”，选取“直线”命令，单击图形的左上角，向右上方拖曳鼠标，输入 10，按回车键；向右下方拖曳鼠标，输入 5，按回车键；单击图中绿色方框点，完成顶视图。按“F5”键转换到“右等轴测平面”，同理完成右等轴测视图。选择“虚线”图层，单击“直线”命令，完成图形隐藏的虚线部分，完成长方体的绘制。

知识点 2　AutoCAD 绘图软件绘制组合体轴测图

在知识点 1 所绘图形的基础上，绘制图 4.50 所示组合体。

1. 绘图环境设置

基于知识点 1，增加中点捕捉。单击“捕捉设置”，选择第三项“对象捕捉”，勾选“中点”复选框，确定操作。

2. 画组合体

选择“实线”图层，单击“直线”命令，将鼠标指针放在 *ab* 线中点位置，如图 4.51 所示，显示三角符号的时候单击，直线起点选择完成；鼠标向上拖曳，键盘输入 10，按回车键，直线绘制完成。单击“F5”键，转换到“左等轴测平面”；单击“直线”命令，由 *d* 点向右侧画长度为 5 的直线。连接上两步得到的两条直线终点；按两次“F5”键切换到“右等轴测平面”，完成实线部分。把图层改为虚线图层，根据以上所学内容，完成虚线部分，完成组合体绘制。

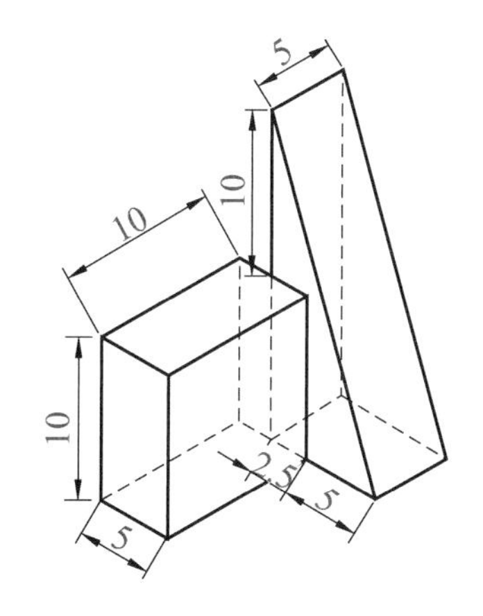

图 4.50　组合体轴测图

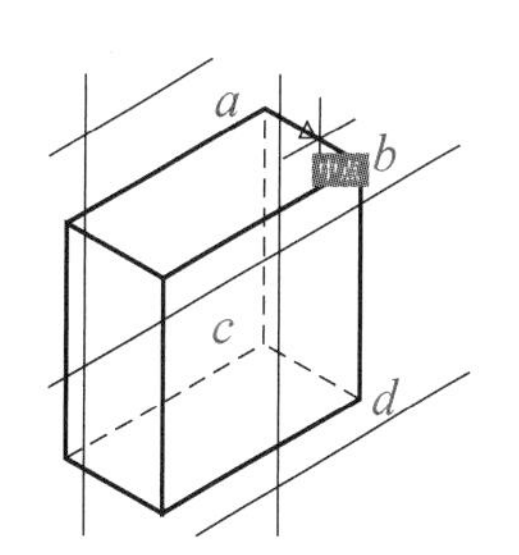

图 4.51　选择直线起点

绘图实训(轴测图)

(1) ★★在 AutoCAD 中绘制图 4.52 所示基本几何体轴测图。

(2) ★★在 AutoCAD 中绘制图 4.53 所示组合体轴测图。

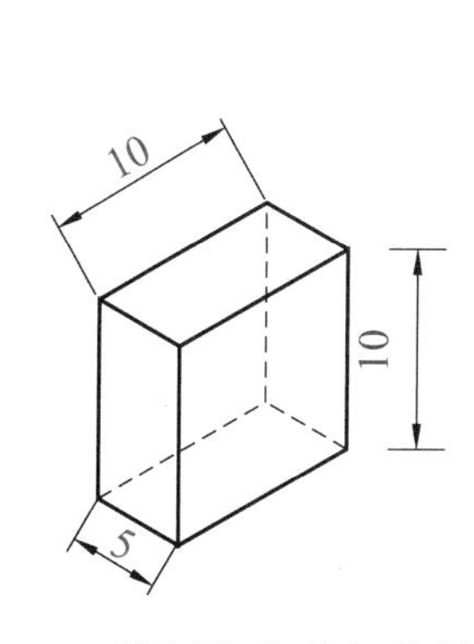

图 4.52　绘制基本几何体轴测图

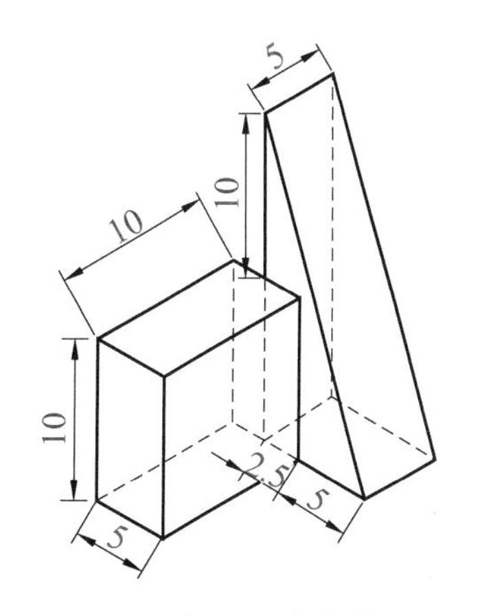

图 4.53　绘制组合体轴测图

(3) ★★★在 AutoCAD 中绘制图 4.54 所示图形(尺寸自定)。

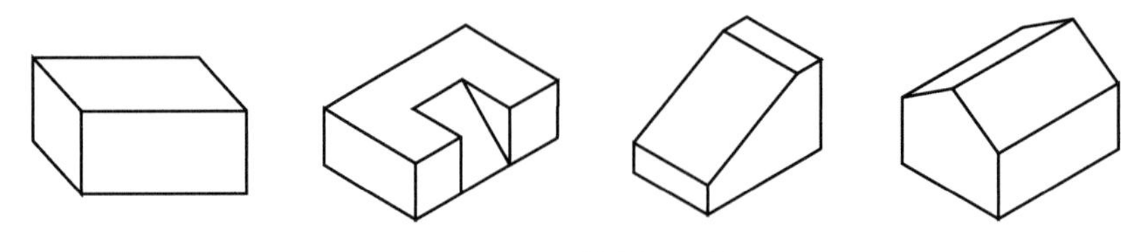

图 4.54　绘制图形

头脑风暴 4-5:

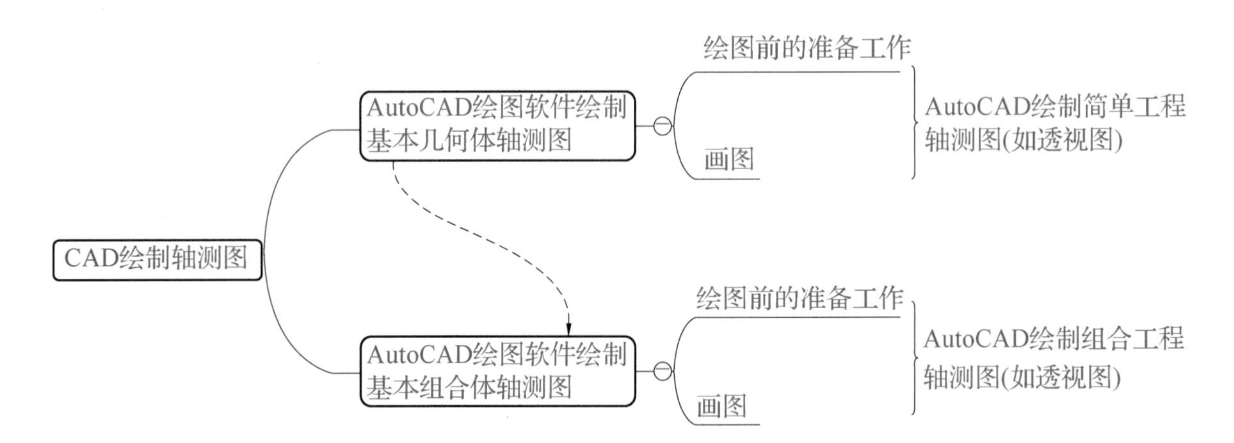

学习评价 4-5:

学习目标核验表(S 表示熟练掌握，J 表示基本掌握，X 表示需要帮助)

学习任务	学习内容	自我评价	学习反思
基础理论	知识点 1　AutoCAD 绘图软件绘制基本几何体轴测图 知识点 2　AutoCAD 绘图软件绘制组合体轴测图	S□　J□　X□ S□　J□　X□	
能力培养	1. 能够按照给出图形应用 AutoCAD 绘图软件绘制基本几何体轴测图 2. 能够按照给出图形应用 AutoCAD 绘图软件绘制组合体轴测图	S□　J□　X□ S□　J□　X□	
拓展提升	能够应用 AutoCAD 绘图软件独立绘制简单组合体轴测图	S□　J□　X□	

学习情境 5

建筑工程施工图认知

怀着忐忑的心情到了实习单位，第一个任务就是看图纸，如图 5.1 所示。可是图纸上除了建筑物的投影图，还有很多符号和图例，它们都代表了什么呢？

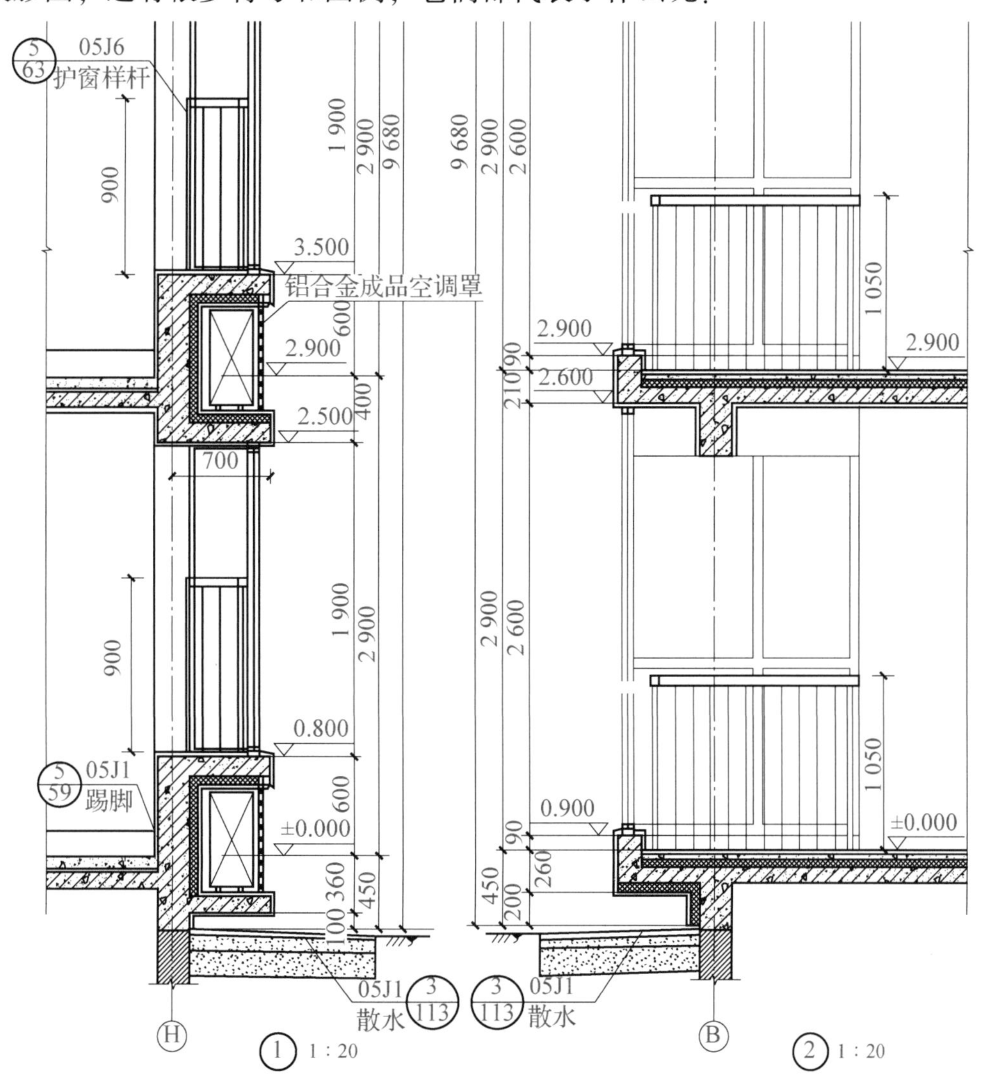

图 5.1 施工图示例

我们将通过完成学习任务，了解施工图的分类及主要内容，正确理解和掌握施工图中的常用符号和图例。能够依据制图标准和任务要求，初步运用 AutoCAD 绘图软件绘制施工图中的常用符号和图例。

★学习任务 5-1　建筑施工图基础认知

知识点 1　建筑物的组成部分及作用认知

知识点 2　建筑施工图的产生、分类及编排顺序

学习目标 5-1：

(1) 了解房屋建筑的分类及组成，以及各组成部分的名称和作用。

(2) 了解施工图的产生、分类及主要内容。

任务书 5-1：

参照引导问题观看知识点教学视频，通过小组合作、搜索互联网相关信息以及学习活页教材中相关知识点，完成三级引导问题。在了解建筑物组成部分及作用的基础上，掌握建筑施工图产生、分类及编排顺序，培养职业素养。学习过程中，认真记录学习目标核验表，并通过自我评价、小组互评和教师评价进行总结反思。

引导问题 5-1：

(★基础理论任务　★★能力培养任务　★★★拓展提升任务)

(1) ★建筑物组成部分包括________、________、________、________、________、________。

(2) ★基础、墙和柱、楼地层、楼梯、门、窗、屋顶的作用分别是什么？

(3) ★建筑施工图设计一般分为________、________两个阶段，大型工程项目有的在初步设计基础上增加一个________阶段。

(4) ★建筑施工图按专业分为________、________、________。

(5) ★建筑施工图，简称________，主要表示建筑物的________、________及________和________等。

(6) ★结构施工图，简称________，主要表示________、________及________等。

(7) ★设备施工图，简称________，包括：________施工图、________施工图、________施工图。

(8)★建筑施工图的编排顺序为________、________、________、________。

(9)★各专业的施工图应按图纸内容的主次关系系统地安排，前后的排布顺序遵循的原则是________、________、________、________、________。

(10)★★你认为识读建筑施工图需要哪些知识准备？

(11)★★★(自主查阅资料)基础按埋置深度分为________、________，按受力性能分为________、________，按构造形式分为________、________、________、________。

(12)★★★(自主查阅资料)墙体按位置分为________、________。

(13)★★★(自主查阅资料)柱按构件类型分为________、________、________、________、________，按所处位置分为________、________、________。

(14)★★★(自主查阅资料)梁按支撑关系分为________、________。

(15)★★★搜索互联网信息，了解《营造法式》相关内容，培养家国情怀和文化自信。

学习资料5-1：

知识点1　建筑物的组成部分及作用认知

建筑物一般由基础、墙和柱、楼地层、楼梯、门窗、屋顶这六大部分组成，如图5.2所示。

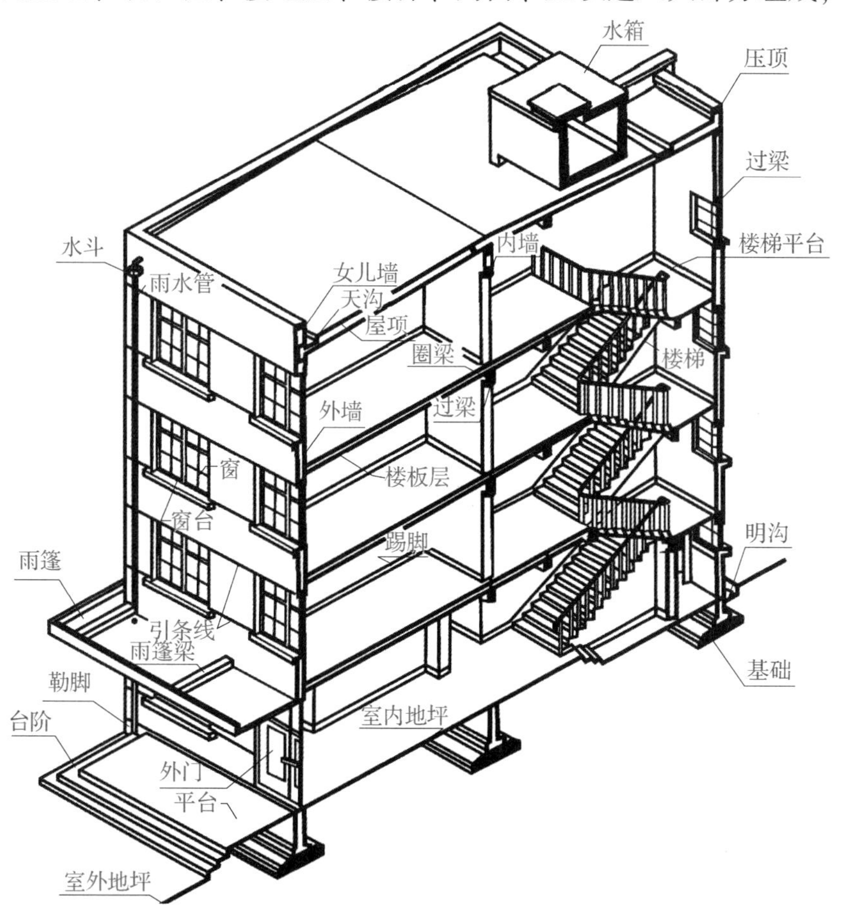

图5.2　建筑物的组成

1. 基础

基础是建筑物最下部的承重构件，承受着建筑物的全部荷载，并将这些荷载传到地基上。

2. 墙和柱

墙和柱是建筑物的竖向承重构件。墙承受着屋顶、楼层传来的各种荷载，并把这些荷载传给基础。墙的主要作用是承重、围护和分隔空间。作为围护结构，外墙起着抵御自然界风、雨、寒暑及太阳辐射热的作用；内墙则起着分隔空间、隔声、遮挡视线、避免相互干扰等作用。

3. 楼地层

楼地层指楼板和地面。楼板是建筑中水平方向的承重构件，它将楼层的荷载传给墙或柱，同时又用来分隔楼层空间。

4. 楼梯

楼梯是建筑中联系上下层的垂直交通设施，供人们上下楼层和发生紧急事故时安全疏散之用。

5. 门窗

门的功能主要是供人们出入建筑物和房间，窗主要用来采光、通风和观景。由于门窗均是建筑立面造型的重要组成部分，因此在设计中还应注意门窗在立面上的艺术效果。

6. 屋顶

屋顶是建筑物最上部的承重和围护构件，用来抵御自然界风、霜、雨、雪等的侵袭和太阳的辐射。屋顶承受建筑物顶部荷载和风雪荷载，并将这些荷载传给墙或柱。

建筑物除了上述基本组成部分之外，还有一些辅助和附属设施，如雨篷、散水、阳台、台阶、烟囱、通风道等。

知识点 2　建筑施工图的产生、分类及编排顺序

建筑施工图是表达建筑物的外形轮廓、尺寸大小、内部布置、内外装修、各部分构造和材料做法的图纸。

1. 建筑工程施工图的产生

房屋的建造一般需经过设计和施工两个过程，而设计一般又分为两个阶段，即：初步设计和施工图设计。

初步设计阶段的主要任务是根据建设单位提出的设计任务和要求，进行调查研究、搜集资料，提出设计方案。内容包括简略的总平面布置图和房屋的平、立、剖面图，设计方案的技术经济指标、设计概算和设计说明等。

施工图设计阶段的主要任务是满足工程施工各项具体技术要求，提供准确、可靠的施工依据。内容包括指导工程施工的所有专业施工图、详图、说明书、计算书及整个工程的施工预算书等。施工图内容必须详细、完整，尺寸标注必须正确无误，画法必须符合国家建筑制图标准的有关规定。

对于大型、技术较复杂的工程项目，也有采用三个设计阶段的，即在初步设计基础上，增加一个技术设计阶段。

2. 建筑工程施工图的分类

建筑工程施工图根据专业分工不同，可分为三大类。

(1)建筑施工图，简称建施。

主要表示建筑物的内部布置情况、外部形状及装修、构造和施工要求等。

建筑施工图分为建筑施工基本图和建筑详图。建筑施工基本图包括建筑总平面图、平面图、立面图和剖面图等，建筑详图包括墙身剖面图、楼梯详图、浴厕详图、门窗详图及门窗表，以及各种装修、构造做法、说明等。

在建筑施工图的标题栏内均注写“建施××号”，以便查阅。

(2)结构施工图，简称结施。

主要表示房屋承重结构的布置情况、构件类型及构造内部的配筋情况等。

结构施工图分为结构施工基本图和结构详图。结构施工基本图包括基础平面图、楼层结构平面图、屋顶结构平面图、楼梯结构图等，结构详图包括基础详图、梁板柱等构件详图及节点详图等。

在结构施工图的标题内均注写“结施××号”，以便查阅。

(3)设备施工图，简称设施。

设备施工图包括三部分专业图纸：给水排水施工图、采暖通风施工图、电气施工图。它们的图纸由平面布置图、管线走向系统图(如轴测图)和设备详图等组成。在这些图纸的标题栏内，分别注写“水施××号”“暖施××号”“电施××号”，以便查阅。

3. 建筑工程施工图的编排顺序

整套图纸的编排顺序一般为：

(1)首页图：包括图纸目录、施工总说明(说明工程概况和总的要求，对于中小型工程，总说明可编在建筑施工图内)、汇总表等。

(2)建筑施工图。

(3)结构施工图。

(4)设备施工图，一般按水施、暖施、电施的顺序排列。如果是以某专业工种为主体的工程，则应突出该专业施工图而另外编排。

各专业的施工图应按图纸内容的主次关系系统地安排。例如基本图在前，详图在后；总体图在前，局部图在后；主要部分在前，次要部分在后；布置图在前，构件图在后；先施工图在前，后施工图在后等。

识图实训（建筑物组成）

★★在图 5.3 中标注建筑物组成部分名称。

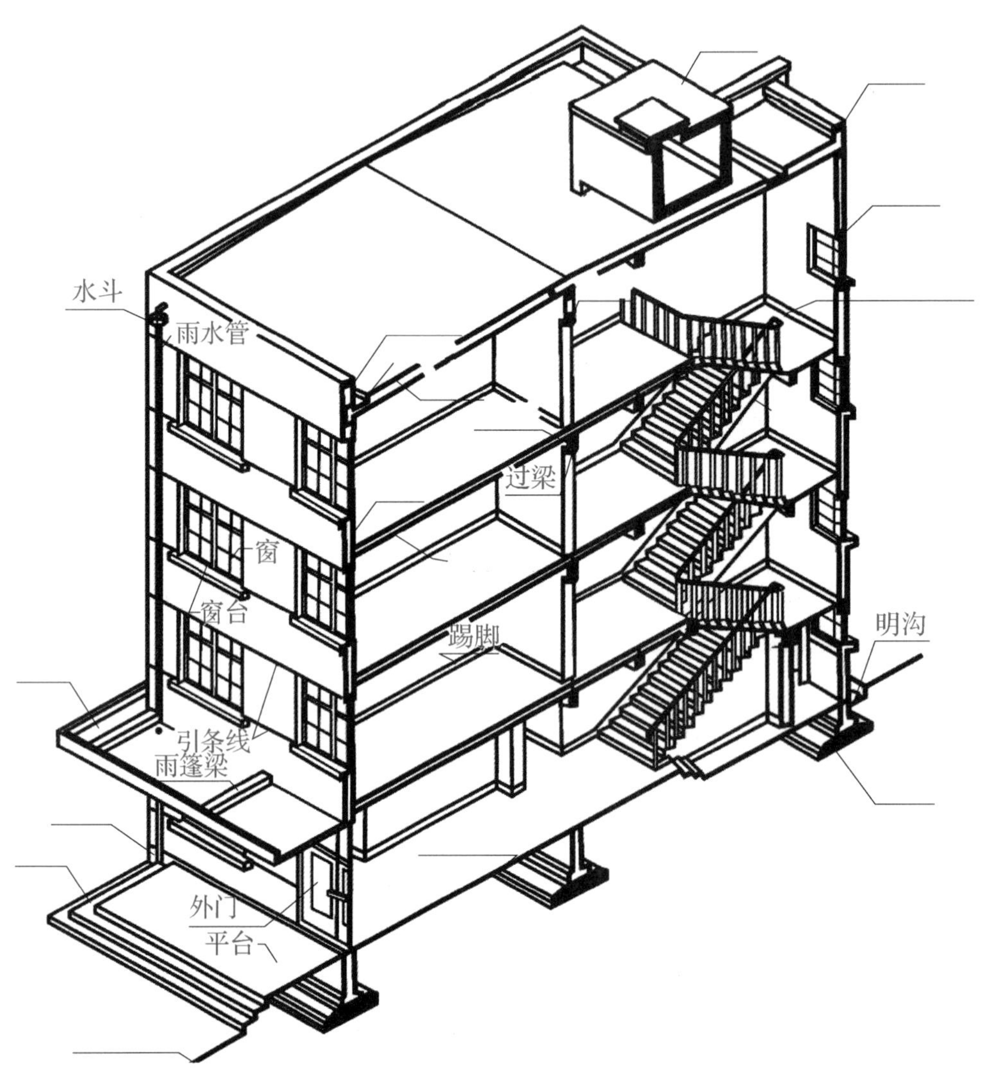

图 5.3　标注建筑物组成部分名称

头脑风暴 5-1：

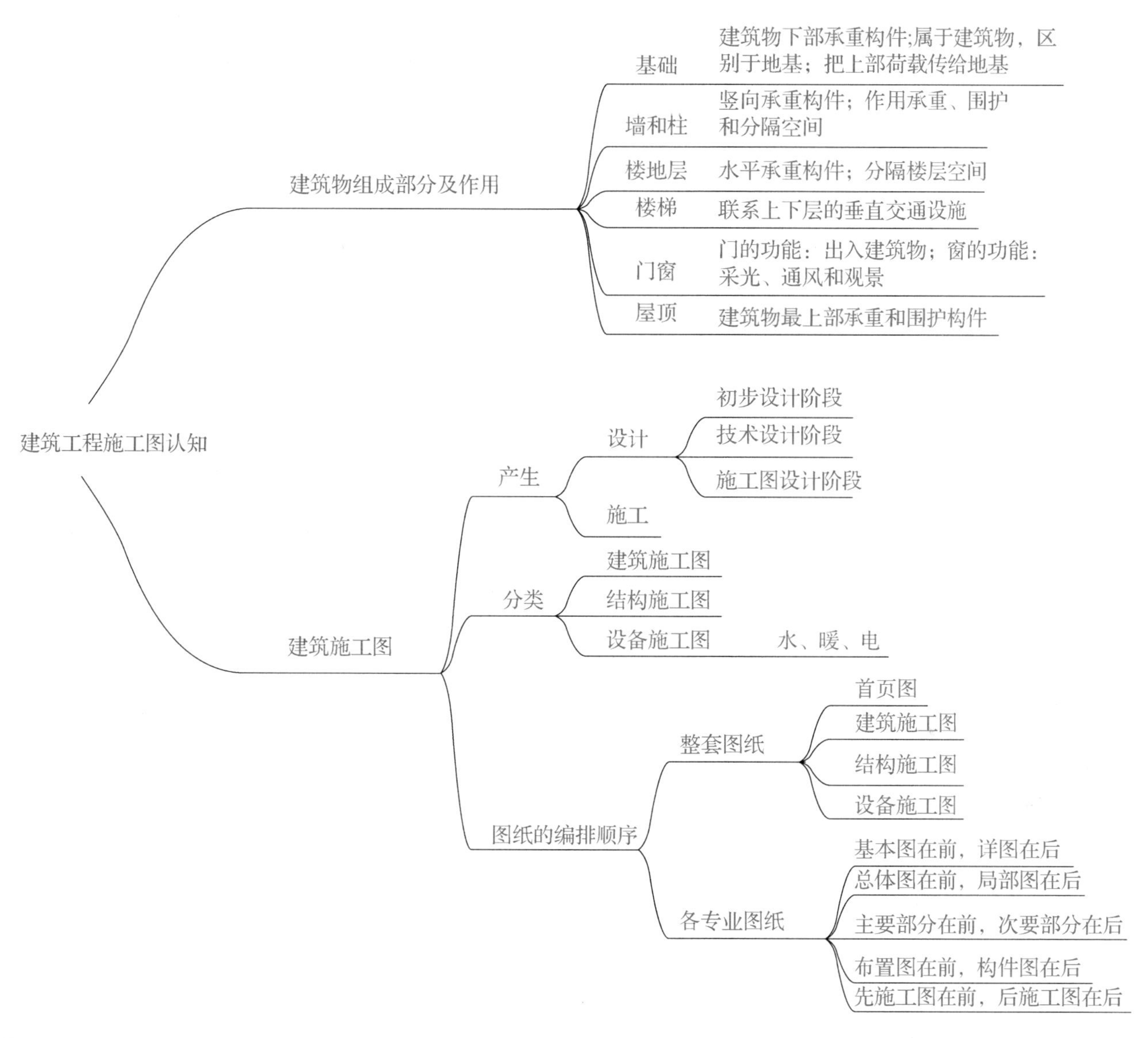

学习评价 5-1：

学习目标核验表(S表示熟练掌握，J表示基本掌握，X表示需要帮助)

学习任务	学习内容	自我评价	学习反思
基础理论	知识点1　建筑物的组成部分及作用认知 知识点2　建筑施工图的产生、分类及编排顺序	S□　J□　X□ S□　J□　X□	
能力培养	1. 了解房屋建筑的分类及组成，以及各组成部分的名称和作用 2. 了解施工图的产生、分类及主要内容	S□　J□　X□ S□　J□　X□	
拓展提升	小组协作查阅资料，了解建筑物各种分类方法	S□　J□　X□	

★学习任务 5-2　认识施工图图例及符号

知识点 1　建筑工程施工图常用图例

知识点 2　建筑工程施工图常用符号

知识点 3　建筑施工图的图示特点和识读方法

学习目标 5-2：

(1) 正确理解、掌握施工图中的常用符号和图例。

(2) 初步掌握建筑施工图的识读方法。

任务书 5-2：

参照引导问题观看知识点教学视频，通过小组合作、搜索互联网相关信息以及学习活页教材中相关知识点，完成三级引导问题。在正确理解、掌握施工图中的常用符号和图例的基础上，通过反复识读练习，初步掌握建筑施工图的识读方法，提高识图能力，培养职业素养。学习过程中，认真记录学习目标核验表，并通过自我评价、小组互评和教师评价进行总结反思。

引导问题 5-2：

(★基础理论任务　★★能力培养任务　★★★拓展提升任务)

(1) ★需要画出定位轴线的是________、________、________、________等主要________构件。对于________、________构件，可编绘附加轴线。

(2) ★定位轴线的线型采用________线，编号的圆采用________线绘制，圆的直径为________mm。

(3) ★横向编号用________表示，从________向________的顺序编写；纵向编号用________表示，从________向________的顺序编写，纵轴编号不可以采用________。

(4) ★在较简单或对称的房屋中，平面图的轴线编号一般标注在图形的________及________。

(5) ★两根轴线之间的附加定位轴线，应以分母表示________的编号，分子表示________的编号。

(6) ★在总平面图、平面图、立面图和剖面图上，经常用标高符号表示________。

（7）★标高按基准面选取的不同，可分为________和________，应以________表示，用________线绘制。三角形的高度为________ mm，角度为________°。标高符号的________应指至被注高度的位置，尖端一般应向________，也可向________。标高数字应注写在标高符号的________侧或________侧。

（8）★总平面图室外地坪标高符号宜用________表示。

（9）★标高数字应以________为单位，注写到小数点后第________位，在总平面图中可注写到小数点后第________位。

（10）★零点标高应注写成________，正数标高不注“+”，负数标高应注“-”。

（11）★图样中的某一局部或构件，如需另见详图，应以________符号索引。索引符号的圆及直径均应以________线绘制，圆的直径应为________ mm。

（12）★索引出的详图，如与被索引的图样在同一张图纸内，应在索引符号的上半圆中用阿拉伯数字注明________，并在下半圆中间画________线。如与被索引的图样不在同一张图纸内，应在索引符号的下半圆中用阿拉伯数字注明________。如采用标准图，应在索引符号水平直径的延长线上加注________。

（13）★索引符号如用于索引剖面详图，应在被剖切的部位绘制________线，并应以________引出索引符号，________所在的一侧应为剖视方向。

（14）★详图的位置和编号，应以________符号表示，详图符号应以________线绘制，直径应为________ mm。

（15）★详图与被索引的图样同在一张图纸内时，应在详图符号内用阿拉伯数字注明________。如不在同一张图纸内，可用细实线在详图符号内画一水平直径，在上半圆中注明________，在下半圆中注明________。

（16）★引出线应以________线绘制，宜采用水平方向的直线或与水平方向成________°角的直线经上述角度再折为水平线的折线。

（17）★文字说明宜注写在横线的________，也可注写在横线的________。索引详图的引出线，应对准索引符号的________。

（18）★同时引出几个相同部分的引出线，宜________，也可画成________。

（19）★多层构造或多层管道共用引出线，应通过被引出的各层。文字说明宜注写在横线的________，也可注写在横线的________。说明的顺序应________，并应与被说明的层次相互一致；如层次为横向排列，则由上至下的说明顺序应与________的层次相互一致。

（20）★对称符号由________组成。对称线用________线绘制，平行线用________线绘制，其长度宜为________ mm，每对的间距宜为________ mm，对称线垂直平分于两对平行线两端超出平行线宜为________ mm。

（21）★连接符号应以________线表示需连接的部位。两部位相距过远时，折断线两端靠图样一侧应标注________表示连接编号。两个被连接的图样必须________。

(22) ★指北针用以表示________，其圆的直径宜为________ mm，用________线绘制。指针尾部的宽度宜为________ mm。指针头部应注________字。需用较大直径绘制指北针时，指针尾部宽度宜为直径的________。

(23) ★建筑施工图中的各种图样，除设备施工图中的管道系统图外，都是采用________的方法绘制的。

(24) ★★1 号轴线或 A 号轴线之前的附加轴线的分母应以________表示。

(25) ★★什么是绝对标高？什么是相对标高？

(26) ★★★简述建筑施工图的识读方法。

学习资料 5-2：

知识点 1　建筑工程施工图常用图例

由于房屋的构件、配件和材料种类较多，为作图简便计，国标规定了一系列的图形符号来代表建筑构配件、卫生设备、建筑材料等，这种图形符号称为图例。相关图例可查阅国家制图标准。表 5.1、表 5.2 为部分常用建筑材料图例及总平图图例。

表 5.1　常用建筑材料图例

序号	名称	图例	备注
1	自然土壤		包括各种自然土壤
2	夯实土壤		—
3	砂、灰土		—
4	砂砾石、碎砖三合土		—
5	石材		—
6	毛石		—
7	普通砖		包括实心砖、多孔砖、砌块等砌体。断面较窄不易绘出图例线时，可涂红，并在图纸备注中加注说明，画出该材料图例

表 5.2　总平面图图例

名称	图例	说明	名称	图例	说明
新的建筑物	(a) (b)	(a)为不画出入口的图例，(b)为画出入口的图例	原有的建筑物		用细实线表示
计划扩建的预留地或建筑物		用中粗虚线表示	拆除的建筑物		用细实线表示
新建的地下建筑物或构筑物		用粗虚线表示	建筑物下面的通道		

知识点2　建筑工程施工图常用符号

1. 定位轴线及其编号

定位轴线是建造房屋时砌筑墙身、浇注柱梁、安装构配件等施工定位的依据。凡是墙、柱、梁或屋架等主要承重构件，都应画出定位轴线，并编号确定其位置。对于非承重的分隔墙、次要的承重构件，可编绘附加轴线；有时，也可以不编绘附加轴线，而直接注明其与附近的定位轴线之间的尺寸。

(1)定位轴线的画法及编号。

1)定位轴线应用0.25b线宽的单点长画线绘制。

2)定位轴线应编号，编号应注写在轴线端部的圆内。圆应用0.25b线宽的实线绘制，直径宜为8~10mm。定位轴线圆的圆心应在定位轴线的延长线上或延长线的折线上。

3)除较复杂需采用分区编号或圆形、折线形外，平面图上定位轴线的编号，宜标注在图样的下方及左侧，或在图样的四面标注。横向编号应用阿拉伯数字，从左至右顺序编写；竖向编号应用大写英文字母，从下至上顺序编写。如图5.4所示。

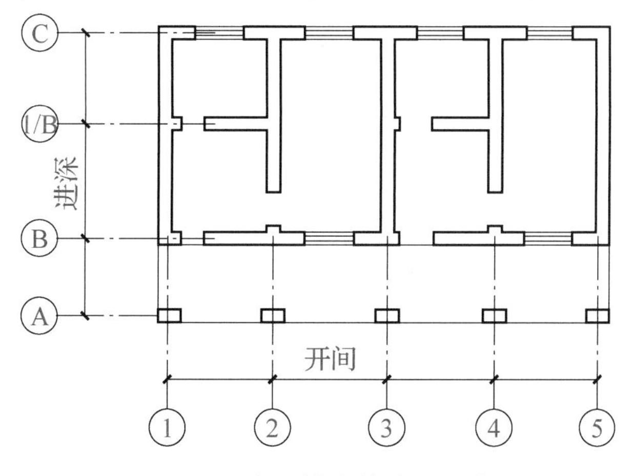

图 5.4　定位轴线的编号顺序

4）英文字母作为轴线编号时，应全部采用大写字母，不应用同一个字母的大小写来区分轴线编号。英文字母的 I、O、Z 不得用作轴线编号。当字母数量不够使用时，可增用双字母或单字母加数字注脚。

（2）附加定位轴线。

附加定位轴线的编号应以分数形式表示，并应按下列规定编写：

1）两根轴线间的附加轴线应以分母表示前一轴线的编号，分子表示附加轴线的编号，编号宜用阿拉伯数字顺序编写，如：

1/3 表示 2 号轴线之后附加的第一根轴线。

3/C 表示 C 号轴线之后附加的第三根轴线。

2）1 号轴线或 A 号轴线之前的附加轴线的分母应以 01 或 0A 表示，如：

3/01 表示号 1 轴线之前附加的第一根轴线。

3/0A 表示号 A 轴线之前附加的第三根轴线。

（3）详图的轴线编号。

画详图时，如一个详图适用于几个轴线时，应同时将各有关轴线的编号注明。通用详图中的定位轴线，应只画圆不注写轴线编号。定位轴线也可采用分区编号，其注写形式可参照国标有关规定。

2. 标高符号

在总平面图、平面图、立面图和剖面图上，经常用标高符号表示某一部位的高度。

（1）标高的分类。

标高按基准面选取的不同，可分为绝对标高和相对标高。

1）绝对标高：以我国青岛附近黄海的平均海平面为零点测出的高度尺寸。

2）相对标高：以建筑物室内首层主要地面为零点测出的高度尺寸。

（2）标高符号的画法。

标高符号应以直角等腰三角形表示，如图 5.5（a）所示，用细实线绘制。如标注位置不够，也可按图 5.5（b）所示形式绘制。标高符号的具体画法如图 5.5（c）、图 5.5（d）所示。

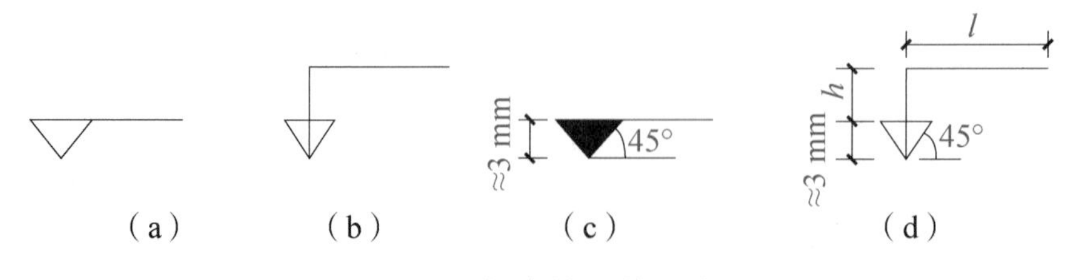

图 5.5　标高符号的画法

标高符号的尖端应指至被注高度的位置，尖端一般应向下，也可向上。标高数字应注写在标高符号的左侧或右侧，如图 5.6 所示。

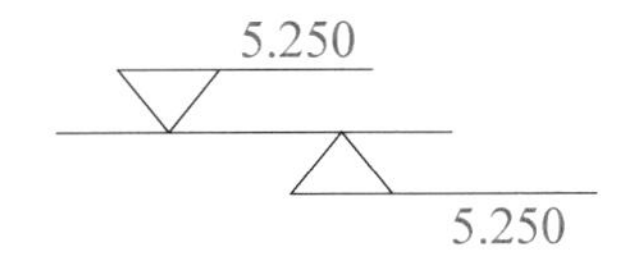

图 5.6　标高的指向

(3)总图标高符号。

总平面图室外地坪标高符号宜用涂黑的三角形表示，具体画法如图 5.7 所示。

(4)标高的单位及注写方式。

标高数字以“米”为单位，注写到小数点后第三位，总平面图中可注写到小数点后第二位。零点标高应注写成“±0.000”，正数标高不注“+”，负数标高应注“-”，例如 3.000、-0.600。同一位置表示几个不同标高时，按图 5.8 的形式注写。

图 5.7　总平面图室外地坪标高符号　　图 5.8　同一位置注写多个标高数字

3. 索引符号

(1)索引符号的画法。

图样中的某一局部或构件，如需另见详图，应以索引符号索引。索引符号应由直径为 8~10mm 的圆和水平直径组成，圆及水平直径线宽宜为 0.25*b*，如图 5.9(a)所示。

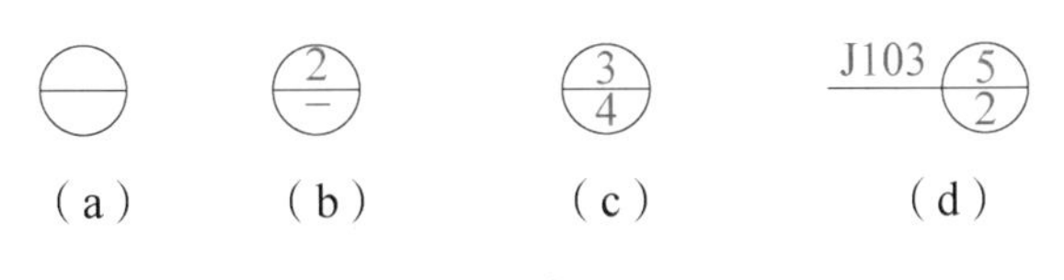

图 5.9　索引符号

(2)索引符号的编写规定。

1)当索引出的详图与被索引的图样同在一张图纸内，应在索引符号的上半圆中用阿拉伯数字注明该详图的编号，并在下半圆中间画一段水平细实线，如图 5.9(b)所示。

2)当索引出的详图与被索引的图样不在同一张图纸内，应在索引符号的上半圆中用阿拉伯数字注明该详图的编号，下半圆中用阿拉伯数字注明该详图所在图纸的编号，如图 5.9(c)所示。

3)当索引出的详图采用标准图时，应在索引符号水平直径的延长线上加注该标准图册的编号，如图 5.9(d)所示。

(3)用于索引剖面图的索引符号。

当索引符号用于索引剖视详图时，应在被剖切的部位绘制剖切位置线，并应以引出线引出索引符号，引出线所在的一侧应为剖视方向，如图 5.10 所示。

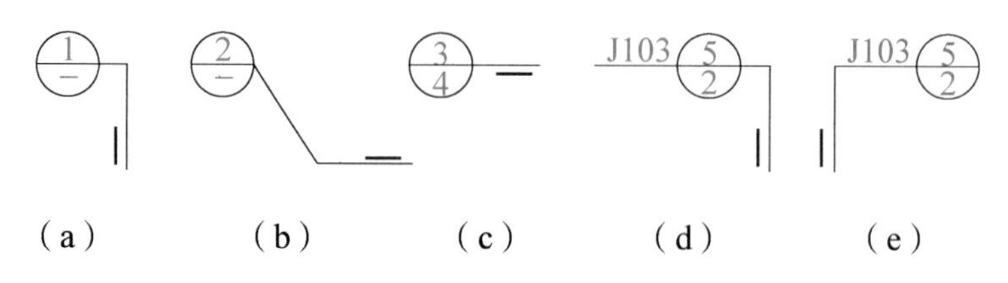

图 5.10　用于索引剖视详图的索引符号

4. 详图符号

详图的位置和编号应以详图符号表示，详图符号的圆直径应为 14mm，线宽为 b。

详图符号应按以下规定注写：

(1)详图与被索引的图样同在一张图纸内时，应在详图符号内用阿拉伯数字注明详图的编号，如图 5.11 所示。

(2)详图与被索引的图样，如不在同一张图纸内，可用细实线在详图符号内画一水平直径，在上半圆中注明详图编号，在下半圆中注明被索引图纸的编号，如图 5.12 所示。

图 5.11　与被索引图样同在一张图纸内的详图索引　　图 5.12　与被索引图样不在同一张图纸内的详图符号

5. 引出线

(1)引出线的画法。

引出线线宽应为 0.25b，宜采用水平方向的直线或与水平方向成 30°、45°、60°、90°的直线经上述角度再折成水平线的折线。文字说明宜注写在水平线的上方，如图 5.13(a)所示，也可注写在水平线的端部，如图 5.13(b)所示。索引详图的引出线，应与水平直径线相连接，如图 5.13(c)所示。

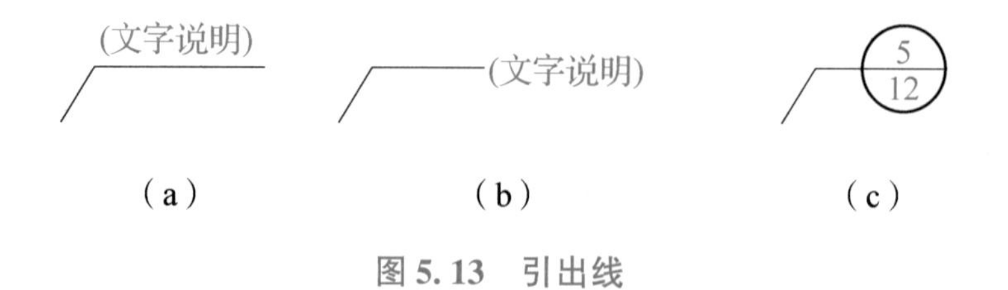

图 5.13　引出线

(2)共同引出线。

同时引出几个相同部分的引出线，宜互相平行，如图 5. 14(a)所示；也可画成集中于一点的放射线，如图 5. 14(b)所示。

图 5. 14　共同引出线

(3)多层构造引出线。

多层构造或多层管道共用引出线，应通过被引出的各层，并用圆点示意对应各层次。文字说明宜注写在水平线的上方，也可注写在水平线的端部，说明的顺序应由上至下，并应与被说明的层次对应一致；如层次为横向排列，则由上至下的说明顺序应与由左至右的层次对应一致，如图 5. 15 所示。

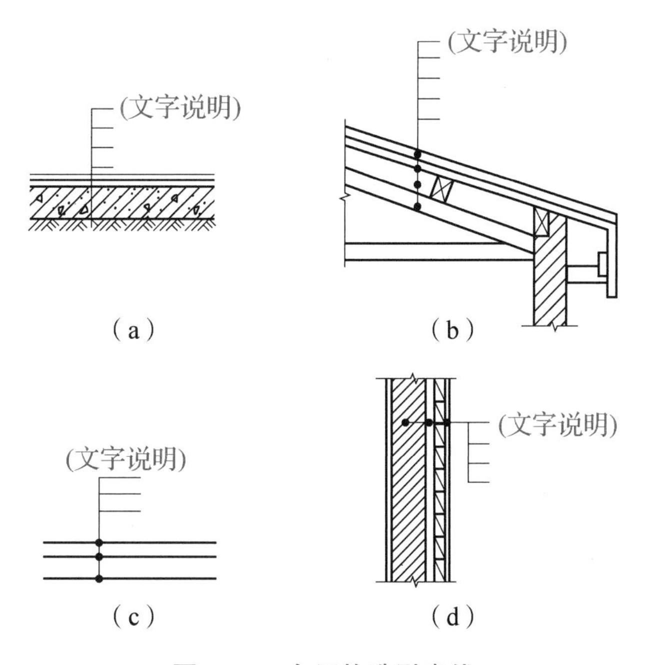

图 5. 15　多层构造引出线

6. 其他符号

(1)对称符号。

对称符号由对称线和两端的两对平行线组成。对称线应用单点长画线绘制，线宽宜为 0. 25b；平行线应用实线绘制，其长度宜为 6 ~ 10mm，每对的间距宜为 2 ~ 3mm，线宽宜为 0. 5b；对称线垂直平分于两对平行线，两端超出平行线宜为 2~3mm，如图 5. 16 所示。

（2）连接符号。

连接符号应以折断线表示需连接的部位。两部位相距过远时，折断线两端靠图样一侧应标注大写拉丁字母表示连接编号。两个被连接的图样必须用相同的字母编号，如图 5.17 所示。

（3）指北针。

指北针的形状宜如图 5.18 所示，其圆的直径宜为 24mm，用细实线绘制。指针尾部的宽度宜为 3mm。指针头部应注“北”或“N”字。需用较大直径绘制指北针时，指针尾部宽度宜为直径的 1/8。

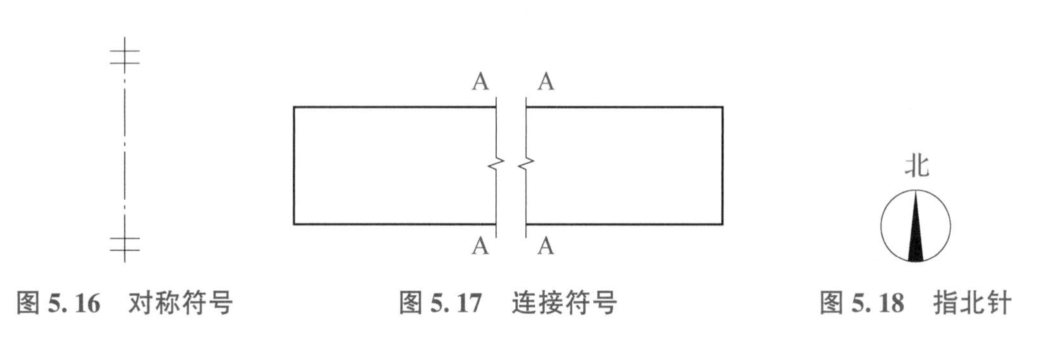

图 5.16　对称符号　　图 5.17　连接符号　　图 5.18　指北针

知识点 3　建筑施工图的图示特点和识读方法

1. 建筑施工图的图示特点

（1）除设备施工图中的管道系统图外，建筑施工图都是采用正投影的方法绘制的。

（2）由于建筑施工图是按比例将建筑物缩小绘制的，一些细部构造、配件及卫生设备等不能如实画出，因此多采用各种图例符号或代号来表示，并辅以文字说明。

（3）建筑施工图中凡采用标准设计之处，只标出图集编号、页数、图号。

2. 建筑施工图的识读方法

（1）总体了解。首先，根据图纸目录，依据“建施”“结施”“设施”的顺序，检查施工图是否齐全规范。配齐施工图中所采用的标准图集，以便查阅和使用。然后，根据总平面图和施工说明，了解工程概况，如设计单位、建设单位、建筑用途、周边环境、位置和朝向施工技术要求等；根据平、立、剖面图，了解建筑物的平面形式、立面造型、层数、建筑面积、装修标准、主体结构形式等。

（2）顺序识读。建筑施工图一般从整体到局部顺序识读。也可以按照施工的先后顺序，按照基础、墙体、结构平面布置、建筑构造及装修的顺序识读。

（3）前后对照。注意将图样与说明对照着看，将平面图、立面图、剖面图对照着看；将建施、结施、设施对照着看。看图过程中，如发现问题要逐一核对，以免判断错误。

（4）重点细读。一般图中的关键部位是：定位轴线及编号，开间、进深、层高、标高、墙厚、梁、柱断面等尺寸，各构配件代号、数量和部位，钢筋编号、形状和数量，混凝土及砂浆强度等级，等。对于这些重点内容要仔细阅读，边看边记，如有问题及时向相关部门反映。

识图实训(图例及符号)

(1)★★以下常用建筑图例都表示什么?

表示____________　　表示____________

表示____________　　表示

表示____________　　表示____________

表示____________　　表示____________

表示____________　　表示____________

143.00 表示____________　　151.00 表示____________

总平面图中粗实线表示____________,三个小圆点表示____________

总平面图细实线表示____________

总平面图中粗虚线表示____________

表示____________窗　　表示____________窗

表示____________窗

(2)★★分别写出 1/3 、3/C、3/01、3/0A、(9.600) (6.400) (3.200)、5/—、5/2、J103 5/2 表示的含义。

绘图实训(图例及符号)

★★★绘制建筑施工图符号和图例。

(1)总平面图室外地坪标高为92.50。

(2)1号轴线之前附加的第二根轴线。

(3)指北针。

(4)2号轴线之后附加的第一根轴线。

(5)多层构造引出线。

(6)室内地坪标高±0.000。

头脑风暴 5-2：

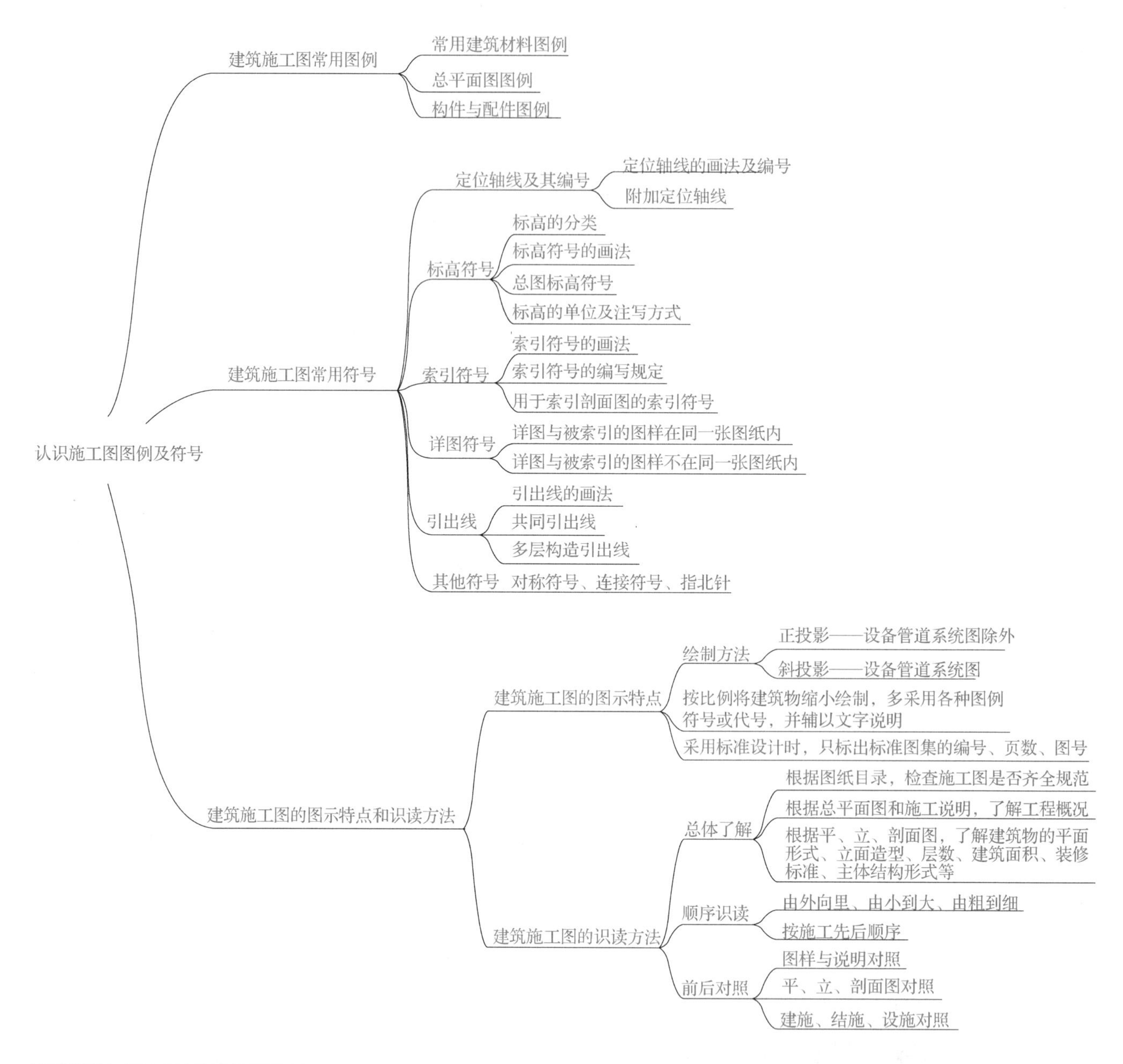

学习评价 5-2：

学习目标核验表（S表示熟练掌握，J表示基本掌握，X表示需要帮助）

学习任务	学习内容	自我评价	学习反思
基础理论	知识点1　建筑施工图常用图例	S□　J□　X□	
	知识点2　建筑施工图常用符号	S□　J□　X□	
	知识点3　建筑施工图的图示特点和识读方法	S□　J□　X□	

续表

学习任务	学习内容	自我评价	学习反思
能力培养	1. 正确理解、掌握施工图中的常用符号和图例 2. 初步掌握建筑施工图的识读方法	S□　J□　X□ S□　J□　X□	
拓展提升	能够绘制施工图常用符号和图例	S□　J□　X□	

★学习任务5-3　计算机绘制建筑工程图

知识点1　AutoCAD绘图环境设置

知识点2　AutoCAD绘制轴线

知识点3　AutoCAD绘制轴线编号

知识点4　AutoCAD绘制指北针

知识点5　AutoCAD绘制柱

学习目标5-3：

(1)能够依据制图标准，根据任务要求，运用AutoCAD绘图软件绘制施工图中的常用符号和图例。

(2)能够在教师引导下完成例图轴网绘制。

任务书5-3：

参照引导问题观看知识点教学视频，通过小组合作、搜索互联网相关信息以及学习活页教材中相关知识点，完成三级引导问题。在掌握AutoCAD软件基本操作方法的基础上，通过绘图环境设置及绘制建筑施工图常用符号、图例的练习，提高计算机绘图能力，培养职业素养。学习过程中，认真记录学习目标核验表，并通过自我评价、小组互评和教师评价进行总结反思。

引导问题5-3：

(★基础理论任务　★★能力培养任务　★★★拓展提升任务)

(1)★轴网是由________组成的网，是人为地在建筑图纸中为了________，按照一般的习惯标准________的。

(2)★AutoCAD绘图中我们画轴线通常用________线。

(3) ★轴线编号的圆直径是________ mm。

(4) ★AutoCAD 绘轴网用到哪几个命令？

(5) ★★在教师引导下完成例图中的轴网、轴线编号、指北针、柱图例填充的绘制。

(6) ★★★轴线的点画线显示在绘图时需要修改吗？为什么？

学习资料 5-3：

某小型住宅楼建筑施工图(一、二层平面图)

课堂实训内容：

利用 AutoCAD 软件完成图 5. 19 所示建筑平面图中的轴网、轴线编号、指北针、柱图例填充的绘制。绘图后实现图 5. 20 所示的效果。

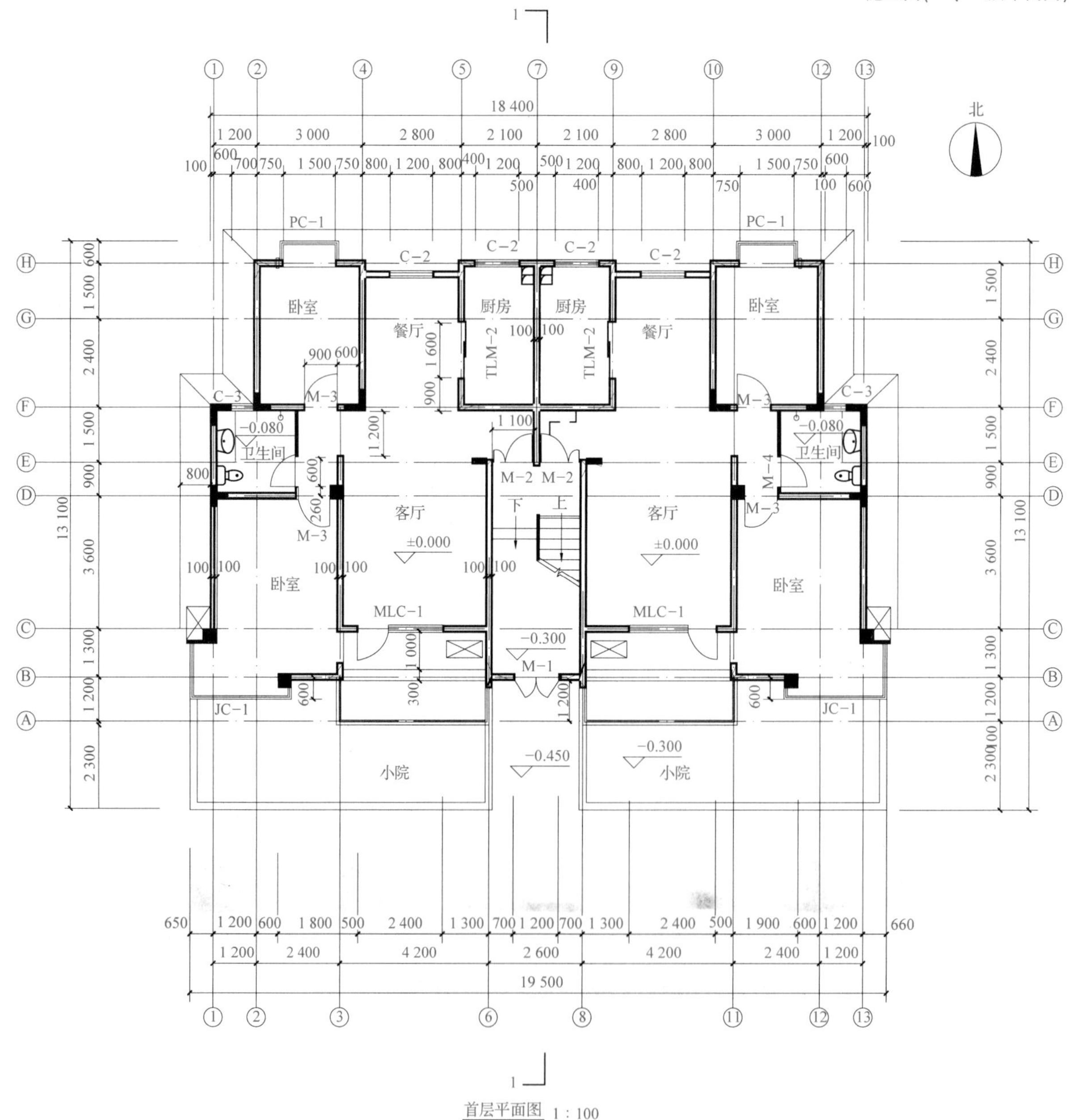

图 5.19　建筑平面图

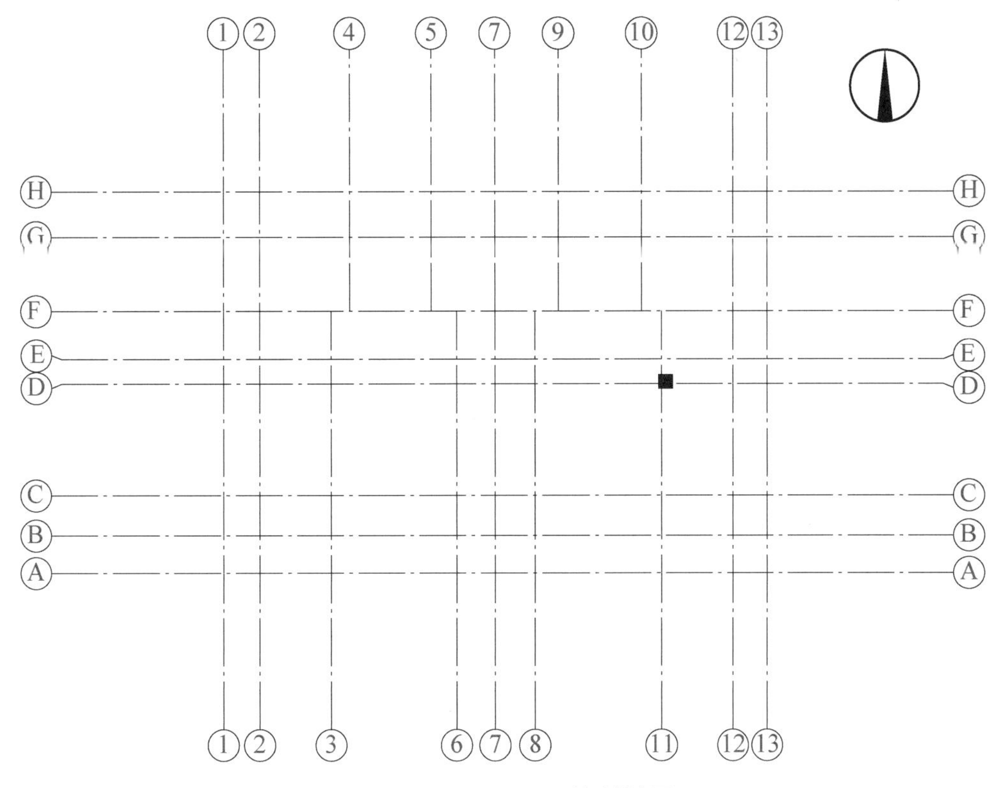

图 5.20　AutoCAD 绘制轴网

轴网是由建筑轴线组成的网，是人为地在建筑图纸中为了标示构件的详细尺寸，按照一般的习惯标准虚设的。轴网是建筑制图的主体框架，建筑物的主要支撑构件按照轴网定位排列。

知识点 1　AutoCAD 绘图环境设置

打开 AutoCAD，单击“开始绘图”；单击“图层特性”按钮，打开“图层特性管理器”；新建图层，将新建图层名称改为“轴线”，颜色改为红色；单击“选择线型”，单击“加载”按钮，找到线型“CENTER”，单击“确定”，选择“CENTER”线型，单击“确定”，完成轴线图层编辑；以 0 图层为基础新建“轴线编号”图层、“指北针”图层，如图 5.21 所示。

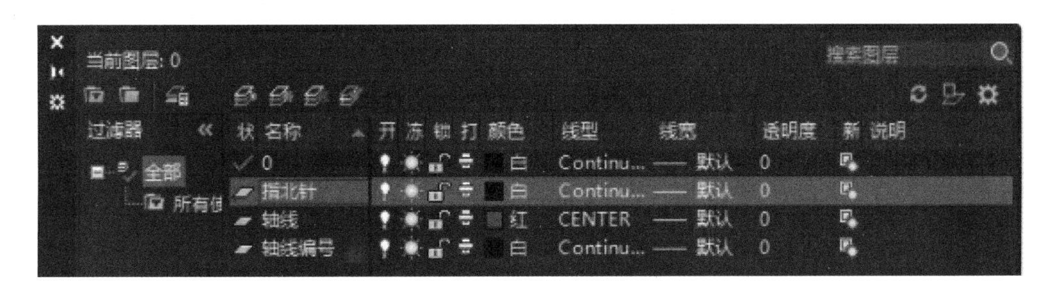

图 5.21　绘图环境设置

单击左上角关闭按钮关闭图层；将“轴线”图层设为当前图层，打开“正交”模式，在“捕捉模式”处右击，单击“捕捉设置”，在“草图设置”中勾选“对象捕捉”，单击“确定”，绘图环境设置完成。

知识点 2 AutoCAD 绘制轴线

单击“直线”命令图标，任意单击屏幕绘图区一点，鼠标向右拖曳，出现蓝色数字框，输入 40000 后按两次回车键(横轴大概画实际的 2 倍长，方便后续绘图和标注)，得到横轴 A 轴线，双击滚轮，使 A 轴线显示在绘图界面。

选择“偏移”命令，提示“指定偏移距离”时，输入 A 轴和 B 轴的间距 1200，由 A 轴偏移得到 B 轴。

这时，按两次空格键，输入 B 轴、C 轴距离 1300，在出现矩形小框后单击 B 轴，向上移动鼠标指针后单击得到 C 轴。

重复上一步操作，输入轴间距，得到 D 轴、H 轴。

画竖向轴 1 轴，要求 1 轴和 A 轴、H 轴垂直相交(1 轴的长度看平面图判断，合适就可以)。

根据横轴的画法，由 1 轴偏移 1200 得到 2 轴，再画出 3 轴、7 轴。

选择竖向轴线 3，这时 3 轴出现三个蓝色节点，单击上面节点，这时上面节点变为红色，向下拖曳鼠标如图 5.22(a)所示，到 3 轴和 F 轴交叉点处，单击，如图 5.22(b)所示。

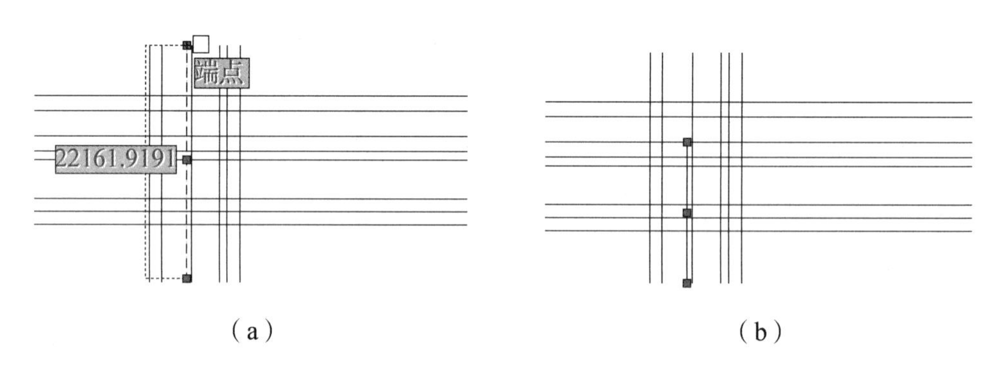

(a)　　(b)

图 5.22 绘制轴网

按照同样方法改动其他轴线长度，完成轴线绘制。

知识点 3 AutoCAD 绘制轴线编号

把轴线编号作为当前图层，单击“圆”命令；单击 1 轴上端点；向外拖曳鼠标并输入 400 (轴线编号的直径应为 8mm 或 10mm，这里取 8mm，半径为 4mm，换算成 1：100 比例就是 400)，按空格键。

单击“格式”菜单中的文字样式，在弹出对话框中单击“新建”，新建名称为“XT”的文字样式，设置结构并置为当前，关闭对话框。

单击“文字”命令按钮，选择“多行文字”，出现“指定第一角点”后，在画图区域的左侧和右侧分别单击一下，把文字大小改为 350。按回车键，在输入文字区域输入 1，单击“关闭文字编辑器”完成文字编辑。

根据以前所学，用“移动”命令把文字移到圆圈中间。单击并由左向右框选圆圈和 1，单击

“移动”命令，选择1轴线和圆的交点为基点，选择1轴线端点为第二点。

再次选择圆圈和1，单击“复制”命令，选择圆的下象限点为基点，分别单击其他竖向轴线的上端点，将其设为第二点；分别双击轴线编号中的阿拉伯数字，把轴线编号改为正确数值。

再次选择圆圈和1，单击“复制”命令，选择圆的右侧象限点为基点，选择每个横轴的左端点为第二点，复制到横轴左侧，双击改动文字为A~H。

根据以上所学，完成竖轴下方的轴线编号和横轴右侧的轴线编号。

再利用“镜像”命令把1轴镜像到7轴右侧(左右两侧竖轴完全对称，7轴为对称轴)，把竖轴编号改为正确数值。

注：轴线的点画线显示在绘图时不用改，将来打印时在布局里改就可以。如果绘图时改动会影响到捕捉功能，将来打印的时候也会显示不正确。

知识点4　AutoCAD绘制指北针

首先，把“指北针”图层设为当前图层，在轴网的右上角画一个半径1200的圆(指北针的直径为24mm，按照1∶100比例，应该画直径为2400的圆)。

单击“多段线”按钮，指定圆的上面象限点为起点，向下拖曳鼠标，在命令行单击宽度，指定起点宽度为0、终点宽度为300，然后单击圆的下象限点，指北针绘制完成。

知识点5　AutoCAD绘制柱

在11轴和D轴的交点有个边长为400mm的正方形柱。

新建“柱”图层，颜色为蓝色，并把“柱”作为当前图层，选择“矩形”命令，在11轴和D轴的交点画一个边长400mm的正方形，并将其移动到正确位置。

单击“填充”命令，在打开的对话框中单击“选择”，并单击正方形柱的外框。

选择第一个填充图案(这里有很多填充图例，做其他填充时会用到)，单击回车键，保存任务，绘图完成。最终效果如图5.23所示。

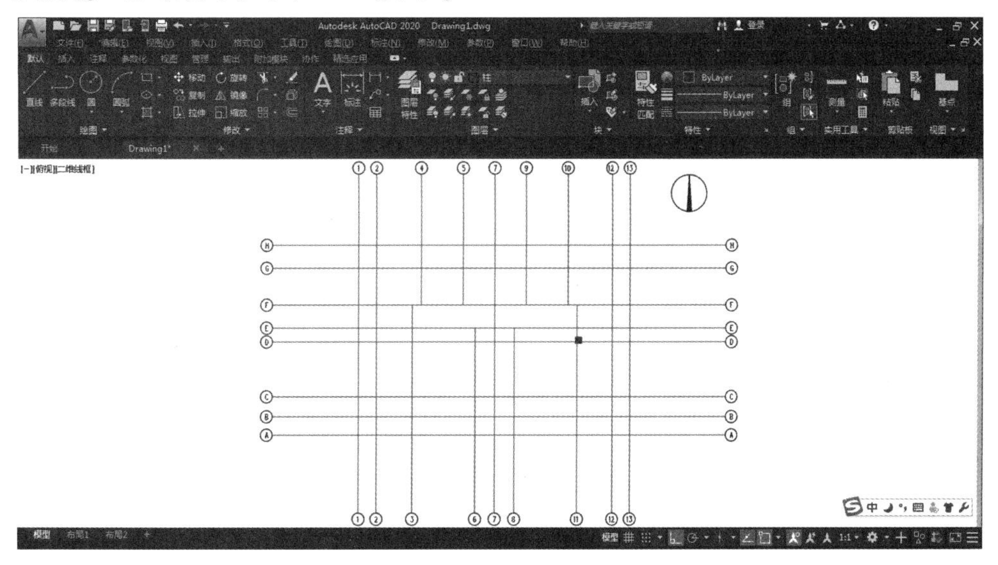

图5.23　最终效果

绘图实训(平面图)

★★★小组协作完成图 5.24 所示例图的绘制。

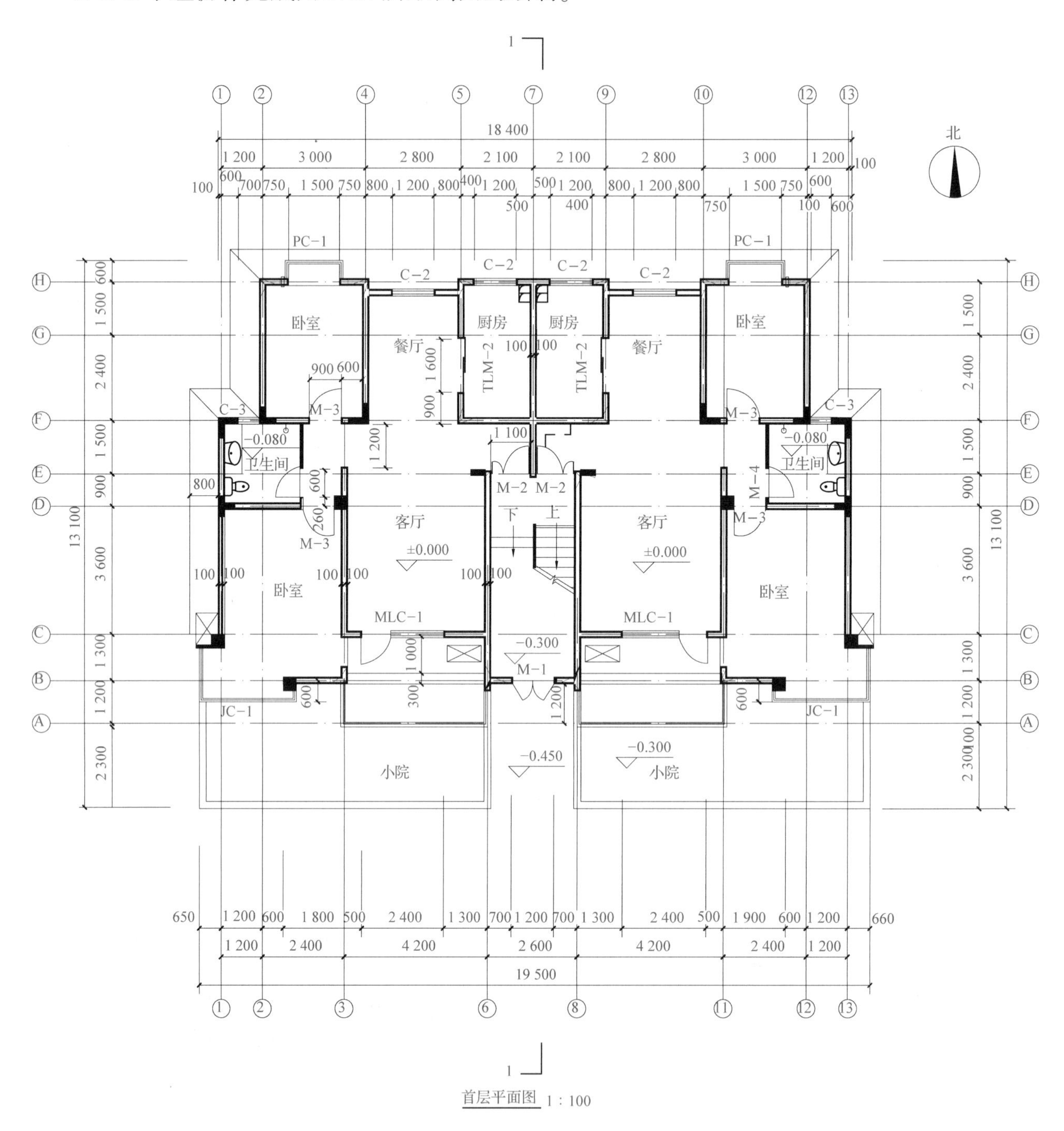

图 5.24 例图

头脑风暴 5-3:

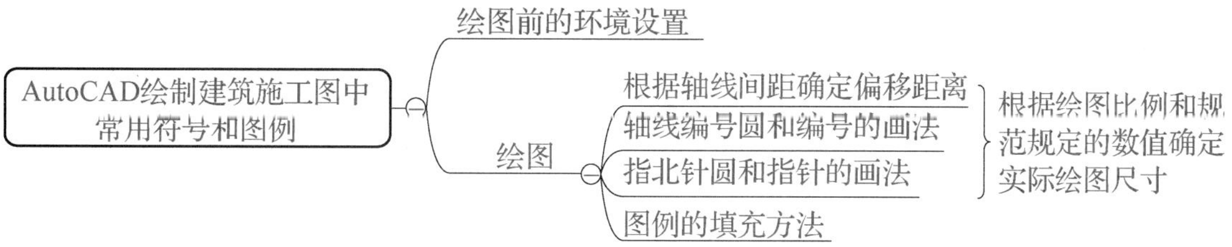

学习评价 5-3:

学习目标核验表(S 表示熟练掌握，J 表示基本掌握，X 表示需要帮助)

学习任务	学习内容	自我评价	学习反思
基础理论	知识点 1　AutoCAD 绘图环境设置 知识点 2　AutoCAD 绘制轴线 知识点 3　AutoCAD 绘制轴线编号 知识点 4　AutoCAD 绘制指北针 知识点 5　AutoCAD 绘制柱	S□　J□　X□ S□　J□　X□ S□　J□　X□ S□　J□　X□	
能力培养	1. 能够依据制图标准，根据任务要求，运用 AutoCAD 绘图软件绘制施工图中的常用符号和图例 2. 能够在教师引导下完成例图轴网的绘制	S□　J□　X□ S□　J□　X□	
拓展提升	小组协作完成例图平面图的绘制	S□　J□　X□	

学习情境 6

扫码查看
教学视频

建筑施工图识读

上班第一天，领导就交给你一套图纸，如图 6.1 所示，要求读懂图纸，为后续施工工作做好准备。并提出了一系列问题：这套图一共多少张？包括哪些内容？设计依据是什么？建筑物位于何处？是什么性质的工程？墙体选用什么材料？地面、墙面采用什么做法？层高多少？入户门位于哪一侧？房间布局如何？……

我们将通过识读一套完整的建筑工程施工图，看懂标题栏内容，读懂图纸目录；阅读设计、施工说明，识读门窗表、材料做法表；了解总平面图的内容和用途；理解建筑平面图、立面图、剖面图、建筑外墙墙身构造详图、楼梯平面图和剖面详图的内容和用途，从而读懂整套图纸。

图 6.1　建筑施工图、效果图

某某小区 5#
楼效果图

★学习任务 6-1　识读首页图

知识点 1　图纸目录识读

知识点 2　设计说明识读

知识点 3　材料做法表识读

知识点 4　门窗表识读

学习目标 6-1：

(1)能说出施工图首页的构成及作用。

(2)能读懂图纸目录。

(3)能准确识读设计、施工说明。

(4)能准确识读材料做法表、门窗表。

任务书 6-1：

参照引导问题观看知识点教学视频，通过小组合作、搜索互联网相关信息以及学习活页教材中相关知识点，完成三级引导问题。在掌握建筑首页图构成及作用的基础上，通过例图的识图练习，理解建筑施工图相关知识，提高识图能力，并力争通过小组协作查阅建筑施工相关知识、识读书后附图，实现知识的跃迁和提升，培养职业素养。学习过程中，认真记录学习目标核验表，并通过自我评价、小组互评和教师评价进行总结反思。

知识点 1　图纸目录识读

引导问题：

(★基础理论任务　★★能力培养任务　★★★拓展提升任务)

(1)★建筑施工图的识读方法是总体了解、________、________、________。

(2)★一套完整的建筑施工图应包括哪些内容？

(3)★建筑首页图、图纸目录一般包括哪些内容？

(4)★标题栏包括哪些内容？

识图实训(图纸目录)

(1)通过识读图 6.2 所示图纸目录，了解以下内容：

1）★★这套图纸一共有________张，其中“建施-02”为________图和________图，幅号采用________，张数为________张。

2）★★哪些图纸采用了加长幅面？

3）★★图号为“建施-01”的图纸，内容为________图和建筑________图，张数为________张，幅号为________。

（2）★★★小组协作，识读书后附图“某某小区 5#楼”图纸目录。

图纸目录					
序号	图号	图纸名称	张数	幅号	备注
1	建施-TM	图纸目录	1	A4	
2	建施-TB	门窗说明表	1	A4	
3	建施-SM	建筑设计总说明	1	A2+1/4*l*	
4	建施-01	门窗详图 建筑总平面图	1	A2+1/4*l*	
5	建施-02	底层平面图 二层平面图	1	A2+1/4*l*	
6	建施-03	三层平面图 屋面平图	1	A2+1/4*l*	
7	建施-04	①-⑬立面图 ⑬-①立面图 Ⓐ-Ⓗ立面图 1-1剖面图	1	A2+1/4*l*	
8	建施-05	A-A剖面图 首层楼梯平面图 二层楼梯平面图 三层楼梯平面图	1	A2+1/4*l*	
9	建施-06	墙身大样图	1	A2+1/4*l*	

××建筑设计院				建设单位	××房地产公司
				项目名称	某小型住宅楼
批准		校对		比例	
审定		设计	图纸目录	日期	
审核		描图		设计阶段	
项目负责		专业负责		图号	建施-TM

某某小区 5#楼
（图纸目录）

图 6.2　图纸目录

小提示

首页图一般包括图纸目录、设计总说明及门窗表等。图纸目录放在一套图纸的最前面，说明本工程的图纸类别、图纸编排、图纸名称和备注等，以方便图纸的查阅。图纸目录一般包括图号、图纸名称、张数及相应的幅面大小。

知识点2　设计说明识读

引导问题：

（★基础理论任务　★★能力培养任务　★★★拓展提升任务）

(1)★设计说明是设计者的纲领性文件，内容包括什么？

(2)★★阅读设计总说明，简要描述该建筑的设计依据。

(3)★★什么是墙体阳角？本建筑室内墙体阳角的做法是什么？

(4)★★★请列举3个以上你知道的建筑规范名称。

(5)★★★(小组协作查阅资料)什么是"陶粒混凝土砌块""SBS改性沥青防水卷材""C20细石混凝土""泛水""聚氨酯涂膜防水""聚苯板保温""传热系数""阳角""外排水""DN100PVC管"？

小提示

设计说明包括工程概况和总体要求，是设计者的纲领性文件。设计说明内容包括设计依据、工程概况、工程做法及材料要求等。

1. 设计依据

设计依据主要包括该项目建筑施工图设计的依据性文件、批文和相关规范等。

2. 工程概况

工程概况主要包括工程名称、建设地点、建设单位、建筑面积、建筑类别、耐火等级、抗震烈度、建筑层数、结构形式、建筑高度、设计标高、防水等级，以及其他能够反映建筑规模的主要技术经济指标。

3. 工程做法

工程做法包括墙体、地面、楼面、屋面、防水工程、内外装修、门窗做法等，以及勒脚、散水、台阶、坡道、油漆、涂料等所用材料和做法，可用文字说明，也可直接在图上引注或加注索引号。

识图实训(设计说明)

(1)通过阅读图6.3所示设计说明，了解以下内容：

一、设计依据：

1.建设单位提供的有关技术资料及工程地质勘察报告。

2.建筑设计主要法规：

1）《住宅设计规范》（GB 50096—2011）

2）《建筑设计防火规范》（GB 50016—2014）(2018年版)

3）《建筑抗震设计规范》（GB 50011—2010）(2016年版)

4）《屋面工程技术规范》（GB 50345—2012）

5）《居住建筑节能设计标准》（DB13(J)185—2020）

6）《民用建筑设计统一标准》（GB 50352—2019）

现行国家及地方颁布的法律、法规

二、工程概况：

1.工程名称：某小型住宅楼

2.建设地点：某某小区

3.总建筑面积：622.73 m^2

4.建筑类别：三类

5.耐火等级：二级

6.抗震烈度：8度 功能为住宅

7.结构形式：三层框架结构

8.平面布置：本工程东西长19.5米，南北宽15.3米；

9.立面布置：共三层，功能为住宅，层高为2.9米；室内外高差为0.45米，建筑总高度为9.06米；

10.标高定位：±0.000的绝对高程为36.65；

三、本工程参考图集：

所用图集为河北省工程建设标准设计《05系列建筑标准设计图集》05J1~05J13

四、墙体材料：

1.外墙：外墙体采用200厚陶粒混凝土砌块，外侧贴50厚聚苯板保温。墙体定位见平面图。

2. 内隔墙：200厚陶粒混凝土砌块，墙体定位见平面图。卫生间等处隔墙为100厚陶粒混凝土砌块。

五、防水工程：

1.屋面选用防水层为4 mm厚SBS改性沥青防水卷材；设计中所有泛水处的混凝土护坡均为C20细石混凝土。严格按照国家《屋面工程技术规范》进行施工。

2.屋面防水等级Ⅲ级，耐久年限10年。

3.厨房、卫生间选用聚氨酯涂膜防水。

六、内外装修：

内装修工程做法表仅供参考。因做二次装修，墙面及顶棚做至抹灰面刮腻子，房间地面只做到找平层。

七、门窗部分：

1.门窗规格、型号、材质及所选图集编号详见门窗表所示、所有外门窗为中空玻璃塑钢门窗、外窗均带纱扇、门窗玻璃单块面积大于或等于1.5m^2时应采用安全玻璃。

2.外门窗应满足当地抗风压要求，其气密性等级不应低于《建筑外门窗气密、水密、抗风压性能检测方法》规定的6级水平。

3.根据图中所示尺寸及分隔，由厂家核算抗风压性能，调换合适的加强型钢规格玻璃及五金件。

4.本工程所采用的各类窗除标注外，只给出洞口大小、窗的类型，开启形式及分格，其构造与型材选择计算均由厂家负责在施工时配合土建预埋铁件。

八、节能措施：

1.屋面采用120厚聚苯板保温，传热系数为0.43 W/(m^2·K)；

2.外墙部分为50厚聚苯板保温，传热系数为0.45 W/(m^2·K)；

3.所有外窗采用中空玻璃塑钢窗。气密性为6级，传热系数为2.5 W/(m^2·K)；

4.阳台门下部门芯板采用岩棉加芯复合保温板，传热系数为K=1.35 W/(m^2·K)。

九、其他设计要求：

1.本说明与建筑施工图互为补充，图中尺寸除标高以米计外，其余均以毫米计。

2.室内墙体阳角处均做1∶2.5水泥砂浆护角1 800高，厚度同内墙抹灰。两侧均抹过墙角50宽，遇门窗洞口处护角高度通高。

3.卫生间、厨房地面低于其他房间地面20 mm，并从门口找1%坡向地漏，卫生间及厨房所有管道穿楼板处做法参见05J11−2 $\frac{1}{151}$ 卫生洁具预留位置。

4.所有埋件均须提前预埋好，以免后凿后剔；预埋木砖应浸入防腐剂风干后方可施工；外露金属材料须除锈刷红丹防锈漆二道，外罩面漆。

5.部分建材的具体安装、连接等做法应根据厂家资料或要求施工，凡不同材料的交接处须加钢丝网片抹灰处理，以防开裂。

6.其他各专业的穿墙套管、留洞、自行埋管等位置未在本图表示，注意与各专业图纸核对后再施工。土建专业应密切配合，管道穿过楼板处应涂抹严密，防止漏水。

7.雨落水管采用DN100PVC管，外排水方式。

8.有关施工质量操作规程及验收标准均以国家和省市颁发的现行有关规范为准。

9.未尽事宜均按现行有关规范进行施工。

10.所有栏杆均应达到安全指标，横向栏杆应做好防止儿童攀爬的措施。

某小型住宅楼
建筑施工图
（建筑设计总说明）

图6.3 设计说明

1)★★工程名称为________，总建筑面积为________，建筑类别为________，耐火等级为________，抗震烈度为________，结构形式为________。本工程东西长为________，南北宽为________，建筑的层数为________，层高为________，室内外高差为________，建筑物的总高度为________，相对标高±0.000的绝对高程为________ m。

2)★★本工程外墙采用________，外侧贴________，内隔墙采用________，卫生间等处隔墙为________。

3)★★屋面选用的防水层为________，屋面防水等级为________，耐久年限为________，厨房、卫生间选用 ________防水。

4)★★在节能措施里，屋面采用________，传热系数为________；外墙部分采用________，传热系数为________；所有外窗采用 ________，气密性为________，传热系数为________。

5)★★卫生间、厨房地面低于其他房间地面________，并从门口找________的坡，坡向________。

6)★★雨落水管采用________管，采用________排水。

7)★★本建筑室内墙体阳角的做法是什么？

(2)★★★小组协作，识读书后附图“某某小区5#楼”设计说明(图号：建-1)。

知识点3　材料做法表识读

引导问题：

(★基础理论任务　★★能力培养任务　★★★拓展提升任务)

(1)★图6.4所示材料做法表里包括了哪些部位的做法？

(2)★★★(小组协作查阅资料)什么是“勒脚”“散水”“豆石混凝土”“干硬性水泥砂浆”“素水泥”“和易性”？

小提示

材料做法表明确了各部位的具体做法，包括墙体、地面、楼面、屋面、防水工程、门窗等的做法，以及勒脚、散水、台阶、坡道、油漆、涂料等所用材料和做法。

识图实训(材料做法表)

(1)通过阅读图6.4所示材料做法表，了解以下内容：

1)★地面的工程作法是________，其中05J1是________，1/12是________。

2)★★楼面做法(除厨房、卫生间、露台和楼梯间以外所有其他房间)，从上往下一共________层构造：其中最下面是________；其上是________保温层(保温层上面一般需铺设反射膜)；再上面铺设________，然后用________ mm厚________填充覆盖；然后是________结合层；撒素水泥面(洒适量清水)；最上面一层是________ mm地板砖，稀水泥浆擦缝。

材料做法表

名称	工程做法	名称	工程做法
地面	05J1 1/12	内墙面(厨.卫)	1.6厚1：0.5：2.5水泥石灰膏砂浆压实抹平
楼面(其他房间)注1.2.3由用户做	1.8~10厚铺地板砖，稀水泥浆擦缝		2.6厚1：1：6水泥石灰膏砂浆打底扫毛
	2.撒素水泥面(洒适量清水)		3.3厚外加剂专用砂浆抹基面刮糙或界面剂一道
	3.20厚干硬性水泥砂浆结合层		甩毛(抹前先将墙体用水湿润)
	4.40厚C10豆石混凝土，内铺设采暖水管		4.聚合物水泥砂浆修补墙面
	5.20厚聚苯板保温	内墙面	1. 满刮2厚耐水腻子分遍找平
	6.钢筋混凝土楼板		2.8厚1：1：6水泥石灰膏砂浆打底扫毛
楼面(厨房)注:1.2.3由用户做	1.8~10厚铺地板砖，稀水泥浆擦缝		3.素水泥砂浆一道(内掺建筑胶)
	2.撒素水泥面(洒适量清水)		4.聚合物水泥砂浆修补墙面
	3.20厚干硬性水泥砂浆结合层	顶棚(楼梯间)	1.喷(刷、辊)大白浆饰面
	4.钢筋混凝土楼板		2.板底满刮2厚耐水腻子分遍找平
楼面(卫生间)注:1.2.3由用户做	1.2.3做法同上		3.素水泥砂浆一道(内掺建筑胶)
	4.20厚1：3水泥砂浆找平层，四周及竖管部位抹小八字角	顶棚	1.板底满刮2厚耐水腻子分遍找平
	5.素水泥砂浆一道(内掺建筑胶)		2.素水泥砂浆一道(内掺建筑胶)
	6.最薄处50厚C15细石混凝土从门口处向地漏找1%坡	涂料	05J1 3/77(木材面)05J1 12/80(金属面)
	7.钢筋混凝土楼板	散水	05J1 3/113
楼面(露台)	1.2.3做法同上	坡道	05J1 4/117
	4.20厚1：3水泥砂浆找平层	室外台阶	水泥砂浆台阶 05J1 2/115
	5.钢筋混凝土楼板	室内台阶	铺地砖台阶 05J1 3/115
楼面(楼梯间)	1.8−10厚铺地板砖，稀水泥浆擦缝(地砖为600×600)	雨水管	05J5−1 7/62
	防滑地砖，踏面砖为专用楼梯踏面砖)	风道	卫生间通风道:J09J10111 7/8, 厨房排烟道:J09J101 1/8
	2.撒素水泥面(洒适量清水)	雨水口	05J5−1 F/64
	3.20厚干硬性水泥砂浆结合层	露台台阶	05J5−1−/23
	4.素水泥砂浆一道(内掺建筑胶)		
	5.钢筋混凝土楼板		
屋面 不上人	1.2.3.4同05J1 2/92改第2项为SBS卷材防水一道		
	5.120厚聚苯乙烯泡沫塑料板材保温层		
	6.钢筋混凝土结构层		

图 6.4　材料做法表

某小型住宅楼建筑施工图
（建筑设计总说明）

(2)★★★(小组协作查阅资料)什么是“擦缝”“聚合物水泥砂浆”“界面剂”?

(3)★★★小组协作，识读书后附图“某某小区5#楼”工程作法及内装修作法(图号：建-1)。

某某小区5#楼
建-1(设计说明
内装修做法)

知识点4　门窗表识读

引导问题:

(★基础理论任务　★★能力培养任务　★★★拓展提升任务)

(1)★门窗表是对建筑图中________、________和________的综合统计。

(2)★★★(小组协作查阅资料)什么是“推拉窗”“平开窗”“上悬窗”“角窗”“飘窗”“门连窗”“可视单元对讲门”“防盗门”?

(3)★★★什么是“展开图“?请绘制一个四棱柱的展开图(尺寸自定)。

(4)★★★你认为识读首页图应注意哪些问题?如何才能快速准确识读?

小提示

门窗表是建筑施工说明的组成部分，是对建筑图中的门窗数量、规格型号、分布情况的综合统计。施工时要将门窗表所反映的信息与大样图仔细核对，有时还要参考相关图集。

识图实训(门窗表)

(1)★★通过识读图6.5所示门窗表，了解以下内容：C-1为________窗，窗洞尺寸为________，数量为________个；C-2为________窗，洞口尺寸为________，数量为________个；C-3为________，洞口尺寸为________，数量为________个。JC-1为________，这是建筑转角处设置的大面积角窗(图6.6)，其中洞口尺寸________mm是转角两面互相垂直的窗洞相加的尺寸，________mm是窗洞的高度，数量为________个；PC-1也是________，是北卧室的飘窗(图6.7)，宽度是________mm，高度是________mm，数量为________个；MLC-1为________，宽度和高度都是________mm，数量是________个；M-1为________门，门洞的宽度是________mm，高度是________mm，数量是________个；M-2为________门，门洞的宽度是________mm，高度是________mm，数量是________个；M-3、M-4均为________门，M-3是________mm宽，M-4是________mm宽度、高度都是________mm。M-3数量是________个，M-4数量是________个，从备注看，这两种门都是________门洞，________门框的；TLM-1、TLM-2为________框的玻璃推拉门，TLM-1宽和高都是________mm，数量是________个；TLM-2宽________mm、高________mm，数量是________个。所有窗均为________窗，空气层厚度为________mm。

门窗说明表

门窗名称	洞口尺寸	门窗数量	备注
C-1	600×1 500	4	塑钢中空玻璃推拉窗
C-2	1 200×1 500	12	塑钢中空玻璃平开窗
C-3	600×1 500	6	塑钢中空玻璃上悬窗
JC-1	4 250×2 600	6	塑钢中空玻璃平开窗
PC-1	2 300×1 900	6	塑钢中空玻璃平开窗
MLC-1	2 400×2 400	2	塑钢门连窗
M-1	1 200×2 000	1	可视单元对讲门
M-2	1 100×2 100	6	防盗门
M-3	900×2 100	12	预留门洞，不装门框
M-4	800×2 100	10	预留门洞，不装门框
TLM-1	2 400×2 400	4	不锈钢框玻璃门
TLM-2	1 500×2 100	6	不锈钢框玻璃门
备注：窗均为塑钢中空玻璃窗，空气层厚度为12 mm。			

图 6.5　门窗表

某小型住宅楼建筑施工图（门窗说明表）

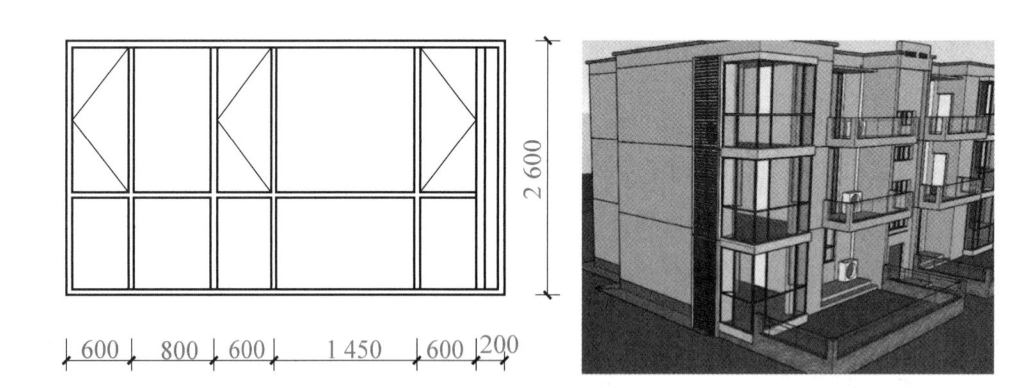

图 6.6　角窗及展开图

图 6.6　角窗

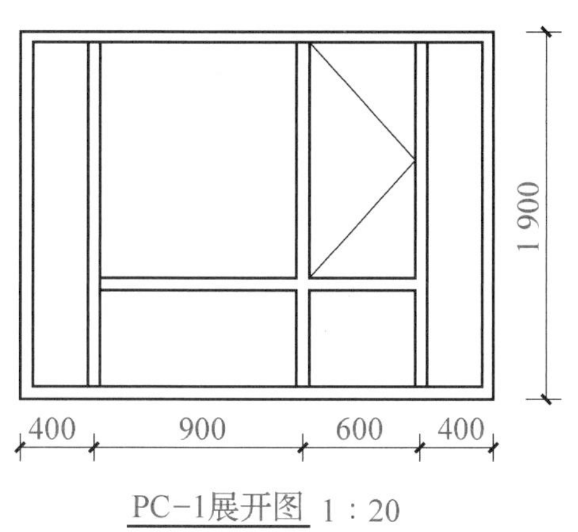

图 6.7　飘窗及展开图

图 6.6　飘窗

（2）★★★（小组协作查阅资料）什么是“中空玻璃”“安全玻璃”“外门窗气密性等级”？

（3）★★★小组协作，识读书后附图“某某小区 5#楼”门窗详图（图号：建-2）。

某某小区 5#楼
建-2（门窗详图）

头脑风暴 6-1：

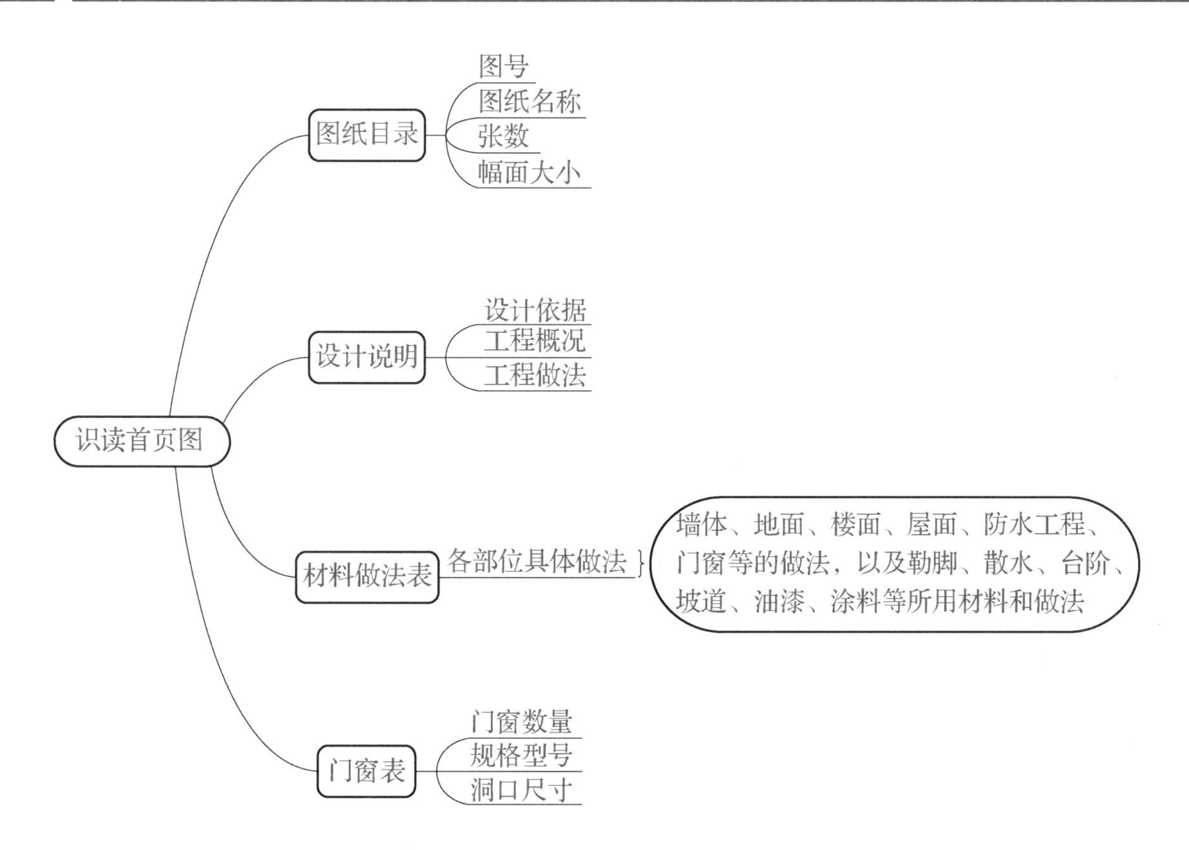

学习评价 6-1：

学习目标核验表(S 表示熟练掌握，J 表示基本掌握，X 表示需要帮助)

学习任务	学习内容	自我评价	学习反思
基础理论	知识点 1　图纸目录识读	S□　J□　X□	
	知识点 2　设计说明识读	S□　J□　X□	
	知识点 3　材料做法表识读	S□　J□　X□	
	知识点 4　门窗表识读	S□　J□　X□	
能力培养	1. 能说出施工图首页的构成及作用	S□　J□　X□	
	2. 能读懂图纸目录	S□　J□　X□	
	3. 能准确识读设计、施工说明	S□　J□　X□	
	4. 能准确识读门窗表、材料做法表	S□　J□　X□	
拓展提升	1. 小组协作，了解建筑施工相关知识	S□　J□　X□	
	2. 能够识读书后附图相关内容	S□　J□　X□	

★学习任务 6-2　识读总平面图及建筑平面图

知识点 1　总平面图识读

知识点 2　建筑平面图识读方法

知识点 3　底层平面图识读

知识点 4　楼层平面图识读

知识点 5　屋顶平面图识读

学习目标 6-2：

(1)能说出建筑总平面图的图示内容和识读要点。

(2)能正确识读总平面图实例，学会总平面图的识读方法。

(3)能说出建筑平面图的形成方法和用途。

(4)能理解建筑平面图的图示内容、表示方法及识读要点。

(5)能正确识读建筑平面图实例，学会建筑平面图的识读方法。

(6)能识读总平面图、建筑平面图相关图例及符号。

任务书 6-2：

参照引导问题观看知识点教学视频，通过小组合作、搜索互联网相关信息以及学习活页教材中相关知识点，完成三级引导问题。在掌握平面图识读方法的基础上，通过例图识读练习，理解建筑施工图相关知识，提高识图能力，并力争通过小组协作查阅建筑施工相关知识、识读书后附图，实现知识的跃迁和提升，培养职业素养。学习过程中，认真记录学习目标核验表，并通过自我评价、小组互评和教师评价进行总结反思。

知识点 1　总平面图识读

引导问题：

（★基础理论任务　★★能力培养任务　★★★拓展提升任务）

(1) ★建筑总平面图表示拟建房屋所在基地范围内的________，是新建房屋________、________、________及________的依据。它主要反映新建房屋的________、________、________和________布置、________、________及与原有环境的关系等。

(2) ★总平面图范围较大，比例较小，一般采用________、________、________的比例。

(3) ★请说出建筑总平面图的图示内容包括哪几部分。

(4) ★请说出建筑总平面图的识图要点。

(5) ★在总平面图中，标高要注写________，并且注写到小数点后________，室内标高用________表示，室外标高用________表示。

(6) ★建筑物的层数如何表示？12F/2D 代表什么？

(7) ★在总平面图中，新建建筑物用________线表示。

(8) ★确定新建房屋的位置：一般依据________或________定位，标注________。

(9) ★★★（小组协作查阅资料）什么是“道路红线”“绝对标高”“相对标高”“定位”“风向频率玫瑰图”？

小提示

建筑总平面图表示拟建房屋所在基地范围内的总体布局，是新建房屋施工定位、施工放线、土方工程及绘制施工总平面图的依据。它主要反映新建房屋的位置、朝向、标高和绿化的布置、地形、地貌及其与原有环境的关系等。总平面图范围较大，比例较小，一般采用 1∶500、1∶1000、1∶2000 的比例。

1. 图示内容

(1)表明新建区的布置：如防线位置，各建筑物、道路和绿化的布置等。

(2)确定新建房屋的位置：一般依据原有建筑物或道路定位，标注定位尺寸。建造成片建筑或公共建筑物、厂房等，常采用坐标来确定建筑群及道路的位置，当地形复杂时，还要画出等高线，或者在地形上绘制出总平面图。其中，用粗实线画出的图形是新建房屋的底层平面轮廓，用细实线画出的是原有建筑物，其中四周打“╳”的是应拆除的建筑物，用中虚线画出的是计划建造的房屋。

(3)表明新建房屋室内地坪的绝对标高及室外地坪、道路的绝对标高。

(4)表明新建房屋的朝向，一般用指北针表示，有时用风向频率玫瑰图表示。

(5)层数包括建筑物的地上层数和地下层数，其中 F 表示地上层数，D 表示地下层数。

(6)表明新建建筑物周围地形地貌情况。

2. 识图要点

(1)应先熟悉总平面图的图例，阅读文字说明，以便顺利看图。

(2)明确工程项目的性质，这是决定建筑物朝向、建筑规模的依据。

(3)查看拟建工程位置的地形、基地范围，以便研究新建房屋和道路的布置是否合理。

(4)了解新建房屋的室内外高差、道路标高、坡度及排水情况是否适宜，土方填挖量是否经济合理。

(5)了解建筑物自身的占地尺寸及相对距离，查找新建房屋定位的依据。

(6)了解建筑物的朝向和常年风向频率。

识图实训(总平面图)

(1)★★根据图 6.8 所示总平面图，找出相关信息：该住宅楼为________层，长________，宽________，住宅楼东侧距道路红线________ m，北侧距道路红线________ m。室内地坪绝对标高________，相对标高为________。室外地坪绝对标高为________，室内外高差为________ m。住宅楼的东侧有一个自行车棚，自行车棚南侧是________的已建住宅楼。西侧用虚线表示的是一块________用地，其东西长________ m，南北长________ m。其东侧距离要建的住宅楼________ m，西侧距离道路红线________ m。预留综合用地南侧是要________的综合楼、已建商住楼。

(2)★★★小组协作，识读书后附图“某某小区 5#楼”总平面图(图号：建总-1)。

某某小区 5#楼
建总-1（总平面图）

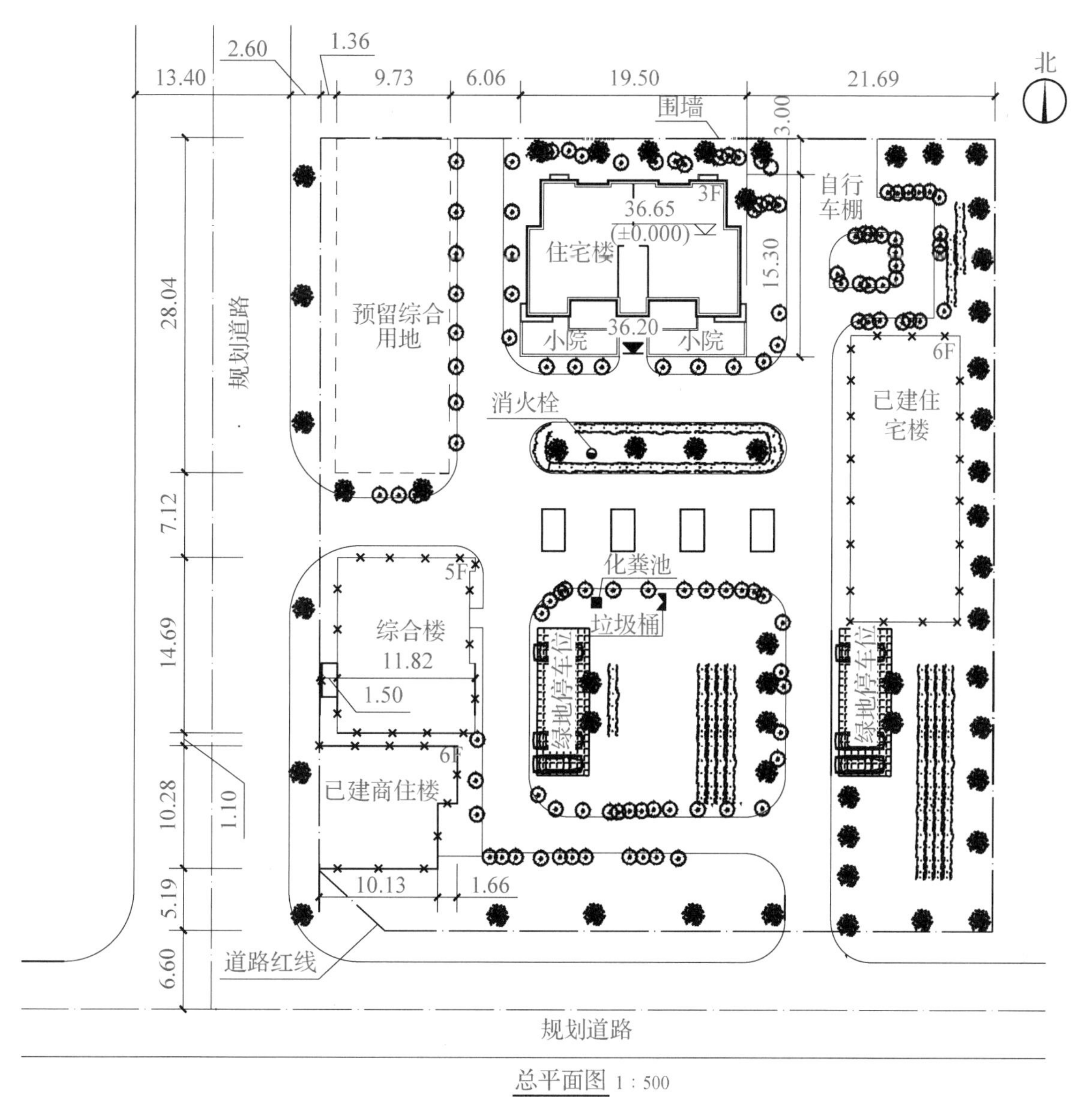

图 6.8　总平面图

知识点 2　建筑平面图识读方法

引导问题：

(★基础理论任务　★★能力培养任务　★★★拓展提升任务)

(1) ★建筑平面图是________、________、________、________及________、________等的基本依据。

(2) ★建筑平面图包括________、________、________和________。

(3) ★凡承重的墙、柱，都必须标注定位轴线，并按规定给予编号，横向定位轴线编号用________表示，纵向定位轴线编号用________表示。

(4) ★建筑剖面图的剖切位置和投射方向，应在底层平面图中用________表示，并应编号；凡套用标准图集或另有详图表示的构配件、节点，均需画出________，以便对照阅读。

(5) ★外墙的尺寸一般分三道标注：最外面一道是________，表示建筑物的总长度和总宽度；中间一道尺寸表示________间的距离，是房屋的“开间”或“进深”尺寸；最里面的一道尺寸，表示________、________、________的尺寸。

(6) ★屋顶平面图表明了________、________及________，天沟或檐沟的位置，还有女儿墙、屋檐线、雨水管、上人孔及水箱的位置等。

(7) ★建筑平面图常用________、________、________的比例绘制。

(8) ★★请说出建筑平面图是怎么形成的。

(9) ★★请说出底层平面图与楼层平面图的区别。

(10) ★★建筑物一层室内地坪主要标高是________。

小提示

建筑平面图简称平面图，是建筑施工中比较重要的基本图。

1. 建筑平面图的形成和用途

假想用一个水平的剖切平面沿房屋窗台以上的部位剖开，移去上部后向下投影所得的水平投影图，称为建筑平面图，如图 6.9 所示。

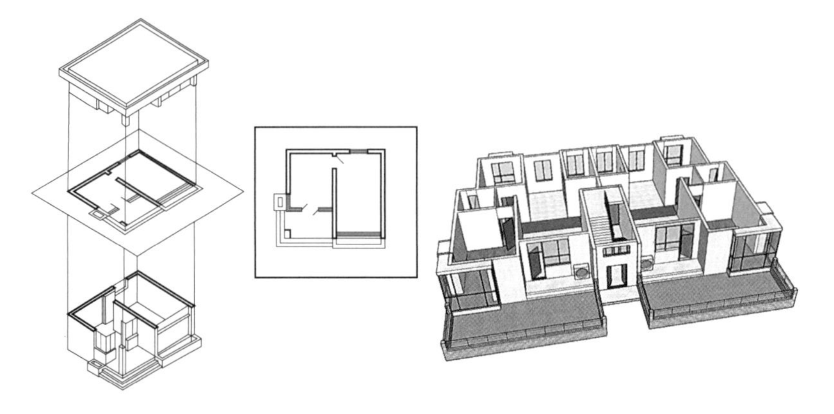

平面图的形成

图 6.9　建筑平面图的形成

建筑平面图是放线、砌筑墙体、安装门窗、做室内装修及编制预算、备料等的基本依据。

一般来说，建筑平面图包括底层平面图(也称首层平面图、一层平面图)、楼层平面图、顶层平面图和屋顶平面图。当房屋中间各层房间数量、大小和布置都相同时，各楼层平面图也可只画一个，称为标准层平面图。当某些楼层平面布置基本相同，只有局部不同时，也可绘制出局部平面图。

2. 建筑平面图的图示内容及表示方法

(1) 底层平面图。

底层平面图不仅要反映室内情况，还须反映室外可见的台阶、明沟(或散水)、花坛等。由于底层平面图是假想通过底层窗台上方对建筑物进行剖切所作的水平剖面图，因此楼梯间只画出梯段部分楼梯，并按规定用倾斜折断线断开。为了使图面清晰、主次分明、便于识读，对底层平面图的表示方法有如下规定：

1)定位轴线。凡承重的墙、柱，都必须标注定位轴线，并按规定给予编号。

2)图线。凡被剖切到的墙、柱的断面轮廓线用粗实线画出(墙、柱轮廓线都不包括粉刷层的厚度，粉刷层在1∶100的平面图中不必画出)，没有剖切到的可见轮廓线，如墙身、窗台、梯段等用中实线画出，尺寸线、引出线用细实线画出，轴线用细点画线画出。

3)图例。在平面图中，门、窗均按规定的图例画出，在门、窗图例旁边应注明它们的代号，对于不同类型的门、窗，应在代号后面加上编号，以示区别。各种门、窗的形式和具体尺寸，可在汇总编制的门窗表中查对。

4)剖切符号与索引符号。建筑剖面图的剖切位置和投射方向，应在底层平面图中用剖切符号表示，并应编号；凡套用标准图集或另有详图表示的构配件、节点，均需画出详图索引符号，以便对照阅读。

5)尺寸标注。外墙的尺寸一般分三道标注：最外面一道尺寸是外包尺寸，表示建筑物的总长度和总宽度；中间一道尺寸表示定位轴线间的距离，是房屋的“开间”或“进深”尺寸；最里面的一道尺寸，表示门窗洞口、洞间墙、墙厚的尺寸。

6)标高。在底层平面图中，还应注写室内外地坪的标高。

7)朝向。有时在底层平面图还需画出指北针符号，以表明房屋的朝向。

(2)楼层平面图。

楼层平面图的图示内容与底层平面图基本相同，在识读时要与底层平面图对照识读。因为室外的台阶、花坛、明沟、散水和雨水管的形状和位置已经在底层平面图中表达清楚了，所以中间各层平面图除要表达本层室内情况外，只需画出本层的室外阳台和下一层室外的雨篷、遮阳板等。此外，因为剖切情况不同，楼层平面图中楼梯间部分表达梯段的情况与底层平面图也不同。

(3)屋顶平面图。

屋顶平面图应表明屋顶的形状，屋面排水方向及坡度，天沟或檐沟的位置，还有女儿墙、屋檐线、雨水管、上人孔及水箱的位置等。

(4)局部平面图。

当某些楼层的平面布置图基本相同，仅有局部不同时，则这些不同部分可用局部平面图表示。当某些局部布置比例较小而固定设备较多，或者内部组合比较复杂时，也可另画较大比例的局部平面图。局部平面图的图示方法与底层平面图相同。为了清楚表明局部平面图所处的位置，必须标注与平面图一致的轴线及其编号。常见的局部平面图有厕所间、盥洗室、楼梯间等的平面图。

3. 建筑平面图的识读要点

(1)首先应了解图名、比例和朝向。建筑平面图常用1∶50、1∶100、1∶200的比例绘制。

(2)了解房屋内部各房间的配置、用途 、数量及其相互间的联系情况。

(3)根据平面图中定位轴线的编号及间距尺寸，了解承重墙、柱的相应位置及房间大小。根据尺寸标注，了解建筑物的外形尺寸包括总长度和总宽度，了解房间的开间、进深、门窗和室内设备的大小与位置以及内外墙体厚度。

(4)了解楼地面、夹层、楼梯平台面、室外地面、室外台阶、卫生间地面、阳台地面等处的标高。

(5)了解门窗的位置及编号。同一编号表示的门窗，其构造尺寸和材料都一样，其规格、型号、数量均可从门窗表中查阅。

(6)通过剖切符号，了解剖切部位，以便对照识读。

(7)了解楼梯的位置、踏步级数、上下方向、尺寸等。

(8)了解其他细部(如卫生设备等)的配置情况。

知识点3　底层平面图识读

引导问题：

(★基础理论任务　★★能力培养任务　★★★拓展提升任务)

(1)★建筑平面图是怎么形成的？

(2)★★★(小组协作查阅资料)什么是“开间”“进深”“定位轴线”“剖切符号”“索引符号”“踏步”“天沟”“檐沟”“女儿墙”？

识图实训(底层平面图)

(1)通过阅读图6.10所示首层平面图，了解以下内容：

1)★★该建筑物出入口位于建筑物________侧，是一个________梯________户的住宅楼，东西两个单元布局相同，均为________室________厅，房间包括两个________、________、________、卫生间和厨房。建筑物的入户门位于南侧________~________轴之间，入口处即为楼梯间所在位置。底层住户________侧各有一小院。散水宽度为________mm，从室外到入户门前平台高差为________mm，平台宽度为________mm；从小院到客厅外的平台有________级台阶，台阶踏步宽度为________mm。

2)★★横向轴线编号为________~________，纵向轴线编号依次为________~________。建筑物南侧横向轴线编号为________，北侧横向轴线编号为________；建筑物东西侧纵向轴线编号相同。

3)★★建筑物东西向总长度为________mm，南北向总宽度为________mm。各单元客厅开间均为________m，进深为________m。

4)★★结合施工说明可知，内外墙体均为________，卫生间隔墙为________。

5)★★通过识读标高可知，一层室内主要地坪标高为________，室外地坪标高为________，由此可知，室内外高差为________mm。单元入口处楼梯间地面标高和小院地坪标高均为________，卫生间地面标高为________。

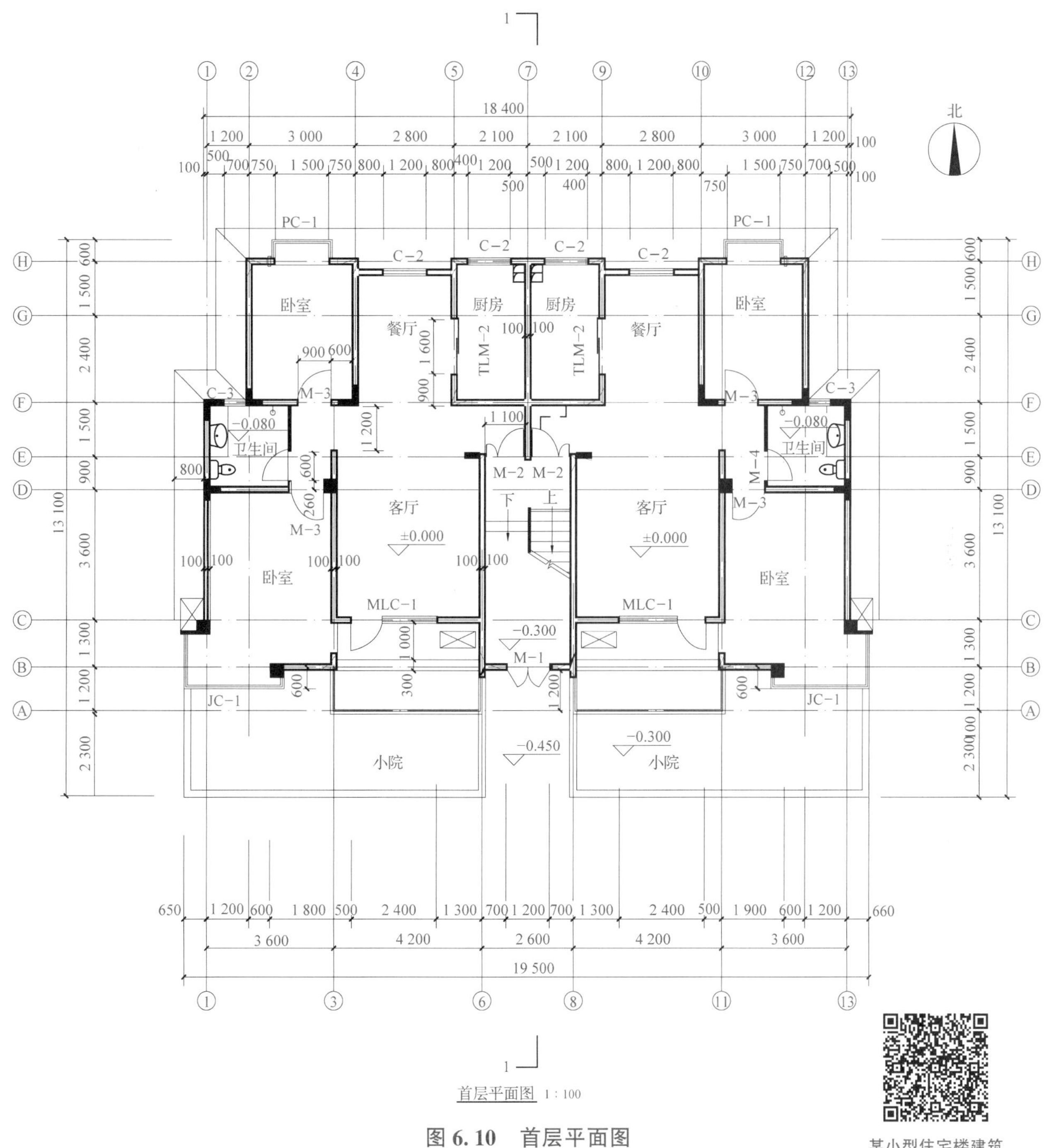

图 6.10　首层平面图

某小型住宅楼建筑施工图(一、二层平面图)

6) ★★建筑物入户门为 M-1，结合门窗表可知，M-1 为________门，门洞尺寸为________ mm，数量只有________个。一层客厅南侧通向小院的为________ MLC-1，从门窗表中可以查到，MLC-1 的尺寸为________ mm，数量为________个。MLC-1 窗外的平台上是安装客厅________室外机的位置。分户门为防盗门，门洞尺寸为________ mm，每层两户，所以数量为________个；客厅与餐厅是连通的，不设门，空间利用充分；卧室门为 M-3，从门窗表可知，M-3 只留洞口，________门框，洞口尺寸为________ mm，每层两户，每户两间卧室，共三层，因此 M-3 数量为________个；

7)★★南卧室的窗为________窗 JC-1，洞口尺寸________ mm，详细规格尺寸应与门窗详图对照识读，JC-1 北侧墙外是安装南卧室________室外机的位置；卫生间的门为 M-4，从门窗表可知，M-4 也是预留洞口________装门框，门洞尺寸为________ mm。从 M-4 到南卧室的洞间墙尺寸为________ mm，材料为________。

8)★★卫生间在北侧设 C-3 窗，从门窗表可知，C-3 为________窗，洞口尺寸为________ mm，数量为________个；北卧室门也为 M-3，门洞与卧室东墙间的墙体尺寸为________ mm；北卧室窗为________窗 PC-1，结合门窗表可知，PC-1 洞口尺寸为________ mm，数量为________个，其详细规格尺寸应与门窗详图对照识读；餐厅、厨房北窗均为 C-2，结合门窗表可知，C-2 为________窗，洞口尺寸为________ mm，数量为________个；餐厅通厨房的门为________门 TLM-2，结合门窗表可知，TLM-2 为________框玻璃门，洞口尺寸为________ mm，数量为________个，TLM-2 门洞与厨房南墙间墙体尺寸为________ mm。

9)★★从单元门进入楼梯间标高为________，上到分户门±0.000 处有________级台阶，由此可见，台阶踢面高度应为________ mm。

10)★★由于剖切位置的关系，底层平面图上只画出了________层到________层部分梯段的楼梯，因此应结合________图识读。

11)★★图中可见________剖面图的剖切符号，剖切位置在________~________轴之间，通过楼梯间和厨房，剖切方向为由________向________。

12)★★★你还能从卫生间和厨房内看到什么？

13)★★★一层仅卫生间门为 M-4，如果每层相同，则 M-4 应为 6 个，而从门窗表可知，M-4 数量为 10 个，为什么？

(2)★★★识读图 6.11 所示一层平面图，了解以下内容：

1)该图图名为________，采用的比例为________；

2)横轴编号依次为________，纵轴编号依次为________；

3)建筑物总长为________，总宽为________；

4)男厕所的开间为________，进深为________；

5)建筑物共有________个楼梯；

6)C-5 窗宽度为________，共有________个，M-2 门宽度为________，M-4 门宽度为________；

7)建筑物共有________个入口，主入口位于________侧；

8)一层室内主要地坪标高为________，南门门厅地面标高为________；

9)1-1 剖面图的剖切符号位于________轴之间，剖视方向为________；

10)外墙厚为________，内墙厚为________；

11)房间功能分别为________、________、________、________和________；

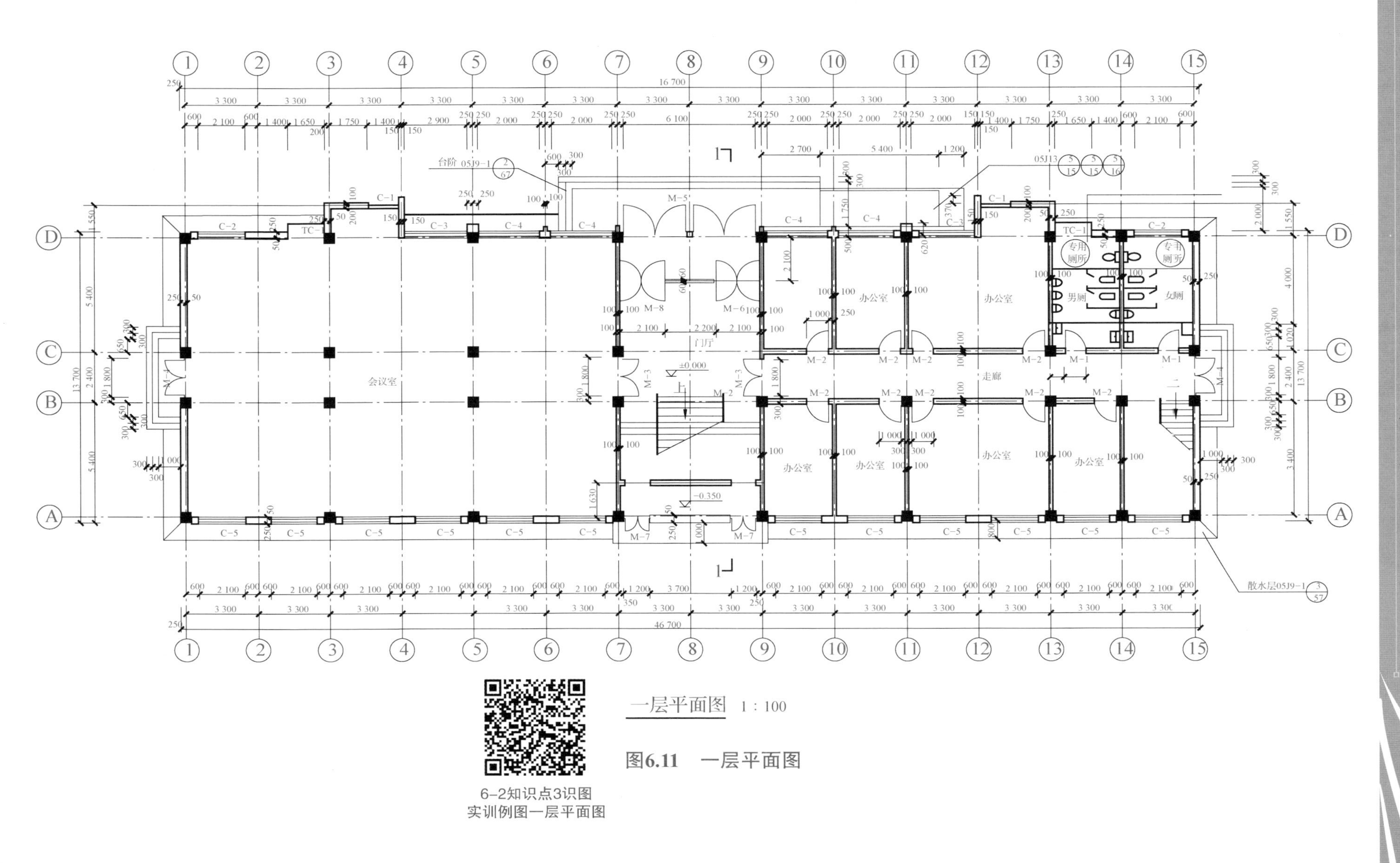

图6.11　一层平面图

12) 无障碍坡道的长度为________，宽度为________。

(3) ★★★小组协作，识读书后附图“某某小区 5#楼”平面图(图号：建-3、建-4)。

某某小区 5#楼 建-3（地下一层）

某某小区 5#楼 建-4（一层平面图）

知识点 4　楼层平面图识读

引导问题：

(★基础理论任务　★★能力培养任务　★★★拓展提升任务)

首层楼梯表示方法　二层楼梯表示方法

(1) ★与底层平面图不同的是：二层平面图不再画出哪些内容？

(2) ★★二层平面图楼梯间表示方法与底层平面图有什么不同？

(3) ★★顶层平面图与底层平面图和二层平面图有什么不同？

(4) ★★顶层平面图楼梯间与底层平面图和二层平面图有什么不同？

识图实训(楼层平面图)

(1) 通过阅读图 6.12 所示二层平面图、图 6.13 所示顶层平面图，了解以下内容：

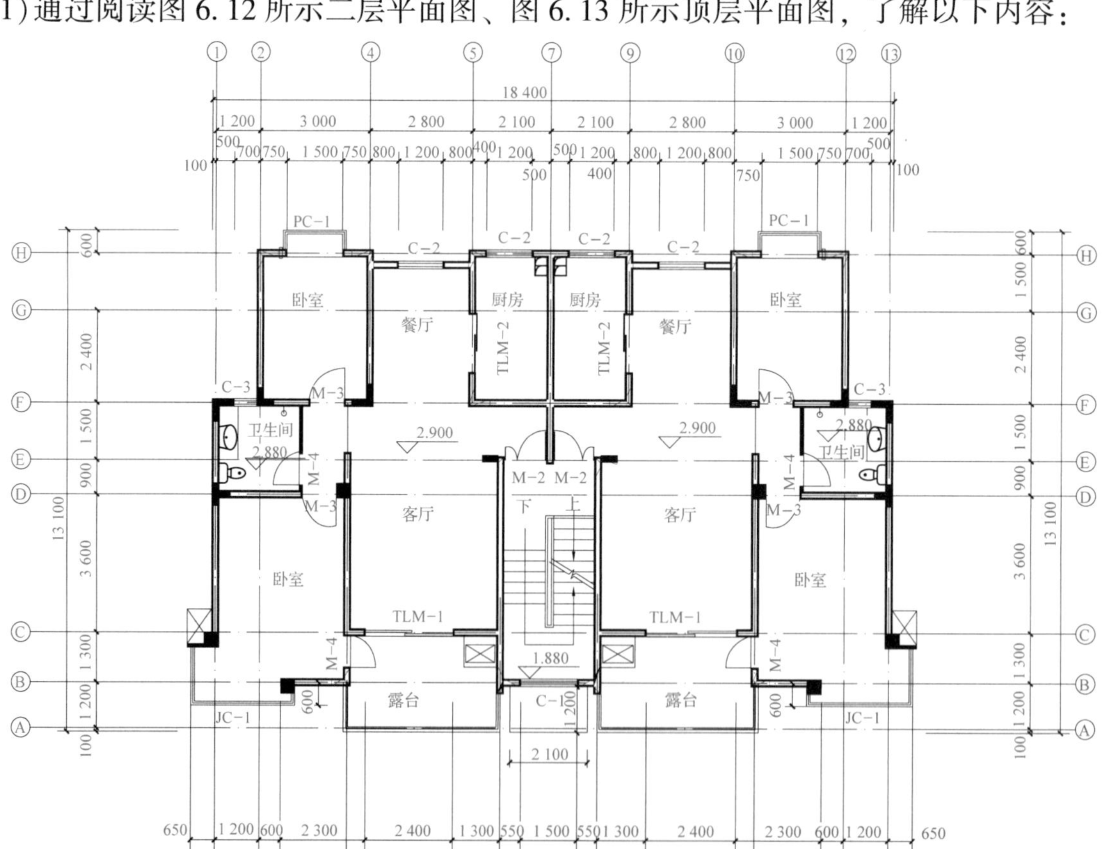

图 6.12　二层平面图

1) ★★楼梯间南侧为________窗；窗外可见雨篷，雨篷尺寸为________ mm；客厅外有露台，南卧室通向露台有门________。

2) ★★客厅通露台门与一层客厅通小院门有什么不同？

3) ★★结合门窗表可知，TLM-1 为________框玻璃门，洞口尺寸为________ mm。

4) ★★二层室内主要地坪标高为________ m，可知层高为________ m；二层卫生间标高为________ m。

5) ★★一层至二层楼梯休息平台标高为________ m；从二层下到休息平台梯段为________级台阶，可知台阶踢面高度为________ mm；从休息平台下到一层梯段为________级台阶。

6) ★★台阶踏面宽度是多少？应结合什么图识读？

7) ★★该建筑________层即为顶层。

8) ★★顶层平面图中楼面标高为________ m，卫生间地面标高为________ m，楼梯平台标高为________ m。

(2) ★★★小组协作，识读书后附图“某某小区 5#楼”平面图(图号：建-5、建-6)。

某某小区 5#楼
建-5（二层平面图）

某某小区 5#楼
建-6（阁楼层平面图）

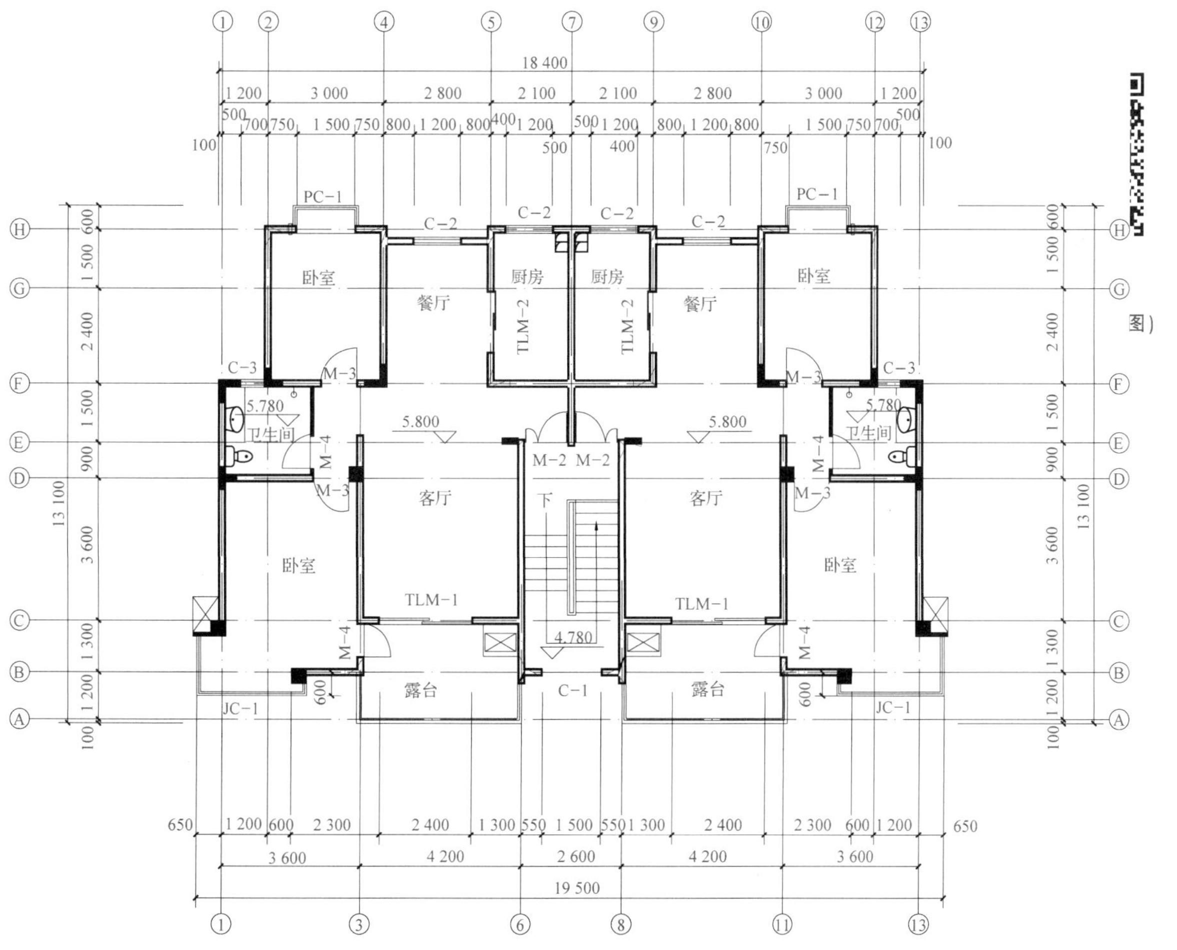

图 6.13　顶层平面图

知识点 5　屋顶平面图识读

引导问题：

（★基础理论任务　★★能力培养任务　★★★拓展提升任务）

（1）★★屋顶平面图应表明哪些内容？

（2）★★分水线的作用是什么？

顶层楼梯表示方法

（3）★★★（查阅资料）烟道和通风道应伸出屋面，平屋面伸出高度不得小于________米，且不________（低或者高）于女儿墙高度。

（4）★★★（小组协作查阅资料）什么是“分水线”？

识图实训（屋顶平面图）

（1）通过阅读图 6.14 所示屋顶平面图，了解以下内容：

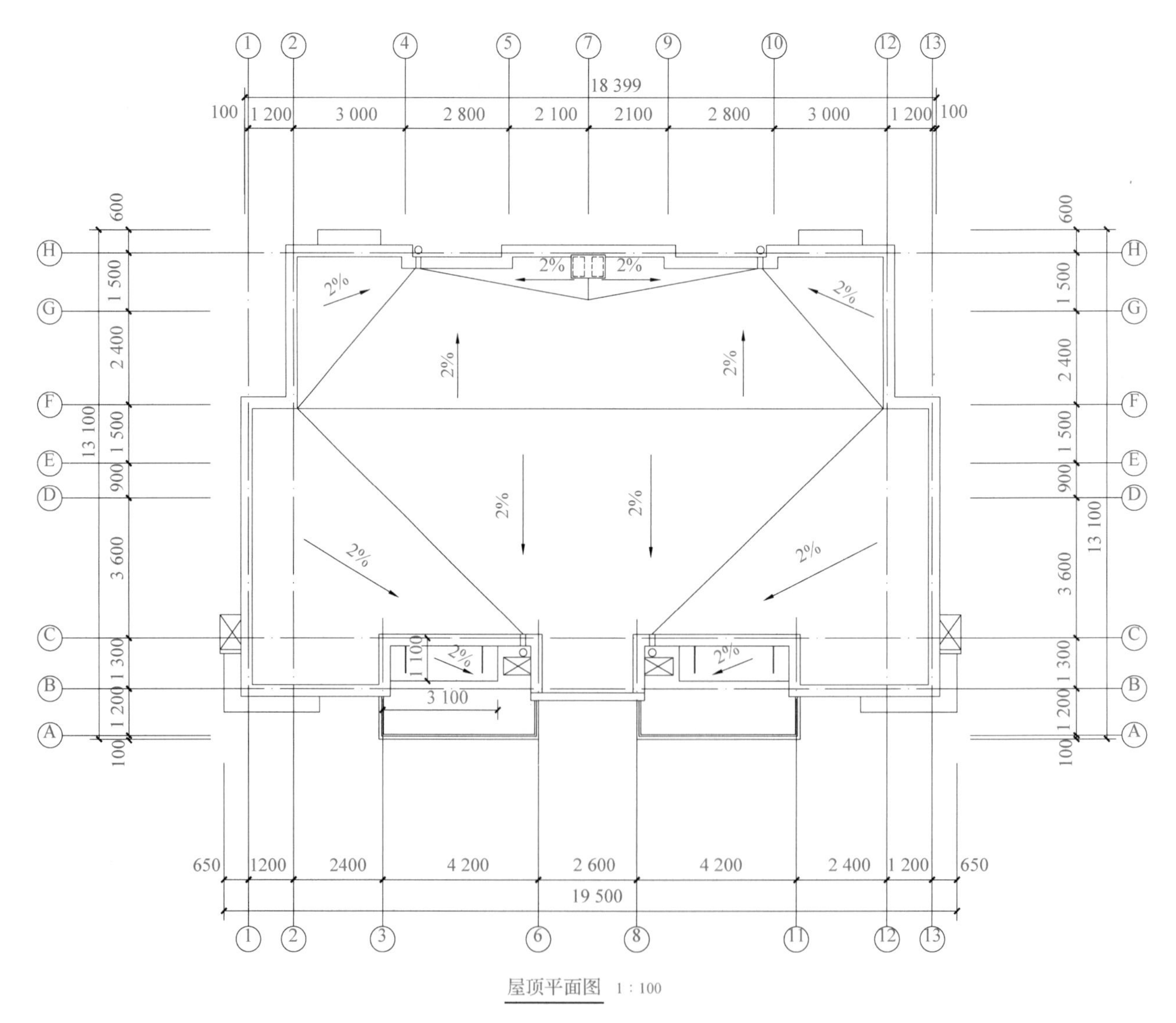

图 6.14　屋顶平面图

1）★★屋顶平面图中可见分水线，坡度为________，坡向________。

2）★★南北两侧各有________个雨水管。

3）★★卧室通向露台的门上方有雨篷，雨篷尺寸为________ mm，坡度为________。

某某小区 5#楼
建-7（屋顶平面图）

（2）★★★小组协作，识读书后附图"某某小区 5#楼"屋顶平面图（图号：建-7）。

头脑风暴 6-2：

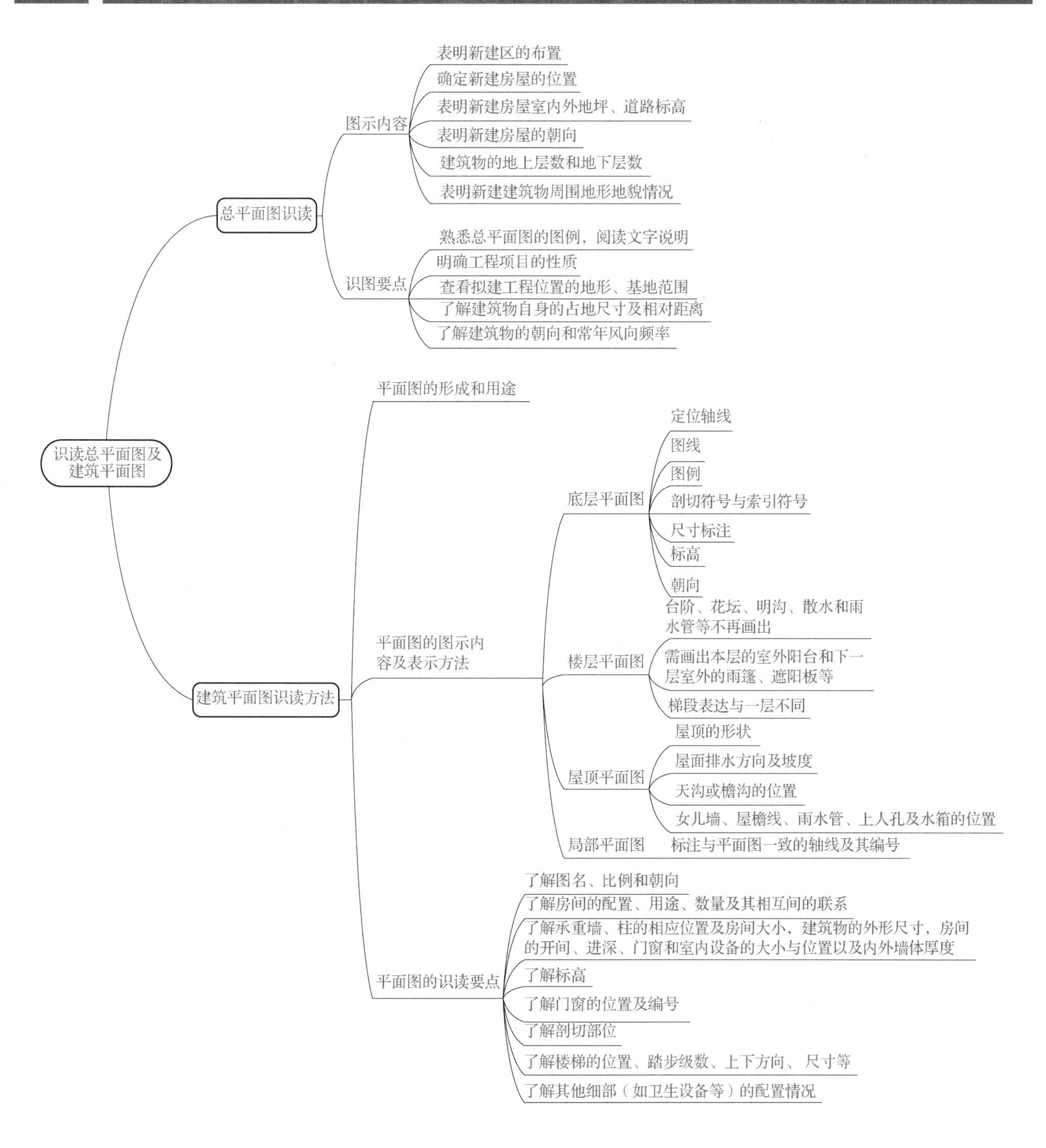

学习评价 6-2：

学习目标核验表（S 表示熟练掌握，J 表示基本掌握，X 表示需要帮助）

学习任务	学习内容	自我评价	学习反思
基础理论	知识点 1　总平面图识读	S□　J□　X□	
	知识点 2　建筑平面图识读方法	S□　J□　X□	
	知识点 3　底层平面图识读	S□　J□　X□	
	知识点 4　楼层平面图识读	S□　J□　X□	
	知识点 5　屋顶平面图识读	S□　J□　X□	
能力培养	1. 能说出建筑总平面图的图示内容和识读要点	S□　J□　X□	
	2. 能正确识读总平面图实例，学会总平面图的识读方法	S□　J□　X□	
	3. 能说出建筑平面图的形成方法和用途	S□　J□　X□	
	4. 能理解建筑平面图的图示内容、表示方法及识读要点	S□　J□　X□	
	5. 能正确识读建筑平面图实例，学会建筑平面图的识读方法	S□　J□　X□	
	6. 能识读总平面图、建筑平面图相关图例及符号	S□　J□　X□	
拓展提升	小组协作识读书后附图	S□　J□　X□	

★学习任务 6-3　识读立面图

知识点　建筑立面图识读

学习目标 6-3：

（1）了解建筑立面图的形成方法和用途。

（2）掌握建筑立面图的图示内容和识读要点。

（3）能通过识读立面图实例，掌握立面图的识读方法。

（4）能识读建筑立面图相关图例及符号。

任务书 6-3：

参照引导问题观看知识点教学视频，通过小组合作、搜索互联网相关信息以及学习活页教材中相关知识点，完成三级引导问题。在掌握立面图识读方法的基础上，通过例图识读练习，理解建筑施工图相关知识，提高识图能力，并力争通过小组协作查阅资料学习建筑施工相关知识、识读课后附图，实现知识的跃迁和提升，培养职业素养。学习过程中认真记录学习目标核验表，并通过自我评价、小组互评和教师评价进行总结反思。

知识点 建筑立面图识读

引导问题：

(★基础理论任务 ★★能力培养任务 ★★★拓展提升任务)

(1) ★建筑立面图是如何形成的？用途是什么？

(2) ★建筑立面图的命名方式有哪几种？图示内容包括哪几部分？

(3) ★建筑立面图常用的比例为________、________、________。

(4) ★建筑立面图的定位轴线一般只画________的轴线及其编号，编号应与________该立面两端的轴线编号一致，以便与平面图对照识读，从而确定立面的方位。

(5) ★一般立面图的外形轮廓线用________表示；室外地面线用________绘制，阳台、雨篷、门窗洞、台阶、花坛等轮廓线用________表示；门窗扇及其分格线、雨水管、墙面引条线、有关说明引出线、尺寸线、尺寸界线和标高等均用________表示。

(6) ★★建筑物的总高度如何计算？

(7) ★★标高分为________和________，各层楼面标高为________，各梁底标高为________。门窗洞的上顶面和下底面均为________。

(8) ★★★(自主查阅资料)什么是“建筑高度”“建筑标高”“结构标高”？

(9) ★★★(自主查阅资料)了解女儿墙的作用和高度要求。

小提示

建筑立面图，简称立面图，为建筑施工图的基本图之一。

1. 立面图的形成和用途

将建筑物的各个立面向平行于它的投影面上作正投影所得的图样，就形成了建筑物的各立面图。立面图的数量视房屋各立面的复杂程度而定，一般为四个立面图，如图 6.15 所示。立面图的命名方式常见的有三种：通常把反映房屋主要外貌特征或主要出入口的一面称为正立面图，其余各立面图则相应地称为背立面图和侧立面图。对于南北朝向的房屋也可按朝向命名，如南立面图、北立面图、东(西)立面图。有时也可采用两端的定位轴线编号来命名，如①~⑬立面图，Ⓐ~Ⓗ立面图等。

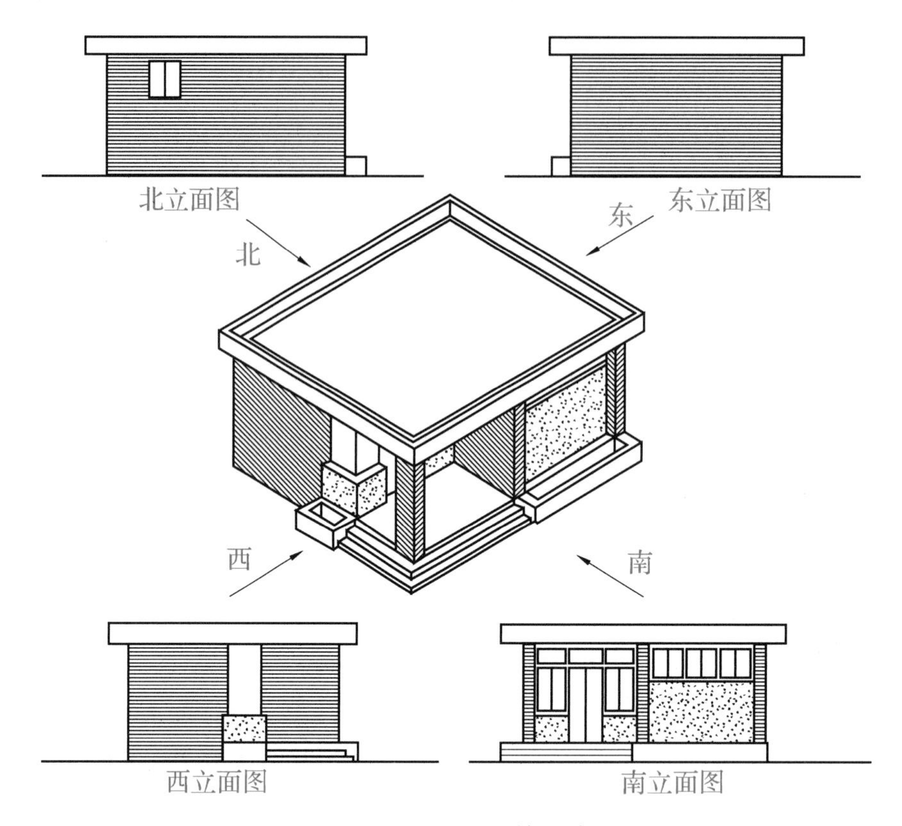

图 6.15　立面图的形成

建筑立面图是表示建筑物外形外貌的图样，并表明外墙装修要求。因此立面图主要为室外装修用。

2. 立面图的图示内容及表示方法

(1)图示基本内容。

1)表明一栋建筑物的立面形式及外貌。

2)反映立面上门窗的布置、外形及开启方向。

3)表示室外台阶、花坛、勒脚、窗台、雨篷、阳台、檐沟、屋顶及雨水管的位置，立面形状及材料做法。

4)表明外墙面装饰的做法及分格。

5)用标高及竖向尺寸表示建筑物的总高及各部位的高度。

6)另画详图的部位用详图索引符号标注。

7)用图无法表示的地方，用文字说明。

(2)表示方法的有关规定。

1)定位轴线。

在立面图中一般只画出两端的轴线及其编号，编号应与建筑平面图该立面两端的轴线编号一致，以便与平面图对照识读，从而确定立面的方位。

2)图线。

一般立面图的外形轮廓线用粗实线表示；室外地面线用特粗实线绘制，阳台、雨篷、门窗洞、台阶、花坛等轮廓线用中粗实线表示；门窗扇及其分格线、雨水管、墙面引条线、有关说明引出线、尺寸线、尺寸界线和标高等均用细实线表示。

3)尺寸标注。

立面图上一般应在室外地面、室内地面、各层楼面、檐口、窗台、窗顶、雨篷底、阳台面等处注写标高，并宜沿高度方向注写各部分的高度尺寸。

3. 立面图的识读方法

(1)了解图名和比例。建筑立面图的比例与平面图要一致，以便对照识读。常用比例为1∶50、1∶100、1∶200。

(2)了解建筑物的外貌特征，包括屋面、门窗、雨篷、阳台、雨水管、台阶、勒脚等的形式和位置。

(3)了解外部装修做法，包括外墙面装饰材料，雨篷、阳台、勒脚等的用料、色彩、装修做法等。

(4)了解外墙面上的门窗的具体位置、高度尺寸、数量及立面布置形式等。

(5)通过尺寸标注了解室内外地面高差、窗下墙的高度、门窗洞口高度、洞口顶面到上一层楼面的高度等。

(6)通过标高了解室外地坪标高、室内地坪标高、层高和檐口、女儿墙等的高度。应注意各层楼面标高为建筑标高，各梁底标高为结构标高。门窗洞的上顶面和下底面均为结构标高。

(7)了解索引符号及其他文字说明。

识图实训(南立面图)

(1)某建筑南立面图如图6.16所示，南立面效果图如图6.17所示。识读南立面图，了解以下内容：

1)★★请结合图6.10所示首层平面图判断，图6.16所示立面图为建筑物________(南、北、东、西)立面图，比例为________。

2)★★建筑物共三层；室外地坪标高为________，屋顶标高为________，楼梯间位置最高处标高为________。

3)★★由室外上到主出入口平台处有________级台阶，台阶面标高为________，由此可知台阶高度为________ mm。

4)★★由一层小院上到门连窗外的平台有________级台阶，高度为________ mm，可知台阶踢面高度为________ mm。

5）★★一层通向小院的为________窗，二、三层通向露台的为________门。

6）★★入户门顶面标高为________，门口平台标高为________，可视对讲单元门高度为________ mm。

7）★★①轴和⑬轴位置为________窗，一层窗台底面标高为________，顶面标高为________，可知窗台高度为________ mm。

8）★★楼梯间一层休息平台处 C-1 窗底面标高________，顶面标高________，可知窗洞高度为________ mm。

9）★★二层露台栏板底面标高________，顶面标高________，可知栏板高度为________ mm。

10）★★请指出建筑立面图中雨篷的位置。

（2）★★★小组协作，识读书后附图“某某小区 5#楼”立面图（图号：建-8）。

某某小区 5#楼
建-8（立面图 剖面图）

图 6.16 南立面图

某小型住宅楼建筑
施工图（立面图、剖面图）

图 6.17 南立面效果图

南立面图

识图实训(北立面图)

(1)某建筑北立面图如图 6.18 所示，北立面效果图如图 6.19 所示。识读北立面图，了解以下内容：

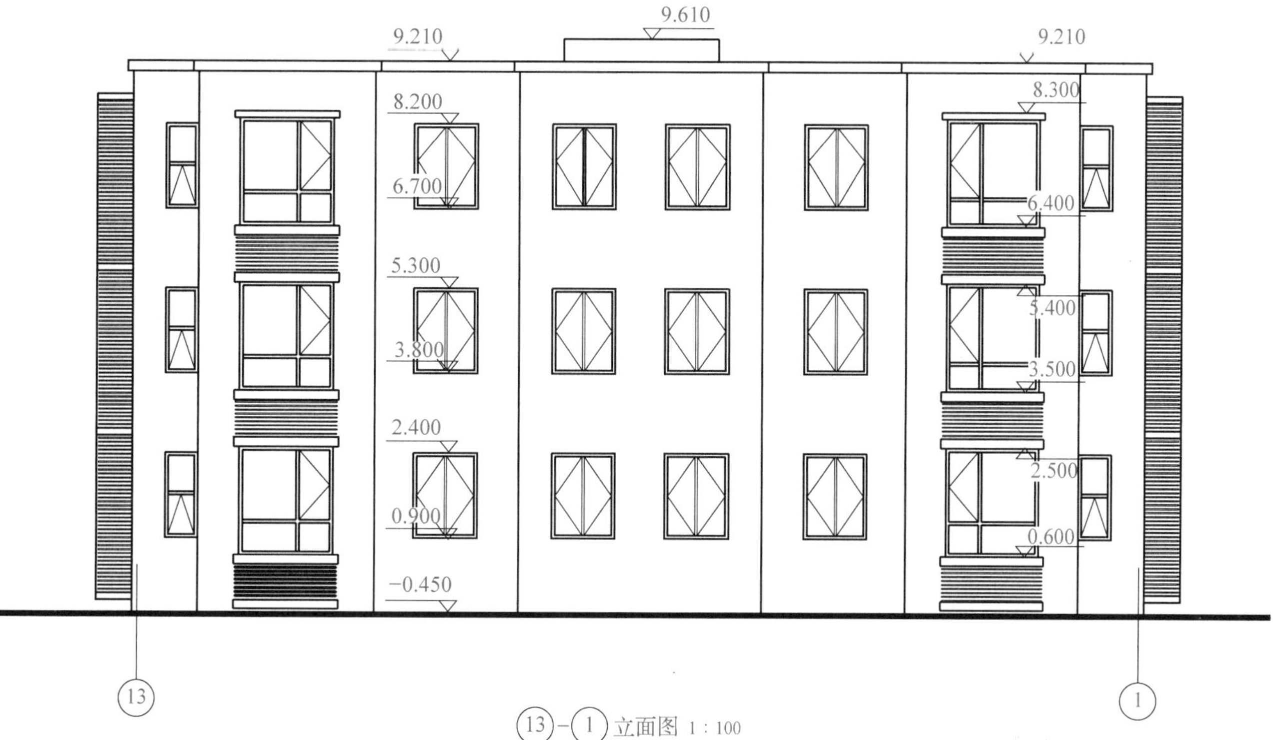

图 6.18　北立面图

图 6.19　北立面效果图

北立面图

1)★★请结合图 6.10 所示首层平面图判断，图 6.18 所示立面图为建筑物________(南、北、东、西)立面图，比例为________。

2)★★一层北卧室 PC-1 窗底部标高为________，顶部标高为________，可知窗的高度为

________ m。

3）★★一层餐厅、厨房 C-2 窗底部标高为________，顶部标高为________，可知 C-2 窗高度为________ m。

（2）★★★小组协作，识读书后附图“某某小区 5#楼”立面图（图号：建-8）。

识图实训（东立面图）

（1）识读图 6.20 所示东立面图，了解以下内容：

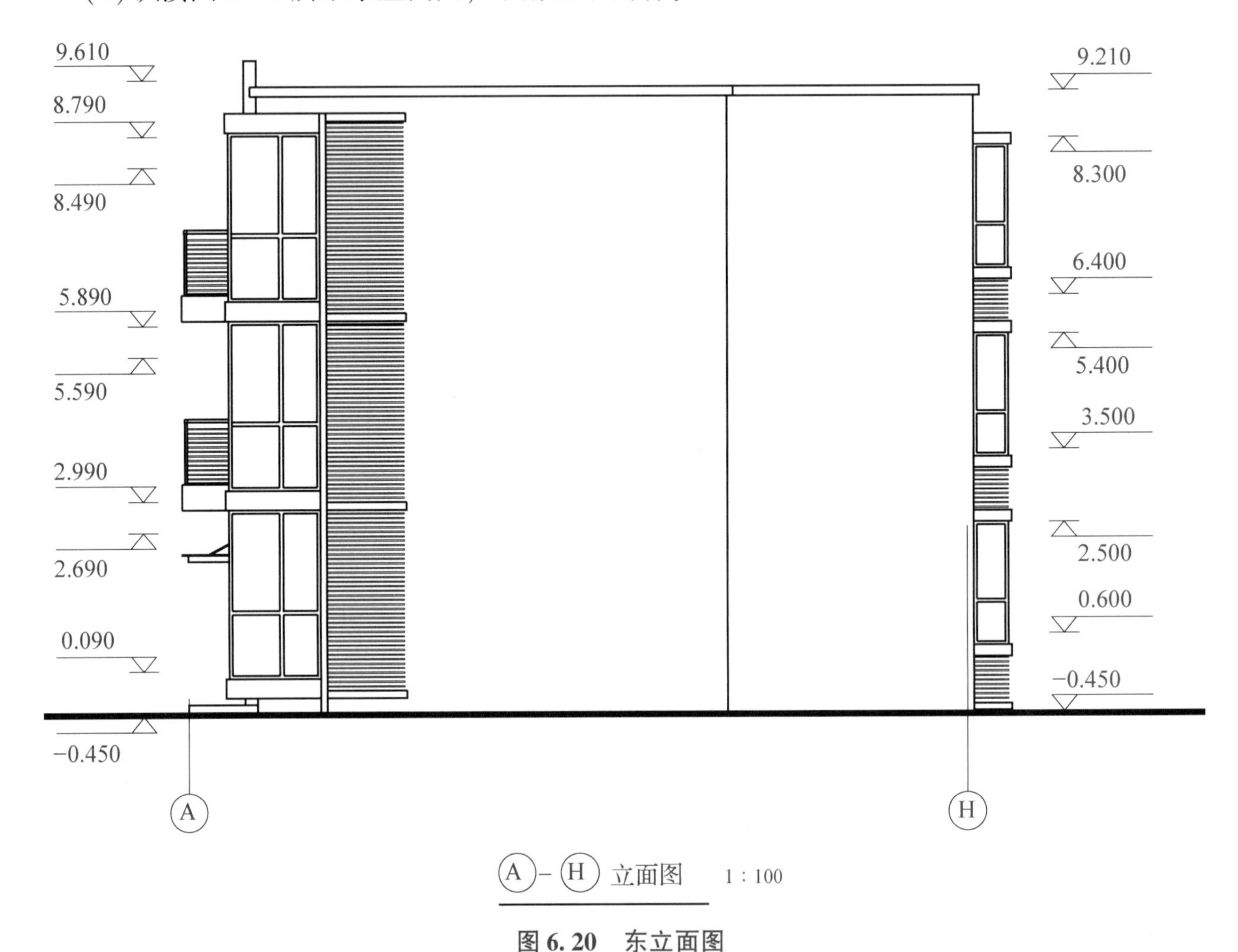

图 6.20 东立面图

1）★★请结合图 6.10 所示首层平面图判断，图 6.20 所示立面图为建筑物________（南、北、东、西）立面图，比例为________。

2）★★一层 JC-1 窗台标高为________，二层 PC-1 窗台标高为________。

（2）★★★小组协作，识读书后附图“某某小区 5#楼”立面图（图号：建-8）。

头脑风暴 6-3：

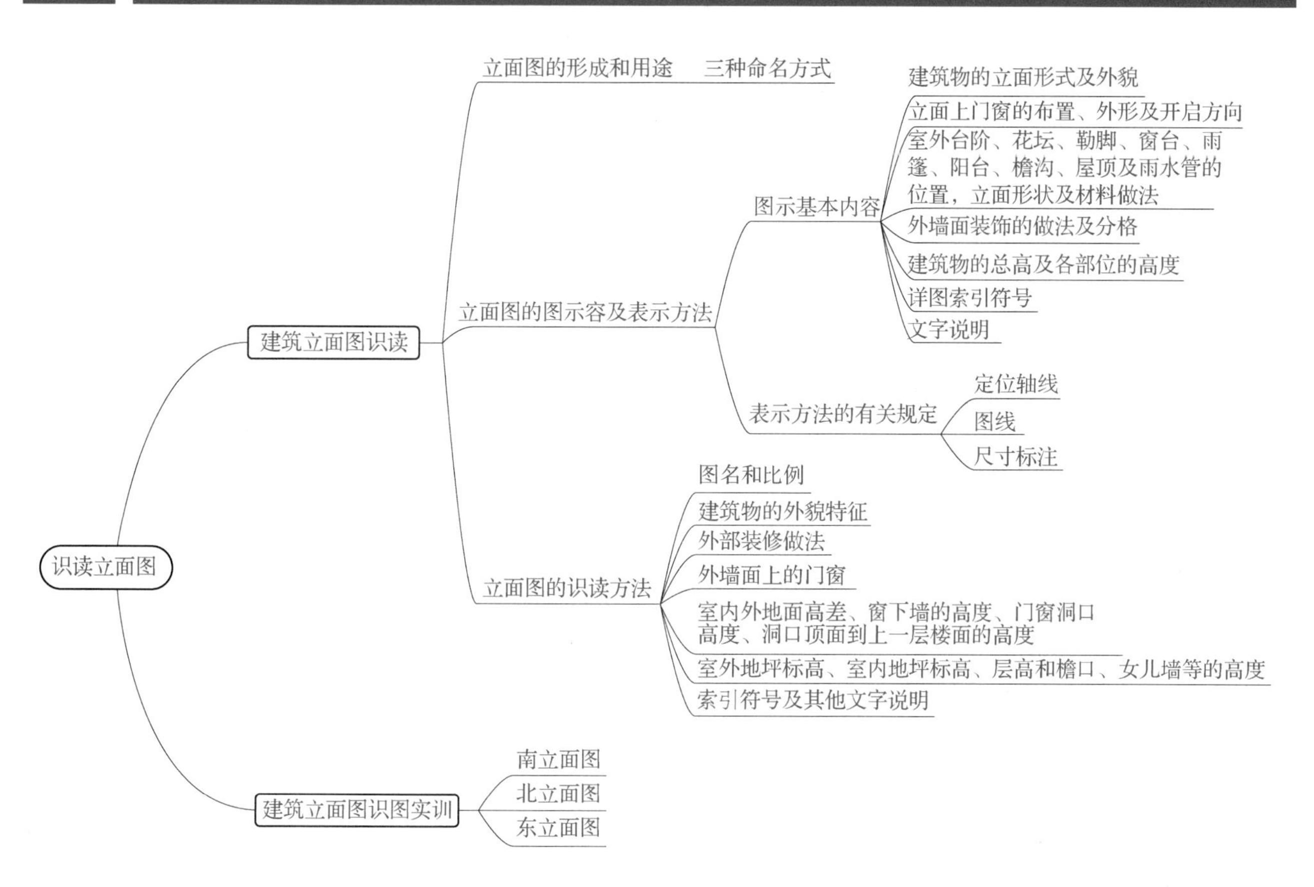

学习评价 6-3：

学习目标核验表（S 表示熟练掌握，J 表示基本掌握，X 表示需要帮助）

学习任务	学习内容	自我评价	学习反思
基础理论	知识点 建筑立面图识读	S□ J□ X□	
能力培养	1. 了解建筑立面图的形成方法和用途	S□ J□ X□	
	2. 掌握建筑立面图的图示内容和识读要点	S□ J□ X□	
	3. 能通过识读立面图实例，掌握立面图的识读方法	S□ J□ X□	
	4. 能识读建筑立面图相关图例及符号	S□ J□ X□	
拓展提升	小组协作识读书后附图	S□ J□ X□	

★学习任务6-4　识读剖面图

知识点　建筑剖面图识读

学习目标6-4：

（1）了解建筑剖面图的形成方法和用途。

（2）掌握建筑剖面图的图示内容和识读要点。

（3）能通过识读剖面图实例，掌握剖面图的识读方法。

（4）能识读建筑剖面图相关图例及符号。

任务书6-4：

参照引导问题观看知识点教学视频，通过小组合作、搜索互联网相关信息以及学习活页教材中相关知识点，完成三级引导问题。在掌握剖面图识读方法的基础上，通过例图的识读练习，理解建筑施工图相关知识，提高识图能力，并力争通过小组协作查阅资料学习建筑施工相关知识、识读书后附图，实现知识的跃迁和提升，培养职业素养。学习过程中，认真记录学习目标核验表，并通过自我评价、小组互评和教师评价进行总结反思。

知识点　建筑剖面图识读

引导问题：

（★基础理论任务　★★能力培养任务　★★★拓展提升任务）

（1）★建筑剖面图简要表示建筑物内部垂直方向的________、________、________及各部位的高度等。

（2）★建筑剖面图用________和________表示建筑物的总高、层高、各楼层地面的标高、室内外地坪标高及门窗等各部位的高度。

（3）★建筑剖面图常用的比例为________、________、________。

（4）★________图能表示建筑物主要承重构件的位置及其相互关系，即各层的梁、柱及墙体的连接关系等。

（5）★在建筑剖面图中用________表明另画详图的部位、详图编号及所在位置。

（6）★★建筑剖面图通常选择在什么部位剖切？

（7）★★建筑剖面图如何形成的？用途是什么？

(8)★★★(小组协作查阅资料)什么是“过梁”“圈梁”“柱”“散水”“女儿墙”“压顶”?

小提示

建筑剖面图,简称剖面图,为建筑施工的基本图之一。

1. 剖面图的形成与用途

假想用一个垂直剖切平面把房屋剖开,将观察者与剖切平面之间的部分房屋移走,把留下的部分对与剖切平面平行的投影面作正投影,所得到的正投影,称为建筑剖面图,简称剖面图,如图6.21所示。

建筑剖面图简要表示建筑物内部垂直方向的结构形式、分层情况、内部构造及各部位的高度等。

剖面图的剖切位置应选择在内部结构和构造比较复杂或有代表性的部位,其数量应依据房屋的复杂程度和施工实际需要而定。两层以上的楼房一般至少要有一个楼梯间的剖面图。

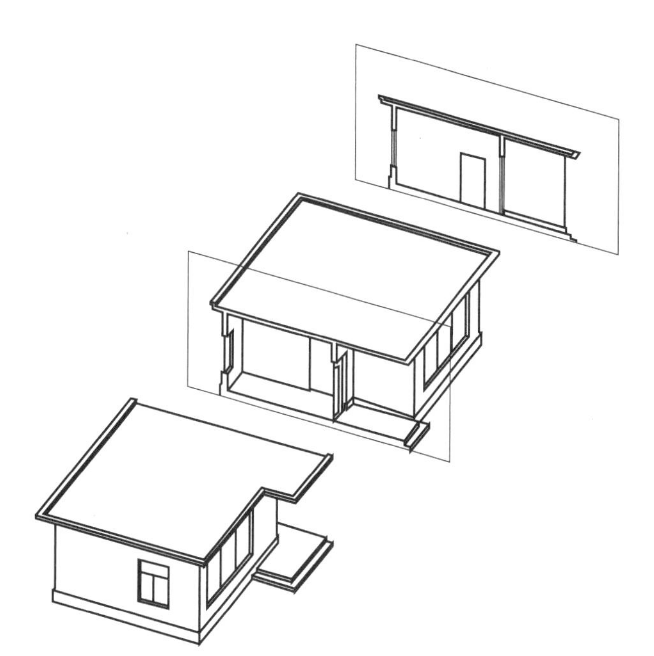

图6.21 剖面图的形成

2. 剖面图的图示内容及表示方法

(1)图示基本内容。

1)表明建筑物从地面到屋面的内部构造及其空间组合情况。

2)用标高和竖向尺寸表示建筑物的总高、层高、各楼层地面的标高、室内外地坪标高及门窗等各部位的高度。

3)表示建筑物主要承重构件的位置及其相互关系,即各层的梁、柱及墙体的连接关系等。

4)表示各层楼地面、内墙面、屋面、顶棚、吊顶、散水、台阶、女儿墙、压顶等的构造做法。

5)表示屋顶的形式及排水坡度。

6)用详图索引符号表明另画详图的部位、详图编号及所在位置。

(2)表示方法的有关规定。

1)定位轴线。

剖面图中的定位轴线一般只画出两端的轴线及其编号,以便与平面图对照。

2)图线。

室内外地面线用特粗实线表示。剖到的墙身、楼板、屋面板、楼梯段、楼梯平台等轮廓线用粗实线表示。未剖切到但可见的门窗洞、楼梯段、楼梯扶手和内外墙的轮廓线用中粗实线表示。门、窗及其分格线，水斗及雨水管等用细实线表示。尺寸线、尺寸界线、引出线和标高符号按规定用细实线表示。

3. 剖面图的识读方法

（1）了解图名和比例。剖面图的比例应与建筑平面图、立面图相同，以便和它们对照阅读。常选用 1∶50、1∶100、1∶200 的比例，但也可将比例放大。

（2）了解剖切位置、剖视方向，以便和平面图对照。

（3）了解两端墙或柱的定位轴线及其编号。

（4）了解剖切到的构、配件包括室内外地面、台阶、明沟、散水、楼地面、屋顶面、内外墙、门窗、过梁、圈梁、楼梯梯段、休息平台、雨篷、阳台、雨水管、各种装饰等的位置、形状。

（5）了解楼地面、屋面等的构造做法。

（6）了解建筑物的各部位尺寸和标高。剖面图上的标高和立面图一样，也分为建筑标高和结构标高。

（7）了解屋面、散水、坡道等的坡度。

（8）了解详图索引符号。

识图实训（1-1 剖面图）

（1）识读图 6.22 所示剖面图，了解以下内容：

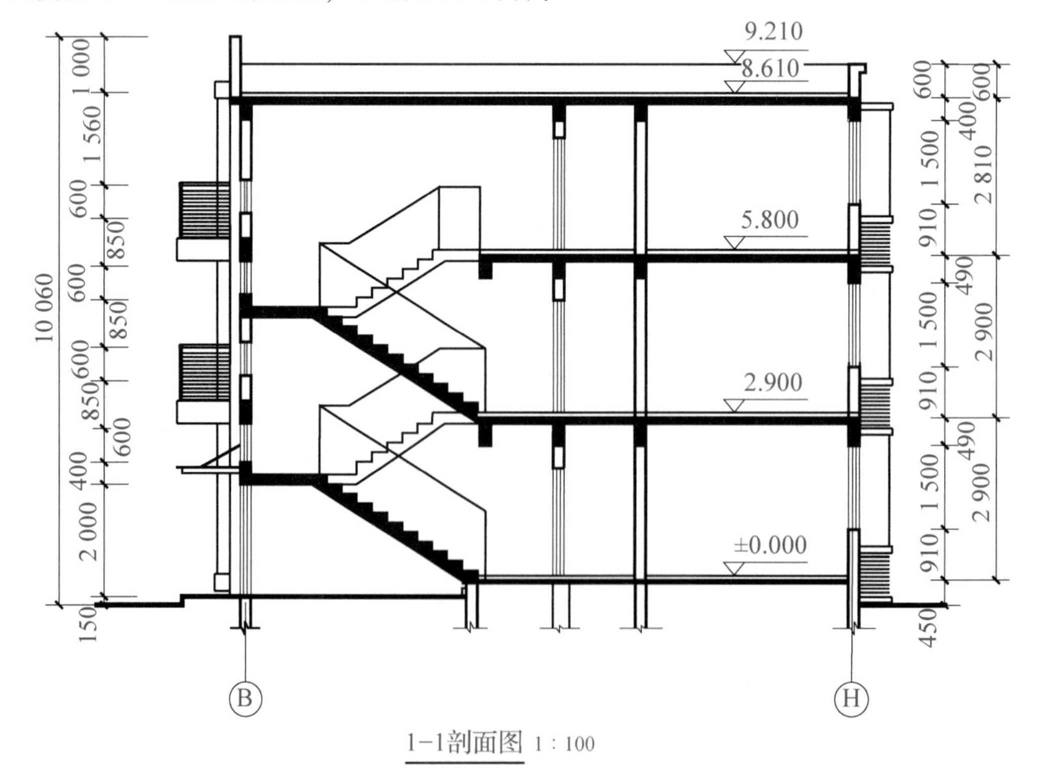

图 6.22　剖面图

1) ★★1-1 剖面图是通过厨房和楼梯间所作的________(阶梯、局部、分层)剖面图，比例为 1：100。

2) ★★1-1 剖面图显示了________、门厅和厨房的空间情况。

3) ★★建筑物总高为________ m，屋顶标高为________ m。

4) ★★女儿墙压顶标高为________ m，女儿墙高度为________ mm(其中楼梯间南侧部分为________ mm)。

5) ★★通过识读标高可知，一、二层层高为________ m，三层层高为________ m。

6) ★★从室外至门口平台台阶高度为________ mm；一层楼梯休息平台下沿距地面________ mm；圈梁高度为________ mm，楼梯间窗高度为________ mm，窗间墙高________ mm(其中圈梁高________ m)。

7) ★★楼梯休息平台上下梯段级数不同，平台上面梯段为________级，平台下面梯段为________级。

8) ★★北侧内窗窗台高 mm，窗洞高________ mm，二、三层地面梁高________ mm，屋顶梁高________ mm。

(2) ★★★小组协作，识读书后附图“某某小区 5#楼” 剖面图(图号：建-8)。

头脑风暴 6-4：

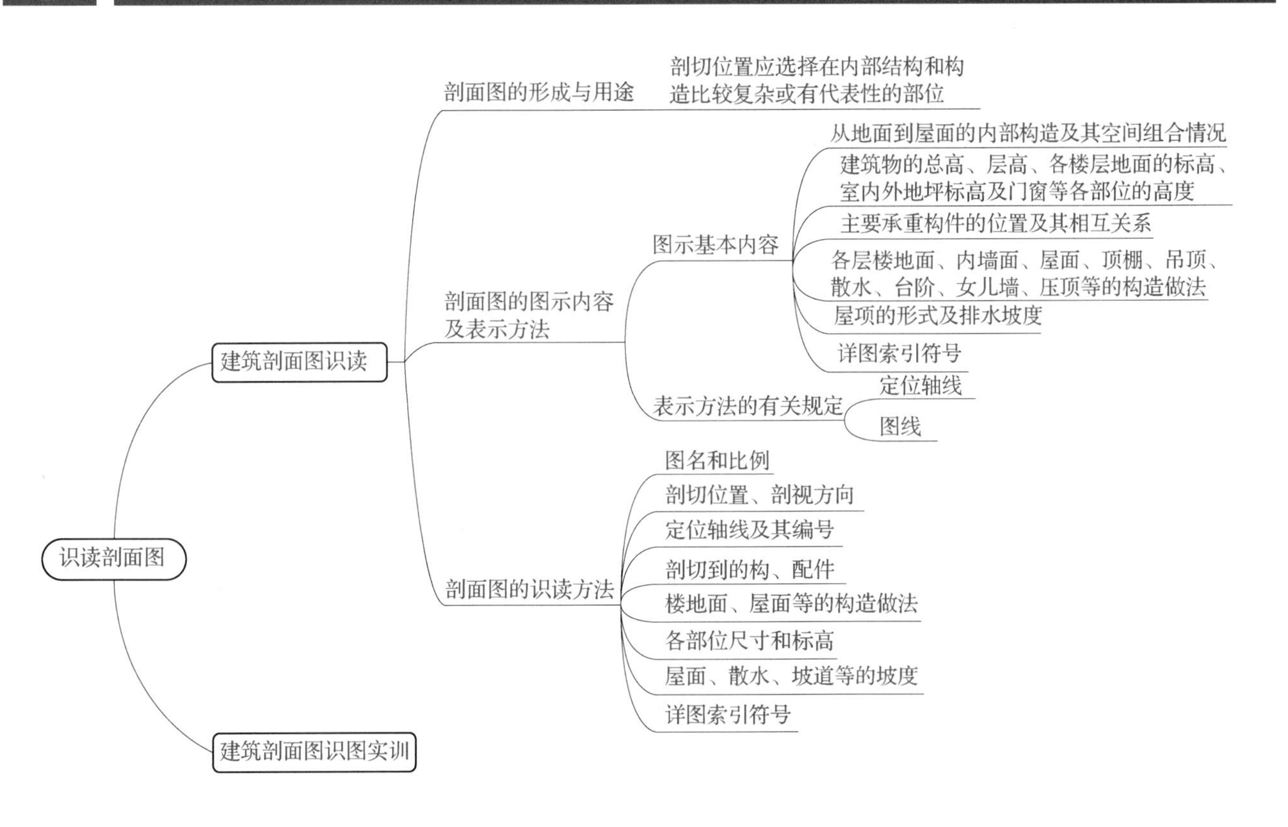

学习评价 6-4：

学习目标核验表(S 表示熟练掌握，J 表示基本掌握，X 表示需要帮助)

学习任务	学习内容	自我评价	学习反思
基础理论	知识点　建筑剖面图识读	S□　J□　X□	
能力培养	1. 了解建筑剖面图的形成方法和用途	S□　J□　X□	
	2. 掌握建筑剖面图的图示内容和识读要点	S□　J□　X□	
	3. 能通过识读剖面图实例，掌握剖面图的识读方法	S□　J□　X□	
	4. 能识读建筑剖面图相关图例及符号	S□　J□　X□	
拓展提升	小组协作识读书后附图	S□　J□　X□	

★学习任务 6-5　识读墙身剖面图及楼梯详图

知识点 1　墙身剖面图识读

知识点 2　楼梯详图识读

学习目标 6-5：

(1)了解建筑详图的形成方法和用途。

(2)掌握建筑详图的图示内容和识读要点。

(3)能通过识读墙身剖面图及楼梯详图实例，掌握建筑详图的识读方法。

(4)能识读建筑详图相关图例及符号。

任务书 6-5：

参照引导问题观看知识点教学视频，通过小组合作、搜索互联网相关信息以及学习活页教材中相关知识点，完成三级引导问题。在掌握墙身剖面图识读方法的基础上，通过例图的识读练习，理解建筑详图相关知识，提高识图能力，并力争通过小组协作查阅资料学习建筑施工相关知识、识读课后附图，实现知识的跃迁和提升，培养职业素养。学习过程中，认真记录学习目标核验表，并通过自我评价、小组互评和教师评价进行总结反思。

知识点 1　墙身剖面图识读

引导问题：

(★基础理论任务　★★能力培养任务　★★★拓展提升任务)

(1)★什么是建筑详图？常用比例有哪些？

(2)★建筑详图主要有哪些？

(3)★墙身剖面图是怎么形成的？

(4)★墙身剖面图详细地表明墙体从________到________各个主要节点的构造做法及尺寸。它主要表达________、________、________的构造及其与墙体的连接，还表明女儿墙、门窗顶、圈梁、过梁、勒脚、散水等处的构造尺寸，是施工的重要依据。

(5)★★★(小组协作查阅资料)什么是"散水""明沟""防潮层""勒脚""踢脚""门窗过梁""圈梁""檐口"？

小提示

由于平、立、剖面图反映的内容较多，比例较小，对建筑的细部构造往往难以表达清楚。为满足施工要求，对建筑物的细部构造按正投影的原理，用较大的比例详细地表达出来，就是建筑详图，也称为大样图。建筑详图常用比例为 1∶50、1∶20、1∶10、1∶5、1∶2、1∶1。

建筑详图主要表达以下内容：

(1)门、窗、楼梯、阳台等建筑构配件的详细构造及连接关系。

(2)檐口、窗台、明沟、楼地面、踏步、楼梯扶手等细部及部面节点的形式、做法、用料、规格及详细尺寸。

(3)施工相关要求及做法。

建筑详图主要有墙身剖面图、楼梯详图、阳台详图、门窗详图等。

1. 墙身剖面图的形成

假想用一个垂直于墙体轴线的铅垂剖切平面，将墙体某处从防潮层剖到屋顶，所得到的局部剖面图，就称为墙身剖面图(也称墙身大样图)。墙身剖面图详细地表明墙体从防潮层到屋顶各个主要节点的构造做法及尺寸。它主要表达屋顶、檐口、楼地面的构造及其与墙体的连接，还表明女儿墙、门窗顶、圈梁、过梁、勒脚、散水等处的构造尺寸，是施工的重要依据。

在画墙身剖面图时，一般门窗洞口中间用折线断开，实际上它成了几个节点详图的组合。有时，也可把节点详图分开单独绘制。基础部分不画，用折线断开。

2. 墙身剖面图的图示内容

(1)一层窗台及以下部分，包括散水、明沟、防潮层、勒脚、踢脚、一层地面等的形状、大小、材料及构造情况。

(2)楼层、门窗过梁、圈梁的形状、大小、材料及构造情况，以及楼板与外墙的关系等。

(3)屋顶、檐口、女儿墙及屋顶圈梁的形状、大小、材料及构造情况。

3. 墙身剖面图的识读方法

(1)了解墙身剖面图的图名，了解墙身剖面图的剖切符号，明确该详图是表示哪面墙或哪几面墙体的构造，是从何处剖切的，根据详图的轴线编号及图名去查阅有关图纸。

(2)了解外墙厚度与轴线的关系，明确轴线是在墙中还是偏向一侧。

(3)了解细部构造、尺寸、做法，并应与材料做法表相对应。

(4)明确墙体与楼板、檐口、圈梁、过梁、雨篷等构件的关系。

(5)了解墙体的防潮防水及排水的做法。

识图实训(墙身剖面图)

(1)某小型住宅楼 H、B 轴外墙墙身大样图如图 6.23 所示。识读墙身大样图，了解以下内容：

1)★★该墙身大样图比例为________。

2)★★外墙采用________ mm 厚的________砌块；室内外高差为________ m。

3)★★散水做法参见________图集第________页________的做法。

4)★★标准层楼层构造为________ mm 厚地板砖，________ mm 厚楼板；标准层楼层标高分别为________、________。

5)★★屋顶檐口采用________天沟，北卧室空调室外机位于________，设________空调罩。

6)★★JC-1 窗和 PC-1 窗设置护窗栏杆，高度分别为________ mm、________ mm。

(2)★★★小组协作，识读书后附图“某某小区 5#楼” 墙身大样图(图号：建-10、建-11、建-12)。

某某小区 5#楼
建-10（墙身大样一）

某某小区 5#楼
建-11（墙身大样二）

某某小区 5#楼
建-12（墙身大样三）

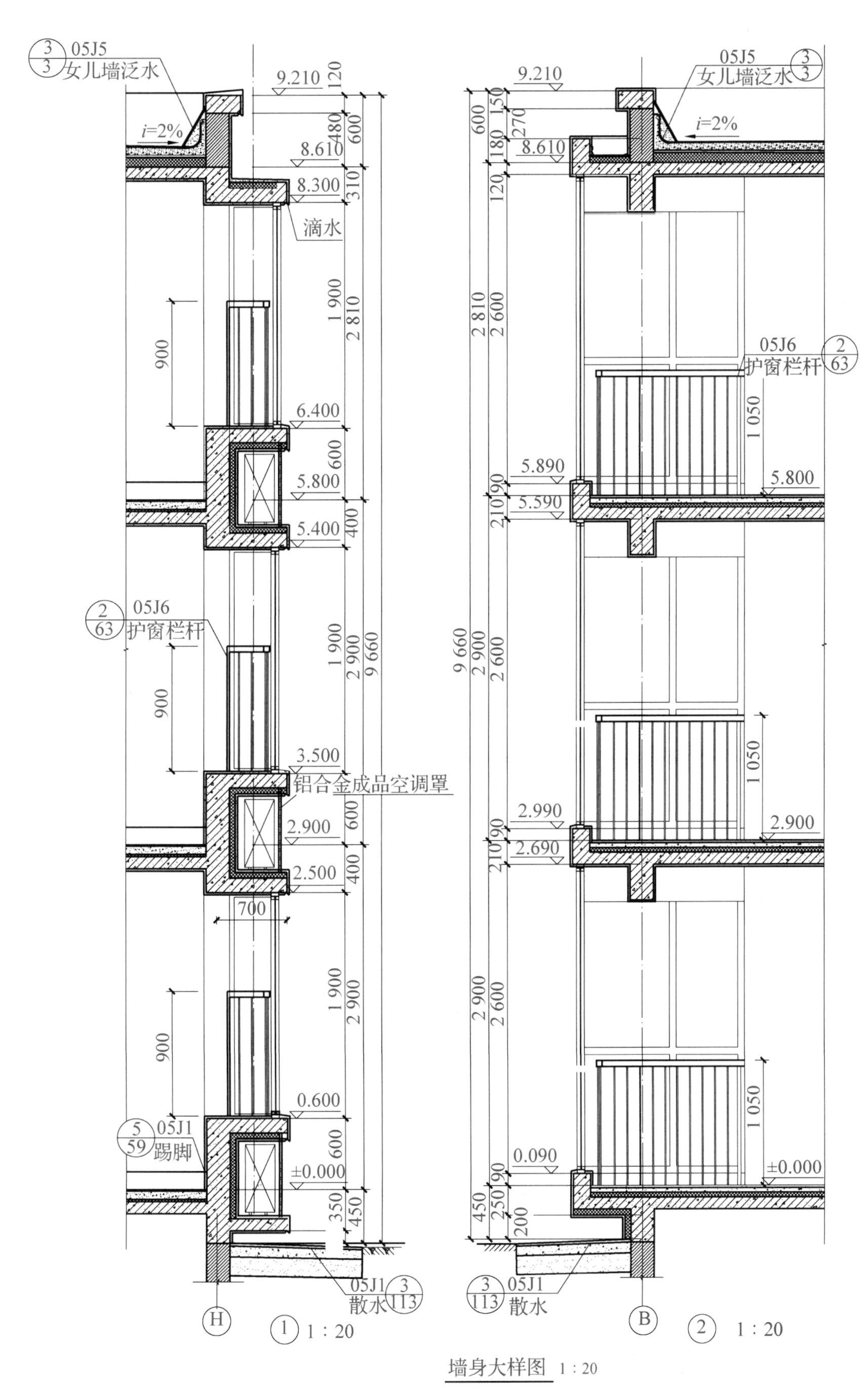

图 6.23　墙身大样图

某小型住宅楼
建筑施工图
（墙身大样图）

知识点 2　楼梯详图识读

引导问题：

(★基础理论任务　★★能力培养任务　★★★拓展提升任务)

(1)★楼梯由________(包括踏步和斜梁)、________(包括平台板和平台梁)和________(或栏杆)等部分组成。楼梯的构造比较复杂，一般需另画详图，以表示楼梯的________、________、________及装修做法。

(2)★楼梯详图一般包括________、________、________、扶手等处的节点详图。

(3)★楼梯平面图是距每层地面________沿水平方向剖开，向下投影所得到的水平剖面图。

(4)★楼梯平面图应________绘制，但如果中间各层楼梯构造及结构、层高均相同，可只画________、________和________的楼梯平面图。在楼梯平面图中，被剖切的楼梯用________表示；用________表示楼梯的走向，并注写“上”(或“下”)及步数。

(5)★楼梯剖面图能清晰地表达出建筑物的________、________、________、楼梯的类型及结构形式，以及平台、栏杆等各部分的高度和材料做法等。阅读楼梯剖面图时应该与________互相对照，才能完整地明确楼梯各部分的构造情况。

(6)★★楼梯剖面图如何形成的?

(7)★★★(自主查阅资料)简述楼梯平台的分类和梯井的概念。

小提示

楼梯由梯段(包括踏步和斜梁)、平台(包括平台板和平台梁)和栏板(或栏杆)等部分组成。楼梯的构造比较复杂，一般需另画详图，以表示楼梯的类型、结构形式、各部位尺寸及装修做法。

楼梯详图一般包括楼梯平面图、楼梯剖面图及栏杆、扶手、踏步等处的节点详图。

1. 楼梯平面图

楼梯平面图是距每层地面 1m 以上沿水平方向剖开，向下投影所得到的水平剖面图。

楼梯平面图应分层绘制，但如果中间各层楼梯构造及结构、层高均相同，可只画底层、中间层和顶层的楼梯平面图。在楼梯平面图中，被剖切的楼梯用 45°折断线表示；用带箭头的细实线表示楼梯的走向，并注写“上”(或“下”)及步数。

楼梯平面图的识读应了解以下内容：

(1)了解楼梯在建筑平面图中的位置及有关轴线的布置。

(2)了解楼梯的平面形式和踏步尺寸。

(3)了解楼梯间各楼层平台、休息平台面的标高。

(4) 了解中间层平面图中三个不同梯段的投影。

(5) 了解楼梯间墙、柱、门、窗的平面位置、编号和尺寸。

(6) 了解楼梯剖面图在楼梯底层平面图中的剖切位置。

2. 楼梯剖面图

假想用一个铅垂剖切平面，沿着各层楼梯段和门窗洞口，将楼梯从一层到顶层剖开，向另一方向投影，所得的竖向剖面图即为楼梯剖面图。

楼梯垂直剖切

楼梯剖面图能清晰地表达出建筑物的层数、楼梯梯段数、步级数、楼梯的类型及结构形式，以及平台、栏杆等各部分的高度和材料做法等。阅读楼梯剖面图时应该与楼梯平面图互相对照，以完整地明确楼梯各部分的构造情况。

3. 栏板(或栏杆)、扶手、踏步大样图

为了清楚表达栏板(或栏杆)、扶手、踏步等细部的构造情况，这部分图样比例更大些，故名大样图。楼梯栏板(或栏杆)、扶手大样图主要表明其构造及详细尺寸，踏步与平台、楼板的连接情况及踏步、防滑条、平台板的材料做法及详细尺寸等。

识图实训(楼梯详图)

(1) 通过阅读图 6.24 所示楼梯详图，了解以下内容：

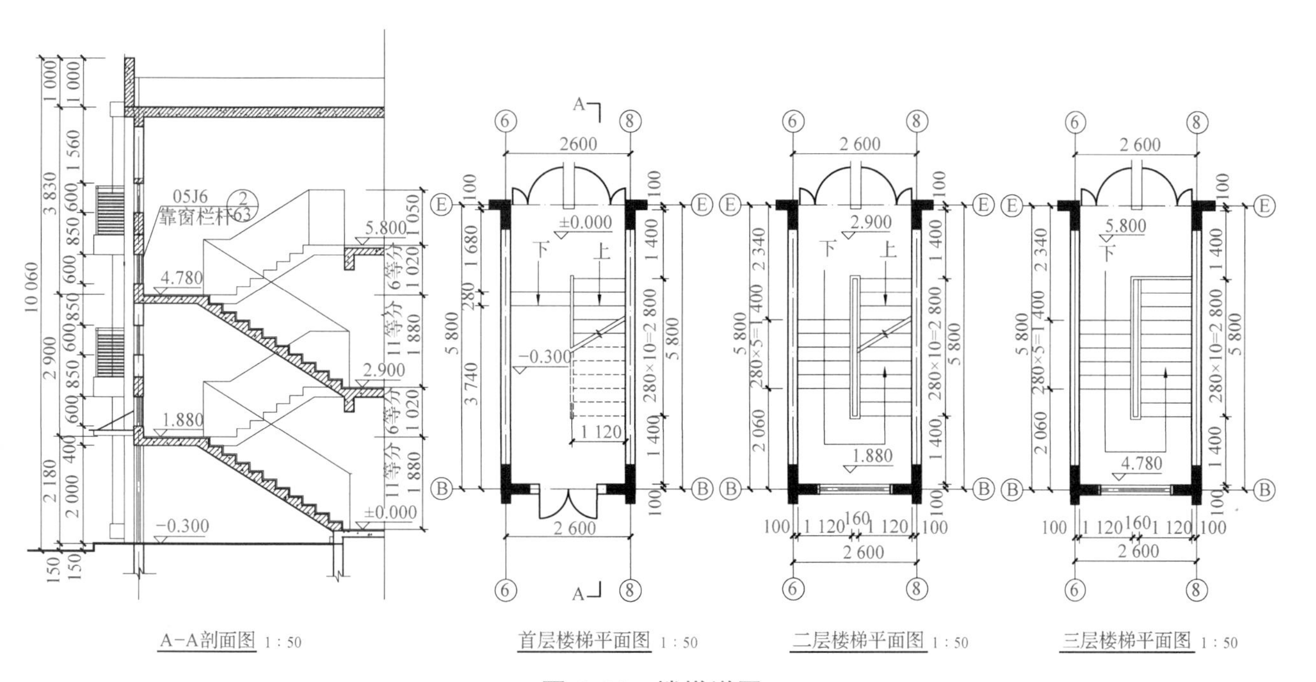

图 6.24　楼梯详图

1) ★★楼梯间位于________-________轴和________-________轴，其开间为________ mm，进深为________ mm。

2) ★★本建筑楼梯为平行双跑楼梯，楼梯井宽________ mm，梯段长分别为

某小型住宅楼
建筑施工图
(楼梯详图)

________ mm、________ mm，宽________ mm，平台宽________ mm。

3）★★梯段标注 280×5=1400，表明踏步为________个，踏步宽________ mm。

4）★★梯段标注 280×10=2800，表明踏步数为________个，踏步宽为________ mm。

（2）★★★（小组协作查阅资料）了解关于楼梯踏面宽度和踢面高度的相关规定。

（3）★★★小组协作，识读书后附图"某某小区 5#楼"楼梯详图（图号：建-9）。

某某小区 5#楼
建-9（楼梯详图）

头脑风暴 6-5：

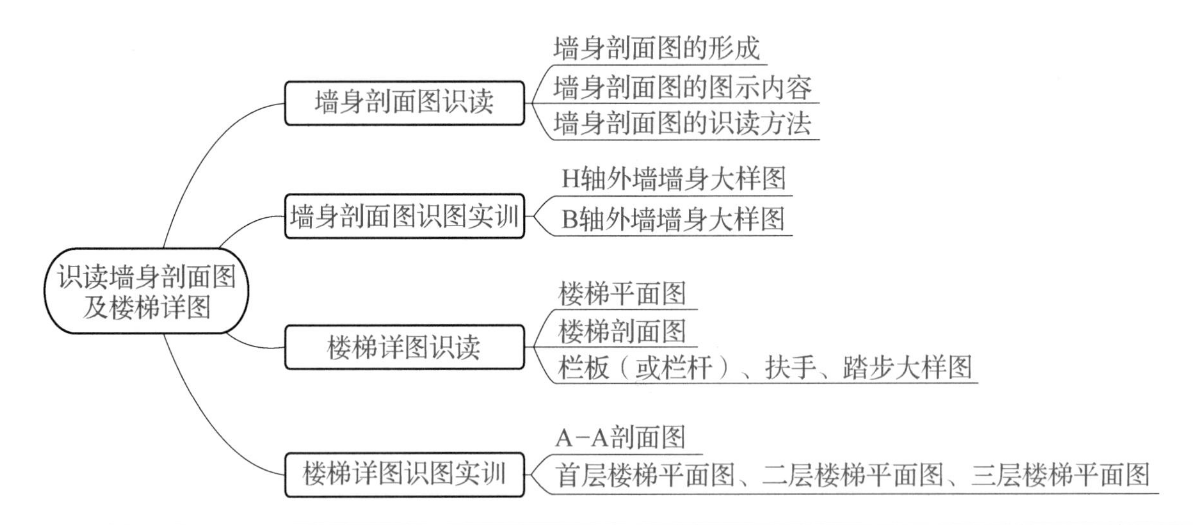

学习评价 6-5：

学习目标核验表（S 表示熟练掌握，J 表示基本掌握，X 表示需要帮助）

学习任务	学习内容	自我评价	学习反思
基础理论	知识点 1　墙身剖面图识读	S□　J□　X□	
	知识点 2　楼梯详图识读	S□　J□　X□	
能力培养	1. 了解建筑详图的形成方法和用途	S□　J□　X□	
	2. 掌握建筑详图的图示内容和识读要点	S□　J□　X□	
	3. 能通过识读墙身剖面图及楼梯详图实例，掌握建筑详图的识读方法	S□　J□　X□	
	4. 能识读建筑详图相关图例及符号	S□　J□　X□	
拓展提升	小组协作识读书后附图	S□　J□　X□